실제로 쓰이는 이산수학

Practical Discrete Mathematics

Ryan T. White | Archana Tikayat Ray 지음

이형원 옮김

컴퓨터과학과 머신러닝을 위한 알고리즘에 동력을 제공하는 수학원리를 파이썬과 함께 알아봅니다.

21세기사

‹packt›

끝없는 지원을 해주신 저의 부모님께, 그리고
공식적이든 비공식적이든 저에게 영감을 주었던 선생님들과 멘토들에게.

– Ryan T. White

끝없는 사랑과 지지를 보내준 부모님과 여동생 Abhipsha에게.
그리고 세상에서 가장 멋진 시부모님께.
마지막으로, 항상 저의 뒤를 받쳐주고 믿어준 가장 친한 친구이자 남편이자 내 인생의 사랑인 Anirudh에게.

– Archana Tikayat Ray

기여한 사람들

저자에 대하여

Ryan T. White 박사는 알고리즘 개발 및 데이터 과학의 민간 부문 경험과 더불어 머신러닝 및 확률론에 대한 전문 지식을 가진 수학자이자 연구자로, 컨설턴트로도 활동하고 있다. White 박사는 플로리다 공대(Florida Institute of Technology) 수학과 조교수로서, 확률론적 분석 및 관련 알고리즘을 중심으로 한 활발한 학술 연구 프로그램을 이끌고 있으며, 머신러닝 관련 민간 부문 프로젝트를 지휘하고 있으며, 다양한 과학 및 공학 연구 프로젝트에 참여하고 있으며, 학부 및 대학원에서 머신러닝, 신경망, 확률, 통계를 가르치고 있다.

Archana Tikayat Ray는 조지아 공대(Georgia Institute of Technology)의 박사과정 학생으로[1], 머신러닝과 자연어 처리(NLP) 분야를 연구하고 있다. 그녀는 플로리다 공대에서 항공우주공학 학사 학위를, 조지아 공대에서 석사 학위를 받았다.

---

1 2024년 현재, 박사학위를 받은 후 데이터과학자로 활동중이다.

리뷰어에 대하여

Valeriy Babushkin은 X5 Retail Group의 데이터 과학 분야 수석 디렉터로 머신러닝, 데이터 분석, 컴퓨터 비전, NLP, R&D 및 A/B 테스팅 분야에서 80명 이상 소속된 팀을 이끌고 있다. Valeriy는 Kaggle 대회 그랜드 마스터이며 러시아 국립연구소의 고등경제대학원과 카자흐스탄 중앙은행의 강사이다.

Valeriy는 Packt에서 출판한 *AI Crash Course*와 *Hands-On Reinforcement Learning with Python*(개정판)의 리뷰어로 활동했다.

목차

머리글

*실제로 쓰이는 이산수학*은 셀 수 있는 객체에 관한 수학을 처음 접하는 사람들에게 필요한 포괄적인 소개서입니다. 이 책은 이산수학 원리를 사용하여 여러분의 컴퓨터 과학 기술을 한 단계 높이는 데 도움이 될 것입니다. 여러분은 컴퓨터과학과 머신러닝이 다루는 대상과 알고리즘을 연구하고 설명하는 데 매우 중요한 이산수학의 언어와 방법을 배우게 됩니다. 실제 사례까지 모두 갖춘 이 책은 메모리와 CPU의 내부 동작을 다루고, 유용한 패턴을 찾기 위해 데이터를 분석하며, 네트워크 라우팅, 웹 검색 그리고 데이터 과학의 문제를 해결하는 방법을 보여줍니다.

누구를 위한 책인가

이 책은 자신이 연구하는 분야의 핵심을 더 많이 알기 원하는 컴퓨터 과학자들을 위한 것입니다. 컴퓨터 과학, 수학, 통계, 공학 및 관련 분야의 전문 지식을 얻고자 하는 대학생들 또한 이 책이 유용하다고 생각할 것입니다. 실수를 다루는 기본적인 대수에 대한 지식과 어떤 언어이든 기본적인 프로그래밍 기술만 있으면 충분합니다.

어떤 내용을 다루는가

I 부 – 이산수학의 기본 개념

*1장. 핵심 개념, 표기법, 집합론, 관계, 함수*는 이산수학의 기본 용어, 개념, 표기법을 소개합니다.

*2장. 형식 논리와 수학적 증명*에서는 형식 논리와 이진법을 다루고 수학적 결과

를 증명하는 방법을 설명합니다.

*3장. n-진수를 사용하여 계산하기*에서는 이진법과 16진법 등 다양한 진법에서의 계산을 설명합니다.

*4장. SciPy를 이용한 조합론*에서는 특정 유형의 이산 구조에 포함된 원소를 세는 방법을 설명합니다.

*5장. 이산확률의 기본원리*에서는 확률의 측정과 구글 페이지랭크 알고리즘의 기본적인 사항을 다룹니다.

II 부 – 데이터 과학과 컴퓨터 과학에서의 이산수학 구현

*6장. 선형대수의 계산 알고리즘*에서는 대수 문제를 파이썬 NumPy를 사용하여 해결하는 방법을 설명합니다.

*7장. 알고리즘의 계산 복잡도*에서는 알고리즘을 실행하는 데 걸리는 시간과 필요한 공간을 파악할 수 있는 도구를 제공합니다.

*8장. 그래프, 트리, 네트워크의 저장과 특성 뽑아내기*에서는 그래프 구조를 저장하고 이에 대한 정보를 코드로 알아내는 것을 다룹니다.

*9장. 데이터 구조 탐색하기와 최단 경로 찾기*에서는 그래프를 따라 이동하고 꼭짓점 간의 효율적인 경로를 파악하는 방법을 설명합니다.

III 부 – 이산수학의 실제 적용

*10장. NumPy와 Scikit-Learn을 사용하는 회귀분석*은 여러 변수가 포함된 데이터세트의 변수 예측에 대해 논합니다.

*11장. 페이지랭크를 사용하는 웹 검색*은 가장 관련성이 높은 웹 페이지를 찾기 위해 웹 검색 결과의 순위를 매기는 방법을 보여줍니다.

*12장. Scikit-Learn을 사용하는 주성분 분석*에서는 고차원 데이터세트의 차원을 줄여 공간을 절약하고 머신러닝 속도를 높이는 방법을 설명합니다.

이 책을 최대로 활용하려면

이 책에서 필요한 지식은 실수에 관한 기초적인 대수와 파이썬 기본 프로그래밍 기술입니다.

책에 있는 코드를 실행하려면 가능한 최신 버전의 파이썬을 설치해야 합니다. 책에 있는 일부 코드를 실행하려면 다음 표에 나열된 파이썬 라이브러리도 설치해야 합니다. 모든 코드 예제를 윈도우 10에 설치한 파이썬 3.8 환경[1]을 사용하여 Jupyter Lab에서 테스트하였습니다. 하지만, 이와 호환되는 모든 OS에 설치한 파이썬 3 모든 버전과 모든 최신 통합 개발 환경뿐만 아니라 단순한 명령줄 프롬프트 모드에서도 동작할 것입니다.

이 책에서 다루는 SW/HW	OS 요구사항
파이썬 3.0 이상	파이썬과 호환되는 Windows, Mac OS X, Linux
파이썬 라이브러리: NumPy, matplotlib, pandas, scikit-learn, SciPy, seaborn	

파이썬과 파이썬 라이브러리 설치에 대한 자세한 내용은 다음 링크에서 확인할 수 있습니다:

- **Python:** https://www.python.org/downloads/
- **matplotlib:** https://matplotlib.org/3.3.3/users/installing.html
- **NumPy:** https://numpy.org/install/
- **pandas:** https://pandas.pydata.org/pandas-docs/stable/getting_started/install.html
- **scikit-learn:** https://scikit-learn.org/stable/install.html
- **SciPy:** https://www.scipy.org/install.html
- **seaborn:** https://seaborn.pydata.org/installing.html

1 이 책에서는 2024년 현재 최신 파이썬인 3.12.4 버전을 사용하여 추가로 테스트하였음.

이 책의 디지털 버전을 사용하는 경우, 직접 코드를 입력하거나 깃허브 저장소(다음 단원에서 소개하는 링크)를 통해 코드에 접근하는 것이 좋습니다. 이렇게 하면 코드 복사 및 붙여넣기와 관련된 잠재적 에러를 방지할 수 있습니다.

예제 코드 파일 다운로드

이 책의 예제 코드 파일을 깃허브 `https://github.com/PacktPublishing/Practical-Discrete-Mathematics`에서 다운로드 가능하며, 코드가 변경되면 기존 깃허브 저장소에 업데이트될 예정입니다.

또한 `https://github.com/PacktPublishing/`는 다채로운 책과 비디오 카탈로그의 다른 코드들도 많이 보유하고 있습니다. 확인해 보세요!

컬러 이미지 다운로드

이 책에서 사용된 스크린샷과 다이어그램의 컬러 이미지가 포함된 PDF 파일도 제공합니다. `https://static.packt-cdn.com/downloads/9781838983147_ColorImages.pdf`에서 다운로드할 수 있습니다.

사용되는 형식

이 책에는 여러 가지 텍스트 규칙이 있습니다.

키워드: 키워드와 용어를 나타냅니다.

`code in text`: 본문 속에서 쓰인 스크립트, 함수, 패키지, 폴더, 파일, 파일 확장명, 경로 등의 이름을 나타냅니다.

코드 블록은 다음과 같은 형식을 갖습니다:

```
import numpy
# 행렬 초기화
A = numpy.array([[3, 2, 1], [9, 0, 1], [3, 4, 1]])
print(A)
```

코드 출력은 다음과 같은 형식을 갖습니다:

```
[[3 2 1]
 [9 0 1]
 [3 4 1]]
```

마지막으로, 다음과 같은 주의 사항이 있습니다:

> **주의할 점**
> 이렇게 보입니다.

연락하려면

독자들의 피드백은 언제나 환영입니다.

일반 피드백: 이 책에 관해 질문이 있다면 메시지 제목에 책 이름을 언급하고 customercare@packtpub.com로 이메일을 보내주기 바랍니다.

정오표: 비록 내용의 정확성을 보장하기 위해 모든 주의를 기울였지만, 실수가 발생하기도 합니다. 만약 이 책에서 실수를 발견했다면, 우리에게 이를 알려주면 감사하겠습니다. www.packtpub.com/support/errata를 방문하여 책을 선택하고, 정오표 제출 양식 링크를 클릭한 후 세부 사항을 입력하면 됩니다.

불법 복제: 인터넷에서 어떤 형태로든 불법 복제물을 발견한다면, 주소나 웹 사이트 이름을 알려주시면 감사하겠습니다. 자료에 대한 링크와 함께 copyright@

packt.com으로 연락하기 바랍니다.

만약 여러분이 작가가 되는 일에 관심이 있다면: 만약 여러분이 전문 지식이 있고 저술 또는 기고하는 데 관심이 있는 주제가 있다면, authors.packtpub.com을 방문해 보세요.

리뷰

리뷰를 남겨주세요. 일단 이 책을 읽고 사용했다면, 이 책을 구입한 사이트에 리뷰를 남겨보는 건 어떨까요? 그러면 잠재적인 독자들은 편견 없는 의견을 보고 구매 결정을 내릴 수 있고, Packt에서는 이 책에 대한 여러분의 생각을 이해할 수 있으며, 저자들은 이 책에 대한 여러분의 피드백을 볼 수 있습니다. 감사합니다!

Packt에 대한 더 자세한 정보를 얻으려면 packt.com을 방문하기 바랍니다.

역자 머리말

이산수학(discrete mathematics, 離散數學)은 말 그대로 연속적이지 않은 대상을 다루는 수학의 한 분야이다. 2022 개정 교육과정의 고등학교 과학계열 선택과목에 편성되어 있기도 하다. 미적분학처럼 끊임없이 이어지는 연속적인 대상을 다루는 수학과는 달리, 연결되지 않고 떨어져서 "딱딱 끊어져 있는" 대상과 그들 간의 관계를 다룬다. 미국 프린스턴대에서 이산수학을 전공한 김일희 박사는 "이산수학은 수학과 컴퓨터 공학을 합친 학문이다"라고 이야기할 정도로 이산수학은 컴퓨터 공학의 여러 분야에서 핵심적인 역할을 하며, 컴퓨터 공학을 공부하는 데 필수적인 기반 지식을 제공한다. 특히, 최근 들어 4차산업혁명 시대의 핵심기술인 AI, 로봇, IoT, 빅데이터, 클라우드 등 IT 분야의 급격한 발전과 더불어 이산수학에 쏟아지는 관심이 더욱 커지는 추세이다. 따라서 컴퓨터 공학을 전공하는 학생이라면 이산수학을 제대로 학습하지 않고는 컴퓨터 공학에서의 이론과 실무를 효과적으로 이해하고 활용하기 어렵다.

역자가 대학생이던 시절, 원서 교재로 이산수학 과목을 공부하면서 들었던 생각은 "교재가 좀 더 실용적인 내용을 담았으면 좋을 텐데... 아무튼 언젠가 써먹을 때가 있겠지"였다. 정의와 정리가 넘쳐나는 데다가 쉽지 않은 증명을 이해하느라 정신없었다. 중고등학교 때 수학 공부처럼 예제와 연습문제 풀이를 잘해서 좋은 학점을 받는 게 목표가 되었고 이산수학이 컴퓨터 과학·공학 분야에서 실제로 어떻게 쓰이는지는 생각할 겨를이 없었다. 실체가 없는 뜬구름을 잡는다는 느낌이랄까?

세월이 흘러 대학교수가 되어 20년 가까이 이산수학을 가르치면서 매번 교재 선정에 고민이 많았다. 한글로 쓰인 교재가 많아지고 책의 볼륨도 두꺼워졌지만, 역자가 느끼기엔 여전히 그냥 수학책이 대부분이었다. 이산수학이라는 학문 그 자체를 다루는 훌륭한 교재는 많지만, 이산수학을 컴퓨터 공학의 문제 해결용 도

구로 다루는 교재는 찾기 힘들었다. 안 그래도 수포자(?)라는 신조어가 국어사전에 등재될 정도로 수학에 대한 공포가 만연한데... 그러다가 인터넷서점 아마존닷컴에서 Ryan T. White 박사와 Archana Tikayat Ray 박사가 저술한 Practical Discrete Mathematics라는 책을 발견하였다. 사이트의 올려놓은 목차를 확인하고 독자 리뷰를 읽어보자마자 가장 이상적인 이산수학 교재에 가깝다는 생각이 들었고 곧바로 이 책을 번역해야겠다고 마음먹게 되었다. 다음은 아마존닷컴에 올라온 리뷰 중 일부이다.

“훌륭한 책이며 이산수학의 기본과 표기법을 배우는 데 적극 추천합니다. 따라하기 쉽고 읽기 쉽습니다.”

“저는 40세가 넘은 소프트웨어 전문가인데, ‘실용적’이라고 적혀 있어서 주문했습니다. 깜짝 놀랐습니다. 모든 수식이 어떻게 실용적으로 사용되는지에 대한 환상적인 관점은 정말 훌륭했습니다. 컴퓨터과학과 알고리즘 책을 몇 권 소유하고 있지만, 이 책을 통해 이미 알고 있던 것들에 대한 다른 통찰력을 얻을 수 있었습니다. 저자들에게 칭찬을. 탁월합니다.”

“주제를 설명하는 방법은 매우 명확하고 간결하며 엄격합니다. 특히 조합론과 그래프 이론은 독자를 만족시키는 방식으로 제시됩니다. 책 전체가 별도의 단원으로 제공되며 이 분야를 진지하게 받아들이고 싶은 사람이라면 누구나 즐길 수 있습니다. 이 주제에 대한 훌륭한 소개서이자 알고리즘과 계산에 대한 연구의 서문입니다.”

“컴퓨터과학이 아닌 학생으로서 저는 이산수학과 데이터구조에 대한 좋은 소개를 제공하는 훌륭한 책을 찾고 있었습니다. 이 책을 발견하기 전까지는, 제가 정말 좋아한 책이나 이해할 수 있는 내용을 철저히 설명하는 책이 없었습니다. 이전에 본 책의 대부분은 수학이 많고 직관적이지 않았습니다. 이 책은 주제에 익숙하지 않은 사람이 이해할 수 있는 방식으로 설명할 뿐만 아니라 실제로 적용하는 방법에 대한 몇 가지 예시를 제공하기 때문에 이 책을 좋아합니다. 특히 파이썬으로 작성되었다는 점에서 이 예시가 특히 도움이 되었습니다. 꼭 추천합니다!!!”

이 책은 12개의 장으로 구성되어 있는데 각 장마다 이산수학의 핵심 주제를 다루고 나서 관련된 실제 문제를 파이썬으로 어떻게 해결하는지 설명한다. 아주 기초적인 수학 지식과 초급 프로그래밍 경험만 있으면 큰 어려움 없이 혼자서도 충분히 이해할 수 있는 수준이라 생각한다. 이 책의 자세한 구성과 활용법은 저자 머리말을 참고하면 된다.

이 책은 다음과 같은 독자들에게 도움이 될 것이다. 첫째, 당연히 컴퓨터 공학을 전공하는 대학생이다. 둘째, 컴퓨터 공학을 전공하지 않더라도 교양 수준에서 관련 분야의 지식을 얻고자 하는 대학생들이다. 셋째, 컴퓨터 공학을 전공하려고 마음먹은 미래의 컴퓨터공학도들이다. 마지막으로, 컴퓨터에 어떤 수학적 원리가 숨어있는지 궁금한 일반인들이다. 이 책의 코드는 원서의 출판사가 제공하는 깃허브에서 다운로드 가능하다. 다만, 파이썬과 관련 라이브러리의 버전-업으로 인해 제대로 동작하지 않는 경우가 있는데 번역서에는 최신 버전에 맞도록 수정하였다. 이 책의 코드를 바탕으로 더 좋은 코드를 만드는 것은 여러분의 몫이다.

번역과 편역 사이에서 고민이 있었다. 원서 자체로도 매우 훌륭하다고 생각하지만, 이 책의 내용을 더 충실하게 만들면 독자에게 더 좋으리라 판단하여 150개 이상의 주석을 보태었다. 상대적으로 높은 난이도에도 불구하고 설명이 부족한 주제에 주석이 집중되어 있다. 아무래도 전문적인 번역가는 아니라서 번역의 품질이 제일 걱정이다. 역자 스스로 여러 번 읽어도 편하게 읽히지 않는 문장이 있다. 미처 발견하지 못한 오탈자도 남아 있을 것으로 생각한다. 코드를 책으로 옮기고 편집하는 과정에서 작은 오류가 끼어들었을 수도 있겠다. 개정판에서 충분히 보완하겠지만 그때까지는 독자들의 넓은 이해를 바란다.

이 책의 제작 과정 내내 애쓰신 21세기사 이범만 대표님과 출판사 관계자분들께 감사드린다. 수식, 그림, 코드를 상대하느라 고생하셨다. 마지막으로 이 머리말을 읽고 있는 독자들에게 감사한다. 건투를 빈다.

2025. 1.

이형원

제 I 부

이산수학의 기본 개념

여기에서는 집합론, 함수와 관계, 논리와 증명, 산술, 셈, 기본 확률 등 컴퓨터 과학에 적용되는 이산수학의 주요 용어, 표기법, 방법을 배운다.

그 내용은 다음과 같다:

- *1장. 핵심 개념, 표기법, 집합론, 관계, 함수*
- *2장. 형식 논리와 수학적 증명*
- *3장. n-진수를 사용하여 계산하기*
- *4장. SciPy를 이용한 조합론*
- *5장. 이산확률의 기본원리*

CHAPTER 1
핵심 개념, 표기법, 집합론, 관계, 함수

이 장은 이산수학의 주요 아이디어에 대한 일반적인 소개와 더불어, 핵심 용어와 개념을 살펴볼 것이다. 그런 다음, 집합론을 학습하는데 여기에서는 수학적 대상[1]의 모임을 나타내고 결합하거나 선택하기 위한 필수 표기법과 개념을 다룬다. 또한 함수와 관계를 이용하여 수학적 대상을 서로 연관시키고 그래프로 시각화하기에 대하여 생각해 본다.

이 장에서는 다음 주제를 다룬다.

- 이산수학이란 무엇인가?
- 기초 집합론
- 함수와 관계

이 장이 끝날 때면, 여러분은 이산수학의 언어로 말할 수 있고 이산수학 전반에 공통된 표기법을 이해할 수 있을 것이다.

1 수, 행렬, 집합, 함수, 벡터 등 수학에서 다루는 추상적 개념을 말한다. 영어로는 mathematical object이며 수학적 객체라고 번역되기도 한다.

주의할 점

이 장의 컬러 이미지를 참조하려면 머리글에서 소개한 링크를 따라 이동하십시오.

이산수학이란 무엇인가?

이산수학은 셀 수 있거나 다르거나 서로 분리된 수학 구조를 연구하는 학문이다. 좋은 예 가운데 하나가 바로 픽셀이다. 스마트폰에서 컴퓨터 모니터, 텔레비전에 이르기까지 현재 사용되는 화면은 격자로 늘어선 수백만 개의 작은 점(픽셀)들로 구성되어 있다. 장치의 명령에 따라 각 픽셀은 지정된 색으로 켜지지만, 픽셀마다 한정된 수의 색상만 표시할 수 있다.

함께 켜진 수백만 개의 점들은 복잡한 패턴을 형성하며, 우리 눈에는 다음 그림에서 보이는 원의 경계에서와 같이 매끄러운 곡선 모양으로 보인다:

그림 1.1 원의 경계

그러나 확대해서 자세히 살펴보면, 실제 "곡선"은 다음 다이어그램과 같이 몇몇 중간색을 포함한 서로 다른 색으로 칠해진 픽셀 영역 사이 들쭉날쭉한 경계임이 드러난다:

그림 1.2 원의 확대 보기

이산수학에서 연구하는 대상의 또 다른 예로는 명제, 정수, 비트와 바이트, 그래프, 트리, 네트워크 등이 있다. 픽셀과 마찬가지로, 이들도 복잡한 패턴을 형성할 수 있으며, 이 책을 통해서 컴퓨터 과학과 데이터 과학에 관련된 다양한 목적을 위해 그러한 패턴을 발견하고 이용하려고 노력할 것이다.

이산수학과는 대조적으로, 기초 대수학이나 미적분학처럼 여러분에게 더 친숙할지도 모르는 수학 영역은 연속체에 초점을 맞춘다. 연속체란 예를 들어 0과 1 사이 실수 집합처럼 연속적인 범위에서 값을 갖는 수학적 대상이라든지 매끄러운 곡선으로 표시된 수학적 함수를 말한다. 연속체를 다루기 위한 수학적 방법이 존재하지만, 우리가 초점을 맞출 이산적인 문제에 대한 방법과는 대부분 다르다.

"이산적인" 단계를 따라서 동작하고 "이산적인" 비트로 데이터를 저장하는 고성능 컴퓨터의 출현으로 인해 이산수학은 최근 수십 년 동안 광범위하게 연구되는 주제로 자리를 잡았다. 이산수학의 원리를 이해하는 것이 중요한 이유는 소프트웨어 개발, 컴퓨터 알고리즘, 프로그래밍 언어, 암호학의 근본적인 아이디어를 이해하는 데 유용하기 때문이다. 이러한 컴퓨터 분야의 구현은 이산수학의 원리를 실제 문제에 적용하는 데 결정적인 역할을 한다.

이산수학의 실제 응용 예는 다음과 같다.

- **암호학**(cryptography): 허가된 개체에 의해서만 디코딩될 수 있도록 데이터 또는 정보를 암호화된 형태로 변환하는 기술 및 과학을 일컫는다. 이 분야는 정수론, 셈과 관련된 연구 그리고 n-진법에 대한 알고리즘을 많이 사용한다. *2장. 형식 논리와 수학적 증명*에서 이러한 주제에 대해 배우게 된다.
- **물류**: 이 분야에서는 그래프 이론을 사용해서 복잡한 물류 문제를 그래프로 변환하여 단순화한다. 이렇게 만든 그래프를 사용하여 상품과 서비스 등을 배송하기 위한 최적의 경로를 찾을 수 있다. 예를 들어, 항공사들은 그래프 이론을 사용하여 글로벌 비행 노선과 일정에 대한 상세한 정보를 계획한다. *II부. 데이터 과학과 컴퓨터 과학에서 이산수학 구현*에서 이러한 문제 중 일부를 다룬다.

- **머신러닝**(machine learning): 기계학습이라고도 불리는 이 영역은 시스템이 데이터로부터 유용한 패턴을 찾고 학습하며 의사 결정을 내리는 과정에서 인간 개입을 최소화할 수 있도록 통계와 분석 방법을 자동화하려 노력한다. 머신러닝은 예측 모델링과 웹 검색에 자주 적용되는데, *5장. 이산확률의 기본원리*와 *III부. 이산수학의 실제 적용*의 거의 모든 장에서 보게 될 것이다.
- **알고리즘 분석**: 작업을 완수하기 위한 명령 집합이라면 모두 알고리즘에 해당한다. 효과적인 알고리즘은 문제를 해결하고, 쓸모 있는 시간 내에 종료하며, 메모리를 너무 많이 차지하지 않아야 한다. 두 번째 조건을 보장하기 위해서는 알고리즘이 종료하기 위해 처리하여야 하는 연산의 수를 세는 일이 필요하며, 이는 복잡할 수 있으나 조합론의 방법을 사용하면 가능하다. 세 번째 조건을 만족하는지 확인하려면 유사한 방법을 써서 메모리 사용량을 계산해야 한다. 우리는 *4장. SciPy를 사용한 조합론*, *6장. 선형대수의 계산 알고리즘*, *7장. 알고리즘을 위한 계산 요구사항*에서 이러한 아이디어 중 일부를 접할 것이다.
- **관계형 데이터베이스**(relational database): 이 주제는 데이터 필드 사이에 존재하는 서로 다른 특성을 연결하는 데 도움을 준다. 예를 들어, 한 도시에서 발생한 사고 정보를 포함하는 데이터베이스가 있다면 "관계적 특징"은 사고 위치를 도로 상태, 조명 상태 그리고 기타 필요한 정보와 연결할 수 있도록 한다. 관계형 데이터베이스는 집합론의 개념을 사용하여 관련 정보를 그룹화한다. *8장. 트리, 그래프, 네트워크의 저장과 특성 뽑아내기*에서 이러한 아이디어 중 일부를 확인할 수 있다.

이제 이산수학이 무엇인지 그리고 일부 응용 분야에 대한 대략적인 개념을 얻었으므로, 다음 단원에서는 이산수학 분야의 기초를 구성하는 집합론에 대해 논의한다.

기초 집합론

"집합은 자신을 하나로 생각할 수 있도록 허락한 다수이다."

- 게오르크 칸토어(Georg Cantor)

수학에서 집합론은 대상의 모임을 연구하는 학문으로, 이산수학을 학습하기 위한 필수 지식이다.

정의: 집합과 집합 표기법

집합(set)은 대상의 모임이다. 만약 집합 A가 대상 $a_1, a_2, \ldots$으로 구성되어 있다면 $A = \{a_1, a_2, \ldots\}$와 같이 나타낸다.[2]

정의: 집합 원소

집합 A에 속한 각 대상을 집합 A의 원소(element)라 부르고 $a_n \in A$와 같이 나타낸다.

정의: 공집합

공집합(empty set)은 $\varnothing$으로 나타낸다.

집합은 숫자, 점, 벡터, 함수 또는 기타 집합 등 다양한 종류의 대상을 포함할 수 있다.

예제: 집합의 예

집합의 예는 다음과 같다:

- 10보다 작은 소수의 집합 $A = \{2, 3, 5, 7\}$이다.

---

2 원소나열법

- 세계에서 가장 인구가 많은 세 도시의 집합은 {도쿄, 델리, 상하이}이다.
- 자연수는 집합 $N = \{1, 2, 3, \ldots\}$이다.
- 정수는 집합 $Z = \{\ldots, -3, -2, -1, 0, 1, 2, 3, \ldots\}$이다.
- 만약 B, C, D가 모두 집합이라면, $A = \{B, C, D\}$는 집합의 집합이다.
- 실수는 전체 수직선을 구성한다는 표시로 $R = (-\infty, \infty)$와 같이 나타낸다. N 또는 Z처럼 중괄호 안에 실수를 나열할 수 없음에 주의하여야 한다.

정의: 부분집합과 포함집합

만약 집합 A의 모든 원소가 집합 B에도 속한다면, A는 B의 부분집합(subset)이고 B는 A의 포함집합(superset)이며, $A \subseteq B$와 같이 나타낸다. 만약 A가 B의 부분집합이지만, 두 집합이 같은 집합이 아니라면, A를 B의 진부분집합이라 부르고, $A \subset B$와 같이 나타낸다.

또 다른 표기법인 조건제시법은 특정 조건을 충족하는 집합을 정의할 때 매우 유용하게 사용되는데 다음과 같이 정의된다.

정의: 조건제시법

집합을 $\{x \in A \mid \text{조건}\}$과 같이 쓸 수 있는데 이는 주어진 조건이 참이 되도록 A의 부분집합으로 구성하였음을 나타낸다.

만약 문맥상 x가 어떤 종류의 수학적 대상인지 명백하다면, 집합은 $\{x \mid \text{조건}\}$과 같이 표현한다.

예제: 조건제시법의 사용

조건제시법(set-builder notation)을 사용하여 정의한 집합의 예는 다음과 같다.

- 자연수 중 짝수의 집합은 $\{2, 4, 6, \ldots\} = \{n \mid n = 2k,\ k \in N\}$이다. 이는 각 원소가 $2 * k$이고 k는 집합 $\{1, 2, 3, \ldots\}$에 소속된 어떤 자연수인 조건을 만족하는 무한집합이다.

- 실수 a에서 b사이 닫힌 구간은 $\{x \in R \mid a \leq x \leq b\} = [a, b]$이다.
- 실수 a에서 b사이 열린 구간은 $\{x \in R \mid a < x < b\} = (a, b)$이다.
- 집합 $R^2 = \{(x, y) \mid x, y \in R\}$는 전체 2D 좌표 평면을 구성한다.
- 기울기가 2이고 y-절편이 3인 직선은 집합 $\{(x, y) \in R^2 \mid y = 2x + 3\}$이다.
- 반지름이 r이고 중심이 (0, 0)인 열린 공은 $\{(x, y) \in R^2 \mid x^2 + y^2 < r\}$이며 원의 경계를 제외한 내부에 해당한다[3].
- 반지름이 r이고 중심이 (0, 0)인 원은 $\{(x, y) \in R^2 \mid x^2 + y^2 = r\}$이며 원의 경계에 해당한다.
- 아프리카 대륙에 속한 모든 국가의 집합은 $\{x \in$ 국가 $\mid x$는 아프리카 대륙에 위치$\}$이다.

복수의 집합을 대상으로 수행할 수 있는 몇 가지 유용한 연산을 다음 정의에서 살펴보자.

정의: 기본 집합 연산

A와 B를 집합이라 하고 기본적인 연산을 살펴보자.

- 집합 A와 B의 합집합(union)은 A 또는 B(또는 양쪽 모두)에 속한 모든 원소의 집합이며 $A \cup B = \{x \mid x \in A \text{ or } x \in B\}$와 같이 나타낸다.
- 집합 $A_1, A_2, \ldots$의 합집합은 $\bigcup_{n=1}^{\infty} A_n$과 같이 나타낸다.
- 집합 A와 B의 교집합(intersection)은 A와 B 양쪽에 함께 속한 모든 원소의 집합이며 $A \cap B = \{x \mid x \in A \text{ and } x \in B\}$와 같이 나타낸다.
- 집합 $A_1, A_2, \ldots$의 교집합은 $\bigcap_{n=1}^{\infty} A_n$과 같이 나타낸다.

3 2차원 열린 공(open ball). 열린 공은 모든 차원에서 정의 가능하다.

- 집합 A의 여집합(complement)은 A에 속하지 않는 모든 원소이며 $A^c = \{x \mid x \notin A\}$와 같이 나타낸다.
- 집합 A에 대한 B의 차집합(difference)은 A에는 속하고 B에는 속하지 않는 모든 원소의 집합이며 $A - B = \{x \in A \mid x \notin B\}$와 같이 나타낸다.

집합을 시각적으로 표시하는 도구인 벤 다이어그램을 이용하여 집합 연산을 표현하면 유용할 때가 많다. 다음은 방금 보여준 몇 가지 연산의 예이다:

- 다음은 $A \cup B$을 표시한다:

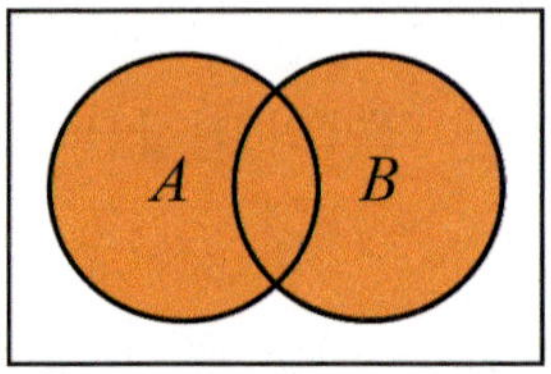

그림 1.3 A∪B

- 다음은 $A \cap B$을 표시한다:

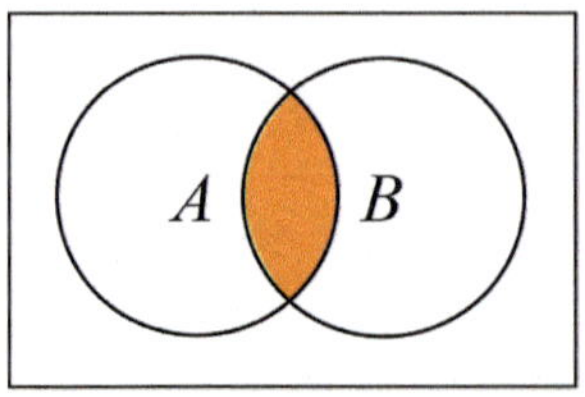

그림 1.4 A∩B

- 다음은 A^c을 표시한다:

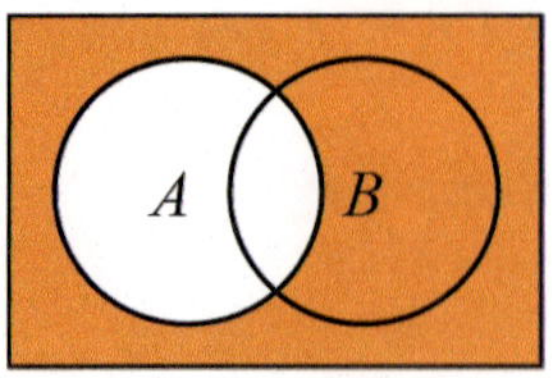

그림 1.5 A^c

- 다음은 $A-B$을 표시한다:

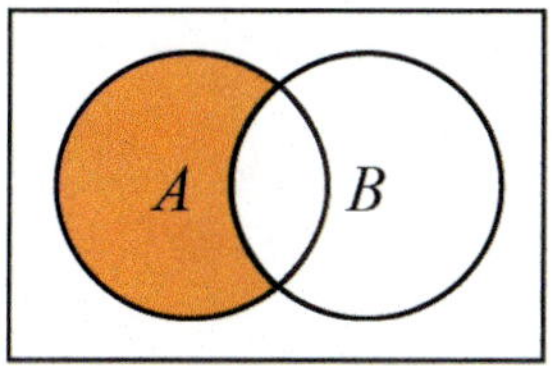

그림 1.6 A-B

예를 들어, 다음 다이어그램을 생각해 보자. 우리는 집합론의 언어를 사용하여 다이어그램이 의미하는 바를 다양하게 설명할 수 있다:

- 원소 a, b, d는 집합 A에 속하므로 $a, b, d \in A$
- 원소 c와 d는 집합 B에 속하므로 $c, d \in B$
- 원소 c는 집합 A에 속하지 않으므로 $c \not\in A$ 또는 $c \in A^c$
- 원소 d는 집합 A와 B에 모두 속해 있으므로 $d \in A \cap B$
- 4 원소 모두 집합 A 또는 B(또는 양쪽 다)에 속하므로 $a, b, c, d \in A \cup B$

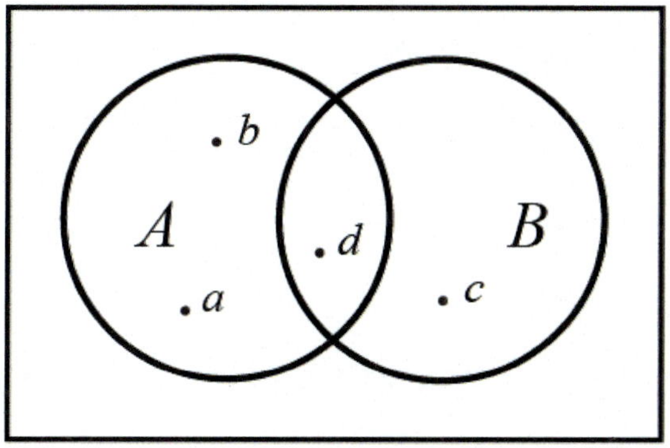

그림 1.7 두 집합의 예

정의: 서로소 집합

$A \cap B = \varnothing$ 이면 집합 A와 B는 서로소(또는 상호배타적[4], disjoint set)이다. 즉, 집합 간 공유 원소가 존재하지 않는다.

예제: 짝수와 홀수

짝수 자연수 집합 $E = \{2, 4, 6, \ldots\}$ 와 홀수 자연수 집합 $O = \{1, 3, 5, \ldots\}$ 를 생각해 보자. 어떤 수도 동시에 홀수와 짝수가 될 수 없으므로 두 집합은 서로소이며 $E \cap O = \varnothing$ 이다.

- E는 자연수의 부분집합 즉 $E \subseteq N$이다.
- O는 자연수의 부분집합 즉 $O \subseteq N$이다.

E와 O의 합집합은 모든 자연수 집합을 구성하므로 $E \cup O = N$이다.

정리: 드모르간 법칙

드모르간 법칙(De Morgan's laws)은 하나의 수학적 개념이 그 반대편 개념과 어떻게 연관되어 있는지를 나타낸다. 집합론에서의 드모르간 법칙은 여집합을 사용하여 교집합과 합집합을 설명한다.

드모르간 법칙은 다음과 같이 쓸 수 있다:

1. $(A \cup B)^c = A^c \cap B^c$
2. $(A \cap B)^c = A^c \cup B^c$

다음 다이어그램은 드모르간 법칙을 보여준다:

4 mutually exclusive. 집합론 외에 논리학, 확률론에도 사용되는데 동시에 일어나지 않음을 의미한다.

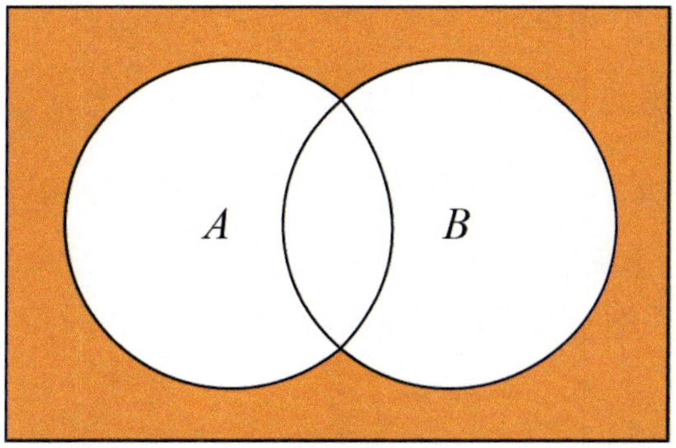

그림 1.8 드모르간 법칙 $(A \cup B)^c = A^c \cap B^c$

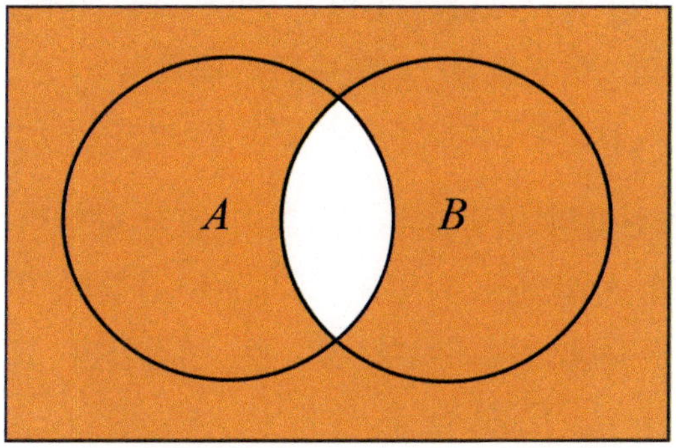

그림 1.9 드모르간 법칙 $(A \cap B)^c = A^c \cup B^c$

증명:

이제 이 정리의 증명을 살펴보자.

$x \in (A \cup B)^c$이라고 하자. 그러면 $x \notin (A \cup B)$ 이다. 이는 $x \notin A$ 이고 $x \notin B$ 을 뜻한다. 즉, $x \in A^c$이고 $x \in B^c$이 되므로 $x \in A^c \cap B^c$이다. 따라서, $(A \cup B)^c$는 $A^c \cap B^c$의 부분집합이다.

다음으로, $x \in (A^c \cap B^c)$이라고 하자. 그러면 $x \in A^c$이고 $x \in B^c$이다. 이는 $x \notin A$ 이고 $x \notin B$을 뜻한다. 즉, $x \notin (A \cup B)$ 이 되므로 $x \in (A \cup B)^c$이다. 따라서, $A^c \cap B^c$는 $(A \cup B)^c$의 부분집합이다. $(A \cup B)^c$는 $A^c \cap B^c$의 부분집합

이고 반대도 성립하기 때문에 $(A \cup B)^c = A^c \cap B^c$이다.

두 번째 결과의 증명은 유사하므로 독자들에게 연습문제로 남긴다.

앞의 증명 방법은 $(A \cup B)^c$의 어떤 원소도 $A^c \cap B^c$의 원소임을 보여주고, $A^c \cap B^c$의 어떤 원소도 $(A \cup B)^c$의 원소임을 보여주도록 설계되었으며, 이는 두 집합이 같다는 사실을 명백하게 입증한다.

예제: 드모르간 법칙

짝수 $E = \{2, 4, 6, \dots\}$와 $A = \{1, 2, 3, 4\}$의 두 자연수 집합을 생각해 보자. 만약 우리가 두 집합 어디에도 포함되지 않은 원소들의 집합을 구한다면 즉, 두 집합에 대한 합집합의 여집합을 취한다면, 결과는 $(E \cup A)^c = \{1, 2, 3, 4, 6, 8, 10, \dots\}^c = \{5, 7, 9, \dots\}$이다.

드모르간 법칙은 각 집합의 여집합의 교집합이 원래 구하려는 집합과 같아야 한다고 말한다. 이것이 사실인지 확인해 보자. 두 집합의 여집합은 각각 $E^c = \{1, 3, 5, \dots\}$과 $A^c = \{5, 6, 7, \dots\}$이다. 이 두 여집합의 교집합은 $E^c \cap A^c = \{5, 7, 9, \dots\}$이다.

정의: 집합의 크기

집합 A의 크기(cardinality, size)는 집합 A에 속한 원소의 개수이며 $|A|$와 같이 나타낸다.

예제: 집합의 크기

집합의 크기에 대한 몇 가지 예를 살펴보자:

- 집합 $A = \{0, 1\}$이라면 두 원소가 속해 있으므로 집합 A의 크기 $|A| = 2$이다.
- 집합 $B = \{x \in N \mid x < 10\}$의 크기는 원소를 나열해 보면 명확하게 알 수 있다. 집합 B는 10보다 작은 자연수의 집합이므로 $B = \{1, 2, 3, 4, 5, 6, 7, 8, 9\}$이고 $|B| = 9$이다.

- 홀수 자연수 $O = \{1, 3, 5, \ldots\}$의 경우, 숫자가 무한히 나열되므로 $|O| = \infty$이다.

집합론에 대한 지식을 바탕으로, 이제 서로 다른 집합 사이의 관계와 함수에 대한 학습을 진행할 수 있을 것 같다. 함수는 어떤 집합의 한 원소를 다른 집합의 정확하게 한 원소로 매핑하는 데 도움을 준다.

함수와 관계

"여러분, 수학은 언어입니다."

–조사이어 윌러드 기브스(Josiah Willard Gibbs)

우리는 서로 다른 방식으로 다양한 사람들과 관련을 맺고 있다. 아버지와 아들 관계, 교사와 학생 관계, 동료 관계 등이 그러한 예이다. 유사하게, 수학에서도 서로 다른 원소들 사이에 관계가 존재한다.

정의: 관계, 정의역, 치역

- 집합 X에서 집합 Y로의 관계(relation) r은 $x \in X$이고 $y \in Y$인 순서쌍 (x, y)의 집합이다.
- r의 정의역(domain)은 집합 $\{x \in X \mid \text{어떤 } y \in Y\text{에 대해 } (x, y) \in r\}$이다.
- r의 치역(range)은 집합 $\{y \in Y \mid \text{어떤 } x \in X\text{에 대해 } (x, y) \in r\}$이다.

단순히 이야기하면, 관계는 X에 속한 한 원소와 Y에 속한 하나 이상의 원소를 짝짓는다.

정의: 함수

- 집합 X에서 집합 Y로의 함수(function) f는 $f : X \rightarrow Y$와 같이 나타내며, X에 속한 각 원소를 Y에 속한 정확히 한 원소에 매핑하는 관계이다.
- f의 정의역은 집합 X이다.
- 함수의 원소 (x, y)를 $(x, f(x))$라 표현하기도 한다.

정의에서 알 수 있듯이, 함수도 관계이지만 추가 제약 조건이 필요하다. 즉, X의 각 원소는 정확히 하나의 Y 원소에 매핑된다.

예제: 관계 대 함수

두 집합 $X = \{1, 2, 3, 4, 5\}$ 와 $Y = \{2, 4, 6, \ldots\}$ 가 주어졌을 때 다음 X에서 Y로의 두 관계를 생각해 보자:

- $r = \{(3,\ 2),\ (3,\ 6),\ (5,\ 6)\}$
- $s = \{(1,\ 4),\ (2,\ 4),\ (3,\ 8),\ (4,\ 6),\ (5,\ 2)\}$

r의 정의역은 $\{3,\ 5\}$이고 치역은 $\{2,\ 6\}$인 반면, s의 정의역은 집합 X이고 치역은 $\{2,\ 4,\ 6,\ 8\}$이다.

관계 r은 3을 2와 6에 동시에 매핑하므로 함수가 아니다. 그러나, 관계 s는 X의 각 원소를 정확히 하나의 Y 원소에 매핑하므로 정의역이 X인 함수이다.

예제: 기초 대수학에서의 함수

기초 대수학 과정에서는 함수의 정의역과 치역을 수직선 구간으로 한정하는 경향이 있다. *그림 1.10*에서 볼 수 있듯이, 방정식 $y = f(x)$를 만족하는 순서쌍 (x, y) 집합을 데카르트 xy-평면에 표시하면 함수의 그래프가 만들어지기 때문에, 정의역의 값은 일반적으로 x로 표시되고 치역의 값은 y로 표시된다.

대부분의 독자는 이러한 전형적인 유형의 함수에 친숙할 수도 있지만, 함수의 개념은 이것보다 더 일반적이다. 함수의 입력과 출력을 반드시 숫자로 한정할 필요가 없다. 함수의 정의역은 어떠한 집합도 될 수 있으므로 그 집합의 구성원 다시 말해서 정의역의 구성원은 점, 그래프, 행렬, 배열이나 문자열, 또는 다른 어떤 유형의 원소도 가능하다.

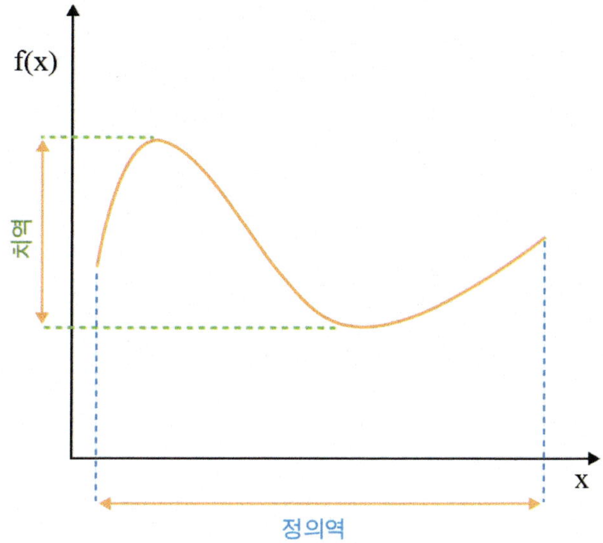

그림 1.10 데카르트 xy-평면

파이썬을 포함한 대부분의 프로그래밍 언어에는 "함수"라고 불리는 코드 블록이 있다. 프로그래머가 함수의 이름을 지정하게 되고 필요할 때 이를 호출하면 실행된다. 이러한 파이썬 함수는 외부로부터의 입력("파라미터"라고 함)을 갖거나 갖지 않을 수 있으며, 각 입력 파라미터 집합은 항상 동일한 출력을 반환할 수도 있고 그렇지 않을 수도 있다. 이처럼 파이썬 함수는 수학적인 의미에서 함수인 경우도 있지만, 반드시 그럴 필요는 없다.

"함수"는 수학과 컴퓨터 과학 분야에서 상충하는 용어의 예이다. 다음 예제에서는 수학적인 의미의 함수인 파이썬 함수와 그렇지 않은 파이썬 함수를 설명한다.

예제: 파이썬 함수 대 수학적 함수

리스트를 정렬할 때 사용하는 `sort()` 파이썬 함수를 생각해 보자. 함수를 숫자 리스트와 이름 리스트에 각각 적용해 보기로 한다:

```
numbers = [3, 1, 4, 12, 8, 5, 2, 9]
names = ['Wyatt', 'Brandon', 'Kumar', 'Eugene', 'Elise']

# sort() 함수를 두 리스트에 적용
numbers.sort()
names.sort()
# 출력
print(numbers)
print(names)
```

출력은 다음과 같다:

```
[1, 2, 3, 4, 5, 8, 9, 12]
['Brandon', 'Elise', 'Eugene', 'Kumar', 'Wyatt']
```

각 경우에 대해 sort() 함수는 기본적으로 숫자 순서 또는 알파벳 순서에 대해 오름차순으로 리스트를 정렬한다.

게다가, sort()는 어떤 리스트에도 적용되며 수학적 의미에서의 함수이다. 실제로, 이 함수는 수학적 함수의 모든 기준을 충족한다:

1. 정의역은 정렬이 가능한 모든 리스트의 집합이다.
2. 치역은 정렬된 모든 리스트의 집합이다.
3. sort()는 정의역의 각 리스트를 언제나 치역의 유일한 정렬 리스트에 매핑한다.

이제, 리스트를 입력으로 받아서 임의의 순서로 출력하는 파이썬 함수 shuffle()을 다뤄보기로 한다. (여러분이 좋아하는 음악 앱의 셔플 옵션처럼!) 다음 코드를 살펴보자:

```
import random

# 책의 코드를 재현할 수 있도록 시드값 설정
random.seed(1)
# random.shuffle() 함수를 5회 실행하고 결과를 출력
for i in range(0,5):
  numbers = [3, 1, 4, 12, 8, 5, 2, 9]
  random.shuffle(numbers)
  print(numbers)
```

출력은 다음과 같다:

```
[12, 2, 1, 5, 9, 3, 8, 4]
[4, 2, 8, 3, 1, 12, 5, 9]
[4, 5, 1, 9, 3, 8, 12, 2]
[9, 12, 2, 8, 5, 3, 4, 1]
[9, 8, 4, 3, 12, 1, 5, 2]
```

이 코드의 마지막 부분을 반복할 때마다 리스트 숫자를 `[3, 1, 4, 12, 8, 5, 2, 9]`로 설정하고 셔플 함수를 호출하고 결과를 출력하는 루프를 실행한다.

파이썬 함수 `shuffle()`은 반복할 때마다 같은 입력을 받아들이지만, 출력은 매번 다르다. 따라서 파이썬 함수 `shuffle()`은 수학적인 함수가 아니다. 그러나 한 리스트를 자신의 어떤 순서 리스트와 짝을 지어주는 관계이다.

요약

이 장에서는 이산수학과 이산적인 대상의 의미를 논의했다. 또한, 이산수학을 실제 세계, 특히 컴퓨터 과학과 데이터 과학에 적용하는 수많은 응용 분야 중 일부를 개략적으로 살펴보았으며, 이에 대해서는 차차 자세히 논의할 것이다.

또한, 집합 표기법 형식을 사용하여 이산수학에 대한 중요한 몇 가지 공통 언어와 표기법을 확립했는데, 이는 수학적 대상을 쉽게 나타내고, 집합의 크기를 세고, 벤 다이어그램으로 표현하는 일 등을 가능하게 한다. 이 외에도, 집합을 조작할 수 있는 합집합, 교집합, 여집합 연산에 대해 배웠다. 이를 이용하여 집합론에서 사용하는 드모르간 법칙의 기본 결과를 구축하였는데, 이후 필요할 때마다 사용하기로 한다.

마지막으로, 수와 같은 수학적 대상을 매핑하는 함수와 관계의 개념에 대해 살펴보았다. 고등학교나 중학교의 독자들에게 친숙할 수 있는 유형의 함수는 일반적으로 연속적인 정의역에서 정의된다. 이산수학에서는 연속적인 집합이 아닌 이산적인 집합에 초점을 맞추기 때문에, 우리에게 익숙한 개념과 우리가 필요로 하는 새로운 개념 사이의 차이점을 구분하였다. 유사하게, 수학에서의 함수와 파이썬에서의 함수의 차이를 보여주었고, 일부 파이썬 "함수"는 수학적 함수이지만, 다른 것들은 그렇지 않음을 알 수 있었다.

*I부: 이산수학의 핵심 개념*의 나머지 네 장을 통하여 이산수학 공구함에 더 많은 도구를 채울 예정이다. *2장. 형식 논리와 수학적 증명*에서 다룰 논리, *3장. n-진수를 사용하여 계산하기*에서 다룰 이진법과 십진법과 같은 수치 체계, *4장. SciPy를 이용한 조합론*에서 다룰 순열과 조합, *5장. 이산확률의 기본원리*에서 다룰 불확실성과 무작위성이 바로 그런 도구이다. 이러한 도구들을 이용하면 더 많은 실제 문제에 대해 이산수학 적용을 고려해 볼 수 있을 것이다.

CHAPTER 2
형식 논리와 수학적 증명

이 장에서는 형식 논리와 수학적 증명을 소개한다. 먼저 형식 논리에 관한 몇 가지 주요 결과를 소개하고, 진리표를 사용하여 논리명제[1] 를 증명한다. 이 장의 나머지 부분에서는 가장 일반적인 수학적 증명 방법(직접 증명, 모순에 의한 증명, 수학적 귀납법에 의한 증명)에 대해 논하게 되는데, 이는 추후 더욱 복잡한 문제를 만났을 때 필요한 기술을 구축하기 위함이다.

이 장에서는 다음 주제를 다룬다:

- 진리표에 의한 형식 논리와 증명
- 직접 증명
- 모순에 의한 증명
- 수학적 귀납법에 의한 증명

---

1 logical statement. 원서에서는 statement와 proposition을 살짝 구분하여 사용하고 있으나 같은 의미로 받아들여도 무리가 없다. 대한수학회 용어집에서도 statement와 proposition 둘 다 '명제'이다.

이 장을 끝마치면, 어떻게 형식 논리가 연역적 사고의 기초를 제공하는지 이해하고, 논리 문제를 진리표로 모델링하는 방법을 배우고, 주장하는 바를 진리표를 이용하여 증명하고, 직접 증명, 모순에 의한 증명, 수학적 귀납법에 의한 증명 등 여러 방법을 사용하여 수학적으로 증명하는 방법을 알게 될 것이다. 짧게 수학적 증명을 소개하겠지만 이는 수학자처럼 생각하는 방식을 배우고, 강력한 연역적 사고를 활용하고, 이 책의 후반부 내용을 학습하는 데 도움이 된다.

> **주의할 점**
> 이 장의 컬러 이미지를 참조하려면 머리글에서 소개한 링크를 따라 이동하십시오.

진리표에 의한 형식 논리와 증명

우리는 실제 문제에 유용하게 쓰일 수학적 진리를 정립할 수 있도록 책 전반에 걸쳐 수학적 구조와 수학적 증명에 대한 논증에 관심을 가진다. 이러한 이유로, 본 단원에서는 실용적인 수학 문제를 해결해 주는 수학적 이론을 정립할 때 꼭 필요한 부분인 엄격한 수학적 논리에 어느 정도 익숙해지고자 한다.

모든 수학의 기초는 논리이다. 어떻게 논리적으로 완전한 논증을 구성할 수 있는지 즉, 어떻게 어떤 가정이 의심할 여지 없이 어떤 결론으로 이어짐을 보여줄 수 있는지 탐구하는게 논리이다. 특히, **형식 논리**(formal logic)는 논증의 구조에 초점을 맞추기 위해 그 논증의 세부 내용을 무시해 버리는데, 이렇게 함으로써 특별한 논증에 사용될 수 있는 몇 가지 일반 원칙이나 지름길을 확립할 수 있다. 아리스토텔레스는 많은 삼단논법 원칙을 발전시켰으며, 이는 연역적으로 가정에서 결론으로 이어지는 논증에 초점을 맞춘 논리이다. 기원전 300년대로 거슬러 올라가는 이 결과물은 사실 오늘날에도 여전히 널리 사용되고 있다. 형식 논리에 관한 최신 연구는 아리스토텔레스의 선구적인 업적을 기반으로 한다.

형식 논리를 위한 기본 용어

형식 논리를 학습하기 전에, 논의의 편의성을 위해 몇 가지 용어와 표기법을 정의할 필요가 있다. 간단히 말하면, 논리는 어떤 명제가 어떻게 어떤 결과를 초래하는지 조사한다. 이는 너무 추상적으로 느껴질 수 있으니까 예를 하나 들어보자.

만약 어떤 양의 정수가 4의 배수라면, 2의 배수도 된다는 걸 보여주기 위해 간단한 수학적 추론을 사용하려 한다. 물론, 우리 모두 이 명제가 사실임을 직관적으로 알고 있을 거다. 하지만 이해를 돕기 위한 하나의 예제로서 이 주장에 대한 추론을 차근차근 신경을 써서 적어보자:

1. n은 양의 정수이다.
2. n은 4의 배수이다.
3. $n=4m$인 양의 정수 m이 존재한다.
4. 방정식의 우변에서 2를 앞으로 빼면 $n=2(2m)$이다.
5. 따라서 n은 2의 배수이다.

위의 추론을 쪼개서 형식 논리의 용어를 사용하여 정의하자:

- 추론 과정에서 참이거나 거짓인 각 행을 명제(statement)라고 한다:
  a) 앞의 추론에서 다섯 줄 모두 명제이다.
- 명제의 모임을 **논증**(argument)이라고 한다:
  a) 명제 1~5까지 모아놓으면 하나의 논증을 구성한다.
  b) "argument"라는 단어는 일상 대화에서는 다르게 사용될 수 있지만[2], 형식 논리에서의 argument는 모호성을 배제하고 오직 명제만을 포함해야 한다.
- 논증 가운데 정확하게 하나의 명제를 **결론**(conclusion)이라고 한다:
  a) 명제 5가 결론이다.

2 논쟁, 언쟁, 말다툼 등

b) 결론은 보통 마지막에 나온다.

c) 결론은 보통 수학적 논증에서 증명하고 싶은 대상이다.

- 논증에서 결론을 제외한 나머지 모든 명제를 **전제**(premise)라고 한다:

  a) 명제 1~4가 전제이다.

- 모든 전제가 참일 때 결론이 참이 되는 경우, 그 논증을 **타당**(valid)하다고 한다:

  a) 앞의 논증은 처음 네 개의 명제(전제)가 참일 때 5번 명제(결론)가 참이 되므로 타당하다.

- 타당하지 않은 논증을 **부당**(invalid)하다고 한다.

다시 말해, 앞에서 다룬 단순한 수학적 논증에서 보듯이, 타당한 논증에서는 전제가 명확하게 결론으로 이어져야 한다.

부당한 논증은 모든 전제가 사실이어도 결론은 거짓인 논증이다. 이를 좀 더 명확히 하기 위해, 한 가지 예를 생각해 보자.

예제 – 부당한 논증

다음 논증을 생각해 보자:

1. n은 양의 정수이다.
2. n은 3의 배수이다.
3. n은 5의 배수이다.
4. 3과 5는 둘 다 홀수이다.
5. 따라서 n은 홀수이다.

그러니까 양의 정수 n은 홀수 3과 5의 배수이다. 명제 1~4가 참인 전제이고 명제 5가 논증의 결론이라고 가정하자. 이는 타당한 논증인가?

3의 배수에는 홀수가 많다:

$$3,\ 9,\ 15,\ \cdots$$

그리고 5의 배수에도 홀수가 많다:

$$5,\ 15,\ 25,\ \cdots$$

그렇다고 n이 홀수라고 결론을 내리는 게 말이 되는가? 아니다! 다음과 같이 3과 5의 공배수에는 홀수가 아닌 수가 존재한다:

$$30,\ 60,\ 90,\ \cdots$$

이 수들은 짝수이다. 따라서, 명제 1~4는 참이어도 n은 짝수일 수 있다. 즉, 명제 5는 거짓이다. 다시 말해, 논증의 모든 전제(명제 1~4)는 사실이지만 주장의 결론(명제 5)은 거짓일 수 있으므로, 이 논증은 부당하다.

놀라운 점은 타당한 논증이 항상 옳은 논증은 아니라는 거다. 예를 들어보자.

예제 – 모든 펭귄은 남아프리카공화국에 산다!

다음과 같은 어리석은 논증을 생각해 보자:

1. 모든 펭귄은 주황색이다.
2. 모든 주황색 동물은 적도가 지나가는 나라에 산다.
3. 적도는 오직 한 나라만을 통과한다.
4. 남아프리카공화국은 적도 위에 있다.
5. 모든 펭귄은 남아프리카공화국에 산다.

명제 1과 2가 참이라고 가정하자. 그렇다면, 모든 펭귄은 주황색이고 모든 주황색 동물은 적도에 있는 나라에 살고 있는데, 이는 모든 펭귄이 적도에 있는 나라에 산다는 걸 의미한다. 만약 명제 3과 4가 사실이라면, 적도가 통과하는 유일한 나라는 남아프리카공화국이다. 이 둘을 합치면, 펭귄이 살 수 있는 유일한 나라가 남아프리카공화국이라는 결론을 내릴 수 있다. 따라서, 이 명제들은 명제 5가 참임을 의미한다.

이 논증에서 전제(명제 1~4)가 참이라면 결론(명제 5)은 참이다. 따라서, 이 논증은 당연히 타당하다.

위 주장에는 분명히 문제가 있다: 어떤 전제도 사실이 아니다! 펭귄은 보통 주황색이 아니며, 펭귄은 적도에서 멀리 떨어진 추운 기후에서 산다. 호랑이 같은 주황색 동물은 적도에 놓이지 않은 나라에서 살고, 적도는 많은 나라들을 통과하고, 남아프리카공화국은 적도가 통과하는 나라가 아니다:

그림 2.1 펭귄은 확실히 전부 주황색은 아니며(왼쪽) 적도(지도상의 점선)는 남아프리카 근처도 지나가지 않는다(오른쪽)!

보다시피, 타당한 논증은 항상 "옳은" 논증은 아니다. 타당한 논증은 단순히, 전제가 참이라면 결론도 참임을 의미한다. 전제가 참이어야 한다는 사실이 필수 조건은 아니다.

이는 예사롭지 않게 보일 수도 있지만, 중요한 사실을 드러낸다: 논리는 우리가 선택한 가정의 결과를 조사한다. 전제가 논증의 결론을 함축하는지만 고려할 뿐이며 무엇이 진실인지가 중요한 건 아니다.

다음으로, 원활한 논증 분석을 위하여, 논증을 기술하기 위한 몇 가지 일반적인 표기법을 소개한다.

형식 논리의 핵심 아이디어

일반적으로 p, q, r과 같은 소문자 하나를 써서 명제(이런 상황에서는 보통 proposition이라 한다)를 표현한다.

논증에서는 더 복잡하거나 흥미로운 복합 명제를 만들기 위해 명제를 수식하고 결합하려는 경우가 자주 있다. 이를 구체적으로 알아보기 전에, 양의 정수 n에 대한 두 개의 간단한 명제를 생각해 보자:

- p: 5는 2의 배수이다.
- q: 6은 3의 배수이다.

예를 들어서, 우리는 명제 "p 그리고 q" 혹은, 읽기는 쉽지만 더 복잡해 보이는 형태의 명제 "5는 2의 배수이고 6은 3의 배수이다"를 구성할 필요가 있을 수 있다. 물론, 이는 참이거나 거짓인 명제이다.

좀 더 공식적으로 정의한다면, **논리 연결자**(logical connectives)는 명제를 연결하거나 수식하는 단어 또는 기호이다. 다양한 논리 연결자[3]에 사용되는 공통 표기법이 있다. 가장 일반적인 연산자들을 정의하고 앞의 두 명제를 이용하여 설명한다:

- 명제의 **부정**(negation)은 $\sim p$로 나타내며 p가 참이 아닐 때만 참이다.
  a) p가 거짓이므로 "5는 2의 배수가 아니다."는 참이다.
- 두 명제의 **논리곱**(conjunction)은 p와 q가 모두 참일 때만 참이며 다음과 같이 나타낸다:

$$p \wedge q$$

  a) p가 거짓이므로 "5는 2의 배수이고 6은 3의 배수이다."는 거짓이다.

3 논리 연산자라고도 한다.

- 두 명제의 **논리합**(disjunction)은 p또는 q(또는 둘 다)가 참일 때 참이며 다음과 같이 나타낸다:

$$p \vee q$$

  a) q가 참이므로 "5는 2의 배수이거나 6은 3의 배수이다."도 참이다.

  b) 논리합은 포괄적(inclusive) "or"라고도 한다[4].

- **조건**(conditional) 또는 **함축**(implication)은 p가 거짓이거나 q가 참일 때 참이며 다음과 같이 나타낸다:

$$p \rightarrow q$$

  a) p가 거짓이므로 "만약 5가 2의 배수이면, 6은 3의 배수이다." 는 참이다.

  b) 조건이란 p가 참일 때 발생하는 결과가 q라고 말하는 걸로 생각할 수 있다. p가 거짓이면 q에 대해서는 아무것도 말하지 않는다.

  c) 달리 말하면, 조건이 거짓이 되는 유일한 경우는 p가 참이고 q가 거짓일 때다. 즉, 조건이 참이라면, q가 거짓일 때는 p도 거짓이다.

  d) 앞으로는 주로 p가 q를 함축한다고 이야기하기로 한다[5].

- **쌍조건**(biconditional)은 p와 q가 모두 참이거나 모두 거짓일 때 참이며 다음과 같이 나타낸다:

$$p \leftrightarrow q$$

  a) p가 거짓이고 q가 참이므로 "만약 6이 3의 배수이면 5는 2의 배수이다. 그 반대도 성립한다."는 거짓이다.

  b) 달리 말하면, p와 q는 동치 명제(equivalent proposition)[6]이다.

---

4 or에는 배타적 or와 포괄적 or가 있는데 그 차이는 "둘 다"를 허용하느냐 여부이다. 논리합은 포괄적 or를 뜻한다.

5 "조건"은 다양하게 쓰이는 일상적인 용어라 헷갈릴 가능성이 있어 "함축"을 주로 사용한다.

6 두 명제가 항상 같은 진릿값을 갖는다. 더 엄밀하게는 "논리적 동치 명제"라고 한다.

다음 그림은 앞서 설명한 논리 연결자를 요약한 결과이다:

논리 연결자	표기법	영어 표현
부정	$\sim p$	not p
논리곱	$p \wedge q$	p and q
논리합	$p \vee q$	p or q
조건/함축	$p \rightarrow q$	if p, then q
쌍조건	$p \leftrightarrow q$	p if and only if q

그림 2.2 논리 연결자

이어서 진리표에 대해 배울 텐데 이는 서로 다른 복합 명제가 동치인지 또는 어떤 상황으로 인해 동치가 아닌지를 결정하는 방법을 제공한다.

진리표

의심하는 사람도 있겠지만, 다음과 같이 논리 연결자를 사용하여 단순한 명제를 여럿 결합함으로써 복잡한 명제를 만들 수 있다:

$$(p \rightarrow q) \wedge (q \rightarrow r) \rightarrow (p \rightarrow r)$$

순전히 머릿속으로 생각해서 이 명제가 타당한 논증인지 판단하기는 다소 어려울지도 모르므로 도표가 도움이 될 거다. 이것이 바로 진리표(truth table)의 역할이다. 진리표는 복잡한 논리적 명제를 여러 구성 요소로 나눠 논증이 타당한지 결정할 수 있게 해준다.

좀 더 구체적으로 살펴보면, 진리표는 이진값(거짓의 경우 0, 참의 경우 1)으로 이루어진 표인데, 복잡한 명제를 구성하는 간단한 명제의 가능한 모든 진릿값(참 또는 거짓) 조합을 고려하며, 한 번에 하나씩 논리 연결자를 적용하여 진릿값을 결정할 수 있다. 연습의 의미로, 각 논리 연결자에 대한 진리표를 작성해 보자. 첫번째는 부정이다:

p	$\sim p$
0	1
1	0

그림 2.3 부정 연결자에 대한 진리표

이 소규모 진리표는 참일 수도 거짓일 수도 있는 하나의 명제만을 포함한다. 당연히, 부정은 각각의 경우에 정반대 진릿값을 가진다.

나머지 논리 연결자는 두 개의 명제와 관련되므로 더 많은 상태가 존재한다. 각 명제에 대한 모든 진릿값의 조합을 고려해야 하며 해당 진리표를 다음 그림에서 보여준다:

논리곱			논리합			조건/함축			쌍조건		
p	q	$p \wedge q$	p	q	$p \vee q$	p	q	$p \rightarrow q$	p	q	$p \leftrightarrow q$
0	0	0	0	0	0	0	0	1	0	0	1
0	1	0	0	1	1	0	1	1	0	1	0
1	0	0	1	0	1	1	0	0	1	0	0
1	1	1	1	1	1	1	1	1	1	1	1

그림 2.4 이진 논리 연결자에 대한 진리표

이러한 논리 연결자를 대상으로 진리표를 만드는 건 매우 간단하며, 단지 테이블 형태로 정의하면 된다.

예제를 통해 논증이 서로 동치인지 확인하는 방법을 알아보자.

예제 – 역

함축 "만약 p이면, q이다."는 다음과 같다:

$$p \rightarrow q$$

역(converse)은 반대 방향의 함축 "만약 q이면, p이다."이며 다음과 같다:

$$q \to p$$

궁금한 것은 함축과 그의 역이 서로 동치인가이다. 이 두 명제를 모두 포함하는 진리표를 구하고 서로 동치인지 확인해 보자:

p	q	$p \to q$	$q \to p$	$(p \to q) \leftrightarrow (q \to p)$
0	0	1	1	1
0	1	1	0	0
1	0	0	1	0
1	1	1	1	1

그림 2.5 함축과 그 역에 대한 진리표. 비교 대상인 두 명제의 진릿값에 해당하는 열은 음영으로 표시되어 있다

양방향의 두 함축이 항상 서로 일치하지는 않는다는 점에 주목하자. 하나는 참이고 다른 하나는 거짓이라면 두 함축이 같은 진릿값을 갖지 않으므로 동치가 아니다. 즉, 아래 쌍조건은 거짓이다:

$$(p \to q) \leftrightarrow (q \to p)$$

이를 풀어서 생각하면, 만약 p가 q를 함축한다고 하더라도, q가 p를 함축한다는 사실이 반드시 참일 필요는 없음을 의미한다. 이는 직관적으로 보더라도 일리가 있다. 예를 들어, "만약 n이 4로 나누어떨어진다면, n은 2로 나누어떨어진다."는 참이지만 "만약 n이 2로 나누어떨어진다면, n은 4로 나누어떨어진다."는 참이 아니다.

논증에 중요한 영향을 미치는 또 다른 예를 보자.

예제 – 함축 논리의 추이 법칙

만약 p가 q를 함축하고 q가 r을 함축한다면, 직관적으로 볼 때 p가 r을 함축한다고 말할 수 있을 거다. 이를 진리표로 입증할 수 있을까? 다시 말해 다음 명제를 규명해 보아야 한다.

$$(p \rightarrow q) \wedge (q \rightarrow r) \rightarrow (p \rightarrow r)$$

진리표를 만들어 보기로 한다. 이번에는 p, q, r 세 개의 기본 명제가 있으므로, 진리표는 이 세 명제의 모든 진릿값 조합을 고려할 필요가 있다:

p	q	r	$p \rightarrow q$	$q \rightarrow r$	$(p \rightarrow q) \wedge (q \rightarrow r)$	$p \rightarrow r$	$(p \rightarrow q) \wedge (q \rightarrow r) \rightarrow (p \rightarrow r)$
0	0	0	1	1	1	1	1
0	0	1	1	1	1	1	1
0	1	0	1	0	0	1	1
0	1	1	1	1	1	1	1
1	0	0	0	1	0	0	1
1	0	1	0	1	0	1	1
1	1	0	1	0	0	0	1
1	1	1	1	1	1	1	1

그림 2.6 추이 법칙을 확인하는 진리표. 비교 대상인 두 명제의 진릿값에 해당하는 열은 음영으로 표시되어 있다

맨 오른쪽 열의 명제가 항상 참임을 알 수 있다. 즉, 명제 p, q, r의 진릿값과 관계없이 언제나 참이다. 따라서 p가 q를 함축하고 q가 r을 함축함을 입증한다면 p가 r을 함축한다는 사실이 저절로 입증된 셈이다. 결과적으로, 일련의 함축을 순서대로 연결하여 결론을 끌어낼 수 있다. 이를 함축에 대한 **추이 법칙**(transitivity law)이라고 한다.

다른 예를 시도해 보자.

예제 – 드모르간 법칙

우리는 논리에 적용되는 드모르간 법칙 중 하나를 증명하고자 한다. p와 q라는 두 명제가 있다고 가정하고, 두 명제에 대한 논리곱의 부정이 각 명제에 대한 부정의 논리합과 동치라는 사실을 입증하기로 한다. 기호를 사용해서 표현하면 다음과 같다:

$$\sim (p \wedge q) \leftrightarrow (\sim p \vee \sim q)$$

즉, "p와 q는 둘 다 참이 아니다."는 "p가 참이 아니거나 q가 참이 아니다."와 같다는 말이다. 진리표를 사용하여 사실 여부를 확인해 보자:

p	q	$p \wedge q$	$\sim(p \wedge q)$	$\sim p$	$\sim q$	$\sim p \vee \sim q$	$\sim(p \wedge q) \leftrightarrow (\sim p \vee \sim q)$
0	0	0	1	1	1	1	1
0	1	0	1	1	0	1	1
1	0	0	1	0	1	1	1
1	1	1	0	0	0	0	1

그림 2.7 드모르간 법칙 중 하나를 확인하는 진리표. 비교 대상인 두 명제의 진릿값에 해당하는 열은 음영으로 표시되어 있다

진리표에서 알 수 있듯이, 쌍조건의 양변이 서로 동치이기 때문에 이 드모르간 법칙은 참이다. 다음과 같은 또 다른 드모르간 법칙이 있음에 유의할 필요가 있다:

$$\sim (p \vee q) \leftrightarrow (\sim p \wedge \sim q)$$

이 복합 명제는 "p이거나 q는 참이 아니다."(포괄적 "or"임을 명심하자)와 "p는 참이 아니고 q는 참이 아니다."는 동치라고 말한다. 이는 다음 진리표에서 유사한 방식으로 증명될 수 있다:

p	q	$p \vee q$	$\sim(p \vee q)$	$\sim p$	$\sim q$	$\sim p \wedge \sim q$	$\sim(p \vee q) \leftrightarrow (\sim p \wedge \sim q)$
0	0	0	1	1	1	1	1
0	1	1	0	1	0	0	1
1	0	1	0	0	1	0	1
1	1	1	0	0	0	0	1

그림 2.8 또 다른 드모르간 법칙을 확인하는 진리표. 비교 대상인 두 명제의 진릿값에 해당하는 열은 음영으로 표시되어 있다

이 법칙은 아우구스투스 드모르간(Augustus De Morgan)의 이름을 따서 명명되었는데, 비록 해당 아이디어는 전에도 알려져 있었지만, 그는 1800년대에 위에서 보여준 방식에 따라 형식 논리를 사용하여 이 법칙을 맨 처음 기술했다. 예를

들어 "p와 q는 둘 다 참이 아니다."라는 우리가 증명하고 싶은 명제가 있을 때, 이를 드모르간 법칙을 사용하여 변환한 "p가 거짓이거나 q가 거짓이다."를 대신 증명할 수 있다. 이 예에서는 굳이 법칙을 사용하지 않아도 당연하고 명백한 조치로 보이지만, 훨씬 더 복잡한 명제인 경우엔 언제나 쉬운 일만은 아니다.

증명에 도움을 주는 또 다른 요령에 관한 예를 하나 더 살펴보자.

예제 – 대우

p가 q를 함축한다는 사실을 증명할 필요가 있다고 가정하자:

$$p \rightarrow q$$

이 증명은 매우 까다롭다. 그러나 대안이 있는데 바로 **대우**(contrapositive)이다. 위 명제의 대우는 "q의 부정은 p의 부정을 함축한다."를 뜻하며, 다음과 같이 나타낸다:

$$\sim q \rightarrow \sim p$$

대우는 함축의 양변을 부정한다는 점만 제외하고는 역과 유사해 보인다. 진리표에서 비교해 보자:

p	q	$p \rightarrow q$	$\sim p$	$\sim q$	$\sim q \rightarrow \sim p$	$(p \rightarrow q) \leftrightarrow (\sim q \rightarrow \sim p)$
0	0	1	1	1	1	1
0	1	1	1	0	1	1
1	0	0	0	1	0	1
1	1	1	0	0	1	1

그림 2.9 함축이 대우와 동치임을 확인하는 진리표. 비교 대상인 두 명제의 진릿값에 해당하는 열은 음영으로 표시되어 있다

진리표에서 알 수 있듯이, 정확히 대우가 참일 때만 함축이 참이므로 두 명제는

동치이다. 다음 단원에서는 이를 이용하여 수학적 증명을 획기적으로 짧게 만드는 방법에 대해 살펴보기로 한다.

이러한 형식 논리의 결과를 바탕으로, 몇 가지 수학적 증명 스타일과 적용 예에 대한 주제로 이동하려 한다. 수학적 증명 스타일은 모두 타당한 논리적 논증의 결과이다. 이 책에서 증명하려는 수학적 주장을 읽고 난 다음, 책에 나오는 증명을 바로 확인하지 말고 스스로 증명하려 노력하기를 권장한다. 수학적 논증하기를 향상하는 가장 좋은 방법은 스스로 시도하는 것이다.

수학적 증명 기술을 쌓는 데 있어, 문제가 특별히 중요하지는 않기 때문에, 정수와 같은 단순한 주제만 사용하는 예를 주로 택했다. 이러한 접근이 주의산만을 최소화하면서 논증의 구조에 집중하면서 증명 구성 방법을 배우는 가장 좋은 방식이라고 믿는다. 이를 통하여, 수학적 진리 규명에 필수적인 요구사항인 신중한 사고방식을 연습하는 데 필요한 기술에 집중할 수 있을 것이다.

이 단원에서는 형식 논리의 기본 용어와 더불어 부정, 논리곱, 논리합, 함축 등과 같은 논리 연결자에 대해 학습하였다. 또한 진리표를 배웠고 함축 논리의 추이 법칙, 대우, 드모르간 법칙 등을 검토하기 위한 여러 진리표를 제시하였다.

다음 단원에서는 여기에서 다룬 아이디어를 사용하여 수학적 증명을 자세히 살펴본다.

직접 증명

이 단원에서는 어떻게 수학적 증명이 구성되는지 살펴보고 몇 가지 간단한 예를 들어 이를 이해해 보려 한다.

수학적 진리를 규명하는 가장 간단한 방법은 입증하려는 결론을 향해 이어지는 일련의 추론을 통하여 직접적으로 증명하는 것이다.

간단한 예로, 짝수와 홀수의 곱이 짝수임을 증명해 보자.

예제 - 짝수와 홀수의 곱

x를 짝수라 하자. 이는 x가 2의 배수임을 의미하므로 다음과 같은 정수가 존재한다:

$$x = 2n$$

y를 홀수라 하자. 이는 y가 2의 배수가 아님을 의미한다. 따라서 y를 2로 나누면 나머지가 1이 되며 다음과 같은 정수 m이 존재한다:

$$y = 2m + 1$$

이 둘을 곱하면 다음을 얻는다:

$$\begin{aligned} xy &= (2n)(2m+1) \\ &= 4nm + 2n \\ &= 2(2nm + n) \end{aligned}$$

$2nm + n$은 정수의 곱과 합으로 구성되어 있으므로 또한 정수이다. 따라서 x와 y의 곱은 2에 정수를 곱한 값과 같다. 즉, 곱 xy는 2의 배수이므로 짝수이다.

보다시피, 아이디어는 간단하다. 우리는 x가 짝수이고 y가 홀수라는 말이 무엇을 의미하는지 정확히 적었다. 그런 다음 대수적으로 처리하여 곱 xy가 2의 배수 즉, 짝수임을 알게 되었다.

모든 수학적 증명의 구조는 공통점을 가지고 있다: 각 단계는 다음 단계로 논리적으로 이어진다. 그러나 타당한 증명을 구성하는 일은 매우 엄격한 연역적 단계를 따라야 한다. 수학적 증명에는 절대로 추측이 있을 수 없다. 중간에 어떤 가정을 보탠다면 지금까지 증명해 온 명제를 변경할 수밖에 없다. 이러한 점으로 인해, 때때로 증명의 구성이 어렵고 한 증명의 결론은 보통 그 범위가 다소 좁지만, 수학적 증명은 인간이 생산할 수 있는 절대적 진실에 가장 가까운 사실을 밝혀낸다.

짝수와 홀수에 대한 또 다른 증명을 시도해 보자.

예제 - 짝수의 제곱근

n^2이 짝수라고 가정하자. 단, n은 양의 정수이다. 우리는 n이 짝수인지 홀수인지를 결정하려 한다. 단 두 가지 가능성이 있다: n은 짝수이거나 홀수이다. 만약 n이 짝수라면, 다음과 같은 음이 아닌 정수 k가 존재한다:

$$n = 2k$$

이 경우, 양변을 제곱하면 다음과 같다:

$$\begin{aligned} n^2 &= (2k)(2k) \\ &= 4k^2 \\ &= 2(2k^2) \end{aligned}$$

따라서 n^2은 $2k^2$에 2를 곱한 값이다. 당연 $2k^2$은 정수이므로 n^2은 짝수이다. 아직 우리는 증명하려고 하는 명제를 증명하지 않았다. 대신에 역을 증명했다: 만약 n이 짝수이면, n^2은 짝수이다. 이전 단원에서 살펴본 대로, 역은 원래의 함축 명제와 동치가 아니다. 그렇다면 아직 끝난 건 아니다. 하지만, 만약 n이 홀수이면 n^2은 홀수라는 사실을 보여줄 수 있다면, n^2이 짝수일 때 n은 짝수일 수밖에 없음을 알 수 있다.

만약 n이 홀수이면, 다음과 같은 음이 아닌 정수 m이 존재한다:

$$n = 2m + 1$$

이 경우, 양변을 제곱하면 다음과 같다:

$$\begin{aligned} n^2 &= (2m + 1)^2 \\ &= (2m + 1)(2m + 1) \\ &= 4m^2 + 2m + 2m + 1 \\ &= 4m^2 + 4m + 1 \\ &= 2(2m^2 + 2m) + 1 \end{aligned}$$

따라서 n^2은 $2m^2+2m$에 2를 곱하고 1을 더한 값과 같다. 당연 $2m^2+2m$은 정수이므로, n이 홀수라는 가정하에서 n^2은 홀수이다.

요약하면, n이 홀수이면 n^2이 홀수여야 하고, n이 짝수이면 n^2이 짝수여야 한다는 사실을 보여주었다. 이 두 경우가 n에 대해 가능한 모든 상태이기 때문에, n^2이 짝수이면 n은 짝수여야 한다는 걸 의미한다.

지름길 – 대우

우리는 앞의 명제를 성공적으로 증명했지만, 논증을 나눌 수 있다는 점에 주목하자:

p: n^2은 짝수이다
q: n은 짝수이다

우리는 p가 q를 함축한다는 사실을 증명하였다. 하지만, 상당한 시간과 노력이 필요했고 처음부터 끝까지 그리 쉽게 술술 흘러가지 않았다. 이전 단원에서 보여주었듯이, p가 q를 함축한다는 명제는 이의 대우와 동치 명제이다:

$$\sim q \rightarrow \sim p$$

이 함축은 “만약 n이 짝수가 아니면, n^2은 짝수가 아니다.” 또는 “만약 n이 홀수이면, n^2은 홀수이다.”를 의미한다. 우리는 앞의 예에서 두 번째 방정식의 전개를 통해 이를 증명했다. 알고 보니, 이는 바로 원래 함축과 동치인 대우를 증명한 셈인데, 대우가 더 효율적인 접근법이다.

이 단원에서는 간단한 수학적 증명에 대해 배웠고 몇몇 예제를 증명해 보았다. 증명 기법용 도구 상자에 대우를 추가할 것을 추천한다. 직접적인 증명은 어려워 보이나 증명하려는 함축을 구성하는 명제의 부정을 쉽게 진술할 수 있다면 대우의 사용은 무척 도움이 된다.

다음 단원에서는 모순을 통해 증명하는 방법에 대해 알아본다.

모순에 의한 증명

이 단원에서는 수학적 증명에 모순(contradiction)을 사용하는 방법에 대해 배운다. 모순에 의한 증명은 먼저 증명하고자 하는 주장이 거짓이라고 가정한 다음, 일련의 논리적 추론을 통해 이 가정이 모순된 주장을 낳는다는 점을 밝히는 증명 방법이다. 만약 모순이 발생한다면, 증명하려는 주장이 거짓이라는 가정은 당연히 사실이 아니다. 그러므로, 그 주장은 참이어야 한다.

이 아이디어를 추상적으로 이해할 수 있으리라 생각하며 또한, 형식 논리를 통해 이 증명 방법이 진실임을 입증하겠지만, 저자들은 모순에 의한 증명이 예제를 통해 가장 잘 드러나리라고 믿는다. 만약 접근 방식에 대한 직관적인 이해를 쌓고, 언제 가장 효과적일지 알고, 본인만의 수학적 증명을 만들기 원한다면 더욱 그러하다.

먼저, 초등학교에서 배운 몇 가지 개념을 되새겨 보자. 실수 x를 다음과 같이 비(ratio)로 나타낼 수 있다면 유리수라고 한다:

$$x = \frac{a}{b}$$

여기서 a와 $b \neq 0$는 서로소인 정수이다. 즉, 두 정수가 1 외에는 공약수를 갖지 않는다. a와 b는 음수이거나 양수일 수 있고, a는 0이 가능하다. 예를 들어, 다음은 유리수이다:

$$0.5, \frac{5}{7}, \frac{10}{100}, \frac{40}{2}, \frac{-1291034}{12812008}, 3, \frac{\pi}{2\pi}, 0$$

이 유리수 중에서 오직 7분의 5만이 서로소의 비로 쓰였다는 점에 주의하라. 유리수 정의의 핵심은 이런 방식으로 쓰는 게 가능하다는 사실이다. 나열된 모든 숫자는 이러한 방식으로 나타낼 수 있으며, 그들 모두 유리수이다:

$$0.5 \longrightarrow \frac{1}{2}$$

$$\frac{10}{100} \longrightarrow \frac{1}{10}$$

$$\frac{40}{2} \longrightarrow \frac{20}{1}$$

$$-\frac{1291034}{12812008} \longrightarrow \frac{-645517}{6406004}$$

$$3 \longrightarrow \frac{3}{1}$$

$$\frac{\pi}{2\pi} \longrightarrow \frac{1}{2}$$

$$0 \longrightarrow \frac{0}{1}$$

그림 2.10 각각의 유리수는 두 서로소의 비로 나타낼 수 있다

"분수로 쓸 수 없는 숫자가 있을까?"라는 질문을 충분히 예상할 수 있다. 대답은 확실히 "그렇다"이다. 하지만, 그러한 비율로 쓸 수 없는 숫자들이 존재한다고 정리되기 이전 수 세기 동안 피타고라스와 유클리드와 같은 위대한 고대 그리스 수학자들도 이 질문에 대해 논의했다. 그러므로, 이는 좋은 질문이고, 만약 여러분이 이를 물어볼 생각이라면, 여러분만 그런 게 아니고 다들 그러니까 괜찮다!

유리수와 관련된 몇 가지 예를 살펴보자.

예제 – 가장 작은 양의 유리수가 존재하는가?

문제는 간단하다: 양의 유리수 중 최솟값이 존재하는가? 하지만 이를 어떻게 해결할 수 있을까? 우리가 작은 숫자 하나를 만들고 그 수가 가능한 가장 작은 숫자라고 주장할 수 있을 것 같지는 않다. 그러나, 그런 숫자가 없다고 말할 수 있을지도 확실하지 않다. 증명으로 가는 직접적인 경로가 분명해 보이지 않기 때문에, 모순에 의한 증명으로 그러한 숫자가 없음을 증명해 보자.

x를 가장 작은 양의 유리수라고 가정하자. x는 유리수이므로 다음과 같이 나타낼 수 있다:

$$x = \frac{a}{b}$$

여기서 a와 b는 서로소인 정수이며, x가 양수이므로 부호가 같다. x를 2로 나누면 더 작은 수를 얻는다:

$$y = \frac{a}{2b}$$

부호의 변화가 없으니 이 수는 여전히 양수이다. b는 0이 아닌 정수이므로 $2b$도 같은 부호의 0이 아닌 정수이다. 따라서 y는 x보다 작은 양의 유리수이다. 이는 x가 가장 작은 정수라는 가정과 모순된다. 이처럼 어떤 유리수라도 항상 그 수를 2로 나누어서 더 작은 유리수를 만들어 내는 게 가능하므로 가장 작은 양의 유리수는 존재하지 않는다.

이 예제는 모순에 의한 증명의 멋지고 간단한 예이다. 다음으로 꽤 단순하지만 아마도 한눈에 알아채기는 쉽지 않은 또 다른 예를 증명해 보자.

예제 - $\sqrt{2}$ 가 무리수임을 증명

이 예제에서는 2의 제곱근이 무리수임을 증명하기로 한다. 즉, 2의 제곱근이 유리수가 아님을 증명하려 한다. 모순에 의한 증명을 준비하자.

먼저 2의 제곱근이 유리수라고 가정하자. 정의에 따라 다음과 같은 서로소 a와 b가 존재한다:

$$\sqrt{2} = \frac{a}{b}$$

방정식의 양변을 제곱하면 다음과 같다:

$$2 = \frac{a^2}{b^2}$$

$$2b^2 = a^2$$

b는 정수이므로 b^2도 정수이기 때문에 a^2은 어떤 정수의 2배이며, 이는 a^2이 2의 배수 즉, 짝수임을 의미한다. 전에 증명한 바와 같이, 이는 a가 짝수여야 한다는 걸 의미하므로 $a = 2n$인 정수 n이 존재하며, 앞의 방정식을 다음과 같이 다시 쓸 수 있다:

$$2b^2 = (2n)^2 = 4n^2$$
$$b^2 = 2n^2$$

따라서, b^2은 짝수이며, 이는 b가 짝수임을 뜻한다.

지금까지 a와 b가 모두 짝수임을 보였고, 따라서 둘 다 인수 2를 갖기 때문에 서로소가 아니다. 우리는 앞에서 2의 제곱근이 유리수이며 서로소인 정수 a와 b의 비로 나타낼 수 있다고 가정했다. 그렇다면, 2의 제곱근이 유리수라는 가정은 a와 b가 서로소이면서 서로소가 아니라는 모순을 초래한다.

다음은 모순에 의한 증명을 소수 문제에 적용한 아주 유명한 예이다. 이 증명은 기원전 300년경 유클리드에 의해 사용되었으며 모순에 의한 증명을 최초로 사용한 사례 중 하나이다.

예제 – 얼마나 많은 소수가 존재하는가?

소수는 1보다 큰 양의 정수로, 1과 그 소수 자체로만 나누어떨어진다. 처음 소수 몇 개를 나열해 보면 2, 3, 5, 7, 11이다. 중간에 건너뛴 정수는 1과 그 정수 외에 다른 약수를 가지고 있다. 분명히 4, 6, 8, 10은 2로 나누어 떨어지므로 2를 제외한 모든 짝수는 소수가 아니다. 9는 홀수이지만 3으로 나누어 떨어지므로 소수는 아니다.

소수는 때때로 양의 정수의 구성단위라고 불리기도 하는데, 이는 모든 양의 정수가 소인수분해라 불리는 유일한 소수 집합의 곱으로 나타낼 수 있기 때문이다. 다음 예를 보자:

$$15 = 3 \cdot 5$$
$$108 = 2 \cdot 2 \cdot 3 \cdot 3 \cdot 3$$

실제로, 주어진 수가 아무리 크더라도 소인수분해가 가능하다! 또 다른 예는 다

음과 같다:

$$35609874300 = 2 \cdot 2 \cdot 3 \cdot 3 \cdot 5 \cdot 5 \cdot 7 \cdot 11 \cdot 13 \cdot 29 \cdot 29 \cdot 47$$

다시 한번 말하지만, 이 수는 전적으로 소인수만으로 이루어져 있다. 소인수를 더 작은 인수로 쪼갤 수 없으므로 이 분해는 유일하다.

소인수분해는 산술 기본 정리(fundamental theorem of arithmetic)라고 불린다. 그러나 소수에 대한 관심은 적어도 고대 이집트로 거슬러 올라간다. 린드 수학 파피루스(Rhind Mathematical Papyrus)[7]는 기원전 1500년으로 거슬러 올라가는 이집트의 유물인데, 여기에서 소수를 이용한 계산이 발견되었다! 그러나 소수에 대한 고대 그리스 수학자들의 연구가 훨씬 더 많이 알려져 있다. 그들은 소수를 아주 흥미로워했다. 사실, 유클리드는 기원전 300년경에 모든 수의 소인수분해는 유일하다는 사실을 증명했다. 수천 년 전에 생긴 질문 중 하나는 "소수가 몇 개인가?"였다. 유클리드에 따르면 소수는 무한히 많다. 하지만 그가 그걸 어떻게 알았을까? 무한대를 다루는 일은 미묘할 수 있으므로 직접 증명하려고 시도하는 건 비현실적으로 보인다. 증명으로 가는 직접적인 길이 어려워 보이는 그런 상황이라면, 모순에 의한 증명은 노련한 수학자의 도구 상자 속에 있는 도구 중 하나이다. 한번 해보자!

유한개의 소수가 존재한다고 가정해 보자. 소수 개수가 양의 정수 m이라 가정하고 모든 소수들을 $p_1, p_2, \ldots, p_m$이라 하자. 모든 소수의 곱에 1을 더한 수를 n이라 하면 다음과 같다:

$$n = p_1 p_2 \cdots p_m + 1$$

$n-1$은 $p_1, p_2, \ldots, p_m$ 즉 모든 소수로 나누어떨어진다. 정의에 따라 각 소수는 1보다 크다. 그러므로 n을 어떤 소수로 나누어도 나머지가 1이 된다. 그러므로 n은 이 소수들로 나누어떨어지지 않는다.

---

7 고대 이집트 수학 체계를 정리한 파피루스 중 하나로, 이를 구입한 Alexander Henry Rhind의 이름을 따서 명명되었다.

유클리드의 산술 기본 정리에 따르면, 모든 양의 정수는 고유한 소인수분해를 가지므로, n을 소인수분해 하기 위해서는 $p_1, p_2, \dots, p_m$ 말고 다른 소수가 있어야 한다. 이는 m개의 소수가 있다는 가정과 모순되므로 유한개의 소수가 존재한다는 가정은 이러한 모순을 초래한다. 따라서, 그 반대 경우가 참이 되어야 한다: 무한히 많은 소수가 있다.

자, 이제 증명은 끝났지만, 한 가지 좀 더 자세히 살펴볼 필요가 있다. 앞서 언급하기를, 우리는 m을 임의로 선택하였고, 이는 무한히 많은 소수가 있다는 결론으로 이어졌다. 그러나, 이 부분은 익숙하지 않은 사람들에겐 불명확할 수도 있다.

이에 대해 좀 더 구체적으로 생각해 보기로 한다. m개의 소수가 있다고 가정했을 때 최소 $m+1$개의 소수가 있다고 결론을 내렸다. 이 논증을 다음과 같이 한 번 더 되풀이하여 써보자:

$$n = p_1 p_2 \cdots p_m p_{m+1} + 1$$

그러므로 위 식에 따라 최소 $m+2$개의 소수가 있다고 결론지을 수 있으며, 이 과정은 영원히 지속된다! 소수가 얼마나 많든 간에, 소수가 적어도 하나 더 있음을 증명했다!

이 단원에서는 모순에 의한 증명에 대해 배웠고 몇 가지 예에 적용했다.

다음 단원에서는 귀납에 의한 증명에 대해 알아보기로 한다.

수학적 귀납법에 의한 증명

수학적 귀납법(mathematical induction)은 무한히 이어지는 논리적 명제 $p_1, p_2, \dots$ 각각이 모두 다 참이라는 사실을 증명할 수 있게 해준다. 이 논증은 두 단계를 포함한다:

- **기초 단계**(basis step): p_1이 참임을 증명한다.
- **귀납 단계**(inductive step): 임의의 $i \geq 2$에 대해, p_{i-1}이 참이라 가정하고 p_i가 참임을 증명한다.

두 단계가 모두 성공적으로 이루어지면, 결론은 $p_1, p_2, \ldots$ 전부 참이 된다는 것이다.

하지만 어떻게 이런 결론을 내릴 수 있을까? 이 개념은 p_1이 참임을 증명했고, p_{i-1}가 참이라고 가정하면 p_i가 참이라는 것이다. 따라서 $i = 1$이면 p_2는 참이다. $i = 2$이면 p_3는 참이다. $i = 3$이면 p_4는 참이다. 이 패턴은 무한히 이어지므로 모든 p_n은 참일 수밖에 없다.

수학적 귀납법은 한 줄로 늘어선 무한한 도미노로 생각할 수 있다. 하나를 넘어뜨리면, 다음으로 넘어지고, 다음으로 넘어지고, 다음으로 넘어지고, 계속 넘어진다.

이 논의는 약간 추상적이므로 실제로 수학적 귀납법으로 몇 가지 증명을 해보고 어떻게 사용할 수 있는지 이해해 보자.

예제 – 양의 정수 1부터 n까지 더하기

임의의 양의 정수 n에 대해 다음 공식이 참임을 보여주려고 한다:

$$1+2+3+\cdots+n=\frac{n(n+1)}{2}$$

명제의 사슬이 무한히 이어지게 함으로써, 모든 양의 정수 $n = 1, 2, 3, \ldots$에 대해 이 식이 참이라는 걸 보여주면 된다:

$$\begin{aligned}
p_1 &: \quad 1 = \frac{1(1+1)}{2} \\
p_2 &: \quad 1 + 2 = \frac{2(2+1)}{2} \\
p_3 &: \quad 1 + 2 + 3 = \frac{3(3+1)}{2} \\
&\vdots \qquad\qquad \vdots \\
p_{i-1} &: \quad 1 + 2 + 3 + \cdots + (i-1) = \frac{(i-1)((i-1)+1)}{2} \\
&\vdots \qquad\qquad \vdots
\end{aligned}$$

그림 2.11 덧셈 예

첫째, 기초 단계이다. $n = 1$이면, 방정식의 좌변은 1이고 우변은 다음과 같다:

$$\frac{1(1+1)}{2} = \frac{2}{2} = 1$$

따라서 이 공식은 $n = 1$에 대해 참이다. 즉, p_1은 참이다.

둘째, 귀납 단계이다. $n = i - 1$이라 하고 p_{i-1}이 참이라 가정하면 다음 식이 성립한다:

$$1 + 2 + 3 + \cdots + (i-1) = \frac{(i-1)i}{2}$$

양변에 i를 더하고 p_i가 참이라는 사실을 증명해 보자:

$$1 + 2 + 3 + \cdots + (i-1) + i = \frac{(i-1)i}{2} + i$$

$$\begin{aligned} 1 + 2 + 3 + \cdots + i &= \frac{(i-1)i}{2} + \frac{2i}{2} \\ &= \frac{i^2 - i + 2i}{2} \\ &= \frac{i^2 + i}{2} \\ &= \frac{i(i+1)}{2} \end{aligned}$$

마지막 줄은 정확하게 p_i이다. 그러므로, 우리는 p_i가 참임을 증명했고, 귀납에 따라 다음을 증명했다:

$$1 + 2 + 3 + \cdots + n = \frac{n(n+1)}{2}$$

수학적 귀납법에 따르면 이 식은 어떤 자연수 n에 대해서도 성립한다.

요약하면, 기초 단계에서 p_1이 참임을 증명했다. 즉, 해당 공식은 $n = 1$인 경우에 옳다. 그런 다음, 임의의 $i \geq 2$에 대하여, 첫 $i - 1$개 자연수의 합에 대해 공식이 성립한다고 가정했다. 즉, p_{i-1}이 참이라고 가정했다. 다음으로, 이 가정이 p_i가 참임을 함축한다는 점을 보여주었는데, 이는 첫 i개 자연수의 합에 대해 공식이 맞음을 입증한다.

이것이 수학적 귀납법의 작용 원리이다. $i = 2$라 놓으면, 기초 단계인 $p_{i-1} = p_1$에 대한 증명은 귀납적 단계에 따라 $p_i = p_2$가 참임을 함축하며, 이는 p_3가 참임을 함축하고, p_4가 참임을 함축하며, 따라서 어떠한 n에 대해서도 계속해서 참임을 함축한다.

이 증명 방법이 수뿐만 아니라 다른 다양한 유형의 수학적 구조에도 사용될 수 있음을 이해하는 게 중요하므로 좀 더 흥미로운 기하학적 활용 예제에 대해 생각해 보자.

예제 - 격자 채우기

어떤 양의 정수 n에 대해, 가로가 2^n이고 세로가 2^n인 정사각형 격자[8]가 있다고 하자. 또한, 다음과 같은 형태의 회전 가능한 팔각형을 T-테트로미노라 부르자:

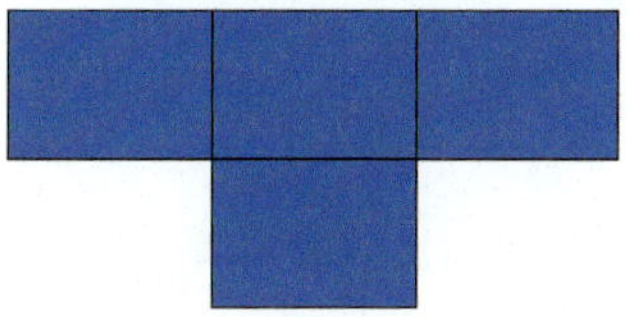

그림 2.12 T-테트로미노는 문자 T와 같은 모양이다

우리는 임의의 $n \geq 2$인 $2^n \times 2^n$ 격자를 하나 이상의 T-테트로미노로 겹치지 않게 채울 수 있음을 증명하기로 한다. 즉, T-테트로미노는 위 조건에 맞는 격자를 타일링 할 수 있다.

우선, 이 주장을 일련의 명제로 나누어 보자:

- p_2: $2^2 \times 2^2$ 격자는 T-테트로미노로 타일링 할 수 있다.
- p_3: $2^3 \times 2^3$ 격자는 T-테트로미노로 타일링 할 수 있다.
- p_4: $2^4 \times 2^4$ 격자는 T-테트로미노로 타일링 할 수 있다.

8 바둑판이라 생각하면 이해하기 쉽다.

지수가 증가함에 따라 계속 명제가 이어지게 된다. p_2에서부터 시작한다는 점에 주의하여야 한다. 이전처럼 p_1이라 할 수도 있지만, 첨자를 격자 크기에 맞춰 대응시키기 쉽도록 p_2에서 시작하는 게 더 편리하다.

기초 단계의 경우, 격자가 $2^2 \times 2^2 = 4 \times 4$ 모양이 되도록 $n = 2$로 한다. 이 격자는 충분히 작은 크기여서 4개의 T-테트로미노로 채울 수 있다. 즉, 아래와 같이 p_2를 증명할 수 있다:

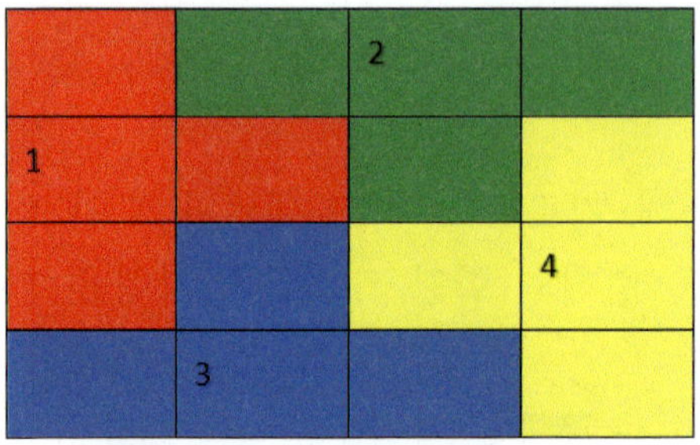

그림 2.13 4×4격자는 4개의 T-테트로미노를 적절히 회전시켜 채울 수 있다

귀납 단계의 경우, $i \geq 3$일 때 p_{i-1}이 참이라고 가정하자. 즉, $2^{i-1} \times 2^{i-1}$ 격자는 T-테트로미노로 채울 수 있다. 여기서 중요한 통찰력이 필요한데, 다음 다이어그램에 표시된 바와 같이 $2^i \times 2^i$ 격자는 인접한 4개의 $2^{i-1} \times 2^{i-1}$ 격자로 구성될 수 있다는 점이다:

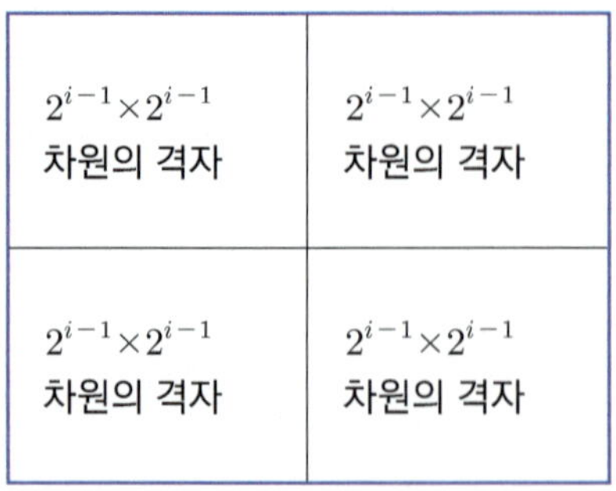

그림 2.14 하나의 $2^i \times 2^i$ 격자는 서로 이웃한 4개의 $2^{i-1} \times 2^{i-1}$ 격자로 이루어진다

p_{i-1}가 참이면 $2^{i-1} \times 2^{i-1}$ 격자를 T-테트로미노로 타일링 할 수 있으므로, 앞 그림의 4개 격자 모두 타일링 할 수 있으며 그 결과로 $2^i \times 2^i$ 격자를 T-테트로미노로 타일링 할 수 있다. 즉, p_i는 참이다. 다시 말해, p_{i-1}가 참이라는 건 p_i가 참이라는 점을 함축하기 때문에, 수학적 귀납의 원리에 의해 $2^n \times 2^n$ 차원의 어떤 격자라도 T-테트로미노로 타일링 할 수 있다. 따라서 증명이 완료되었음을 알 수 있다.

지금까지, 수학적 귀납에 의한 증명을 이해하기에 적합한 멋지고 단순한 몇몇 예제를 살펴보았지만, 알고리즘 속도를 비교할 때 실용적인 정보를 제공하는 또 다른 문제를 시도해 보자. 이 책의 뒷부분[9]에서 더 깊게 다룰 주제이기도 하다.

예제 – 지수적 증가 대 계승적 증가

서로 다른 알고리즘은 입력의 크기에 따라 서로 다르게 반응하며 보통 더 큰 문제일수록 그렇다. n개의 입력을 처리하는 지수(exponential) 시간 알고리즘을 컴퓨터에서 실행할 때 2^n개의 연산이 필요할 수 있으며, n개의 입력을 처리하는 계승(factorial) 시간 알고리즘은 다음과 같은 수의 연산이 필요할 수 있다:

$$n! = 1 \cdot 2 \cdot 3 \cdots n$$

n이 커짐에 따라 두 수열 $n!$와 2^n는 빠르게 증가하지만, 어느 쪽이 더 빨리 증가하는가? 초반에는 더 빠르게 증가하지만, n이 커질수록 더 느리게 증가하는 쪽은? 이는 정말로 불분명하다. 두 수열을 비교하기 위해 좌표에 표시해 보자:

9 *7장. 알고리즘의 계산 복잡도*

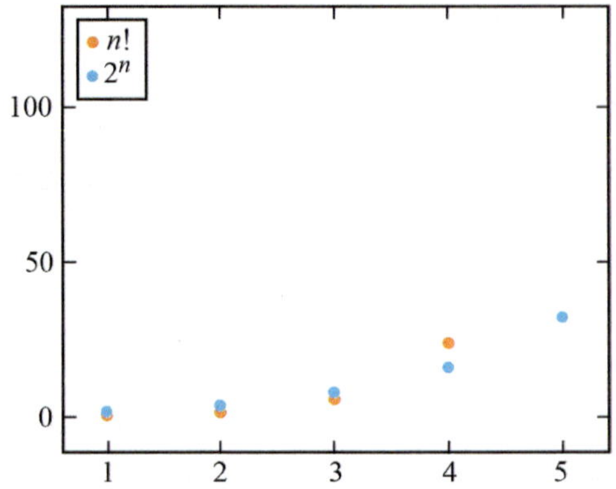

그림 2.15 n!과 2^n의 표시

이 그림에서, $n = 4$일 때 계승 수열이 지수 수열을 능가하고, 이후 더 높게 유지되는 것처럼 보이지만, 이 그래프는 $n = 5$까지만 보이므로, n이 계속 증가함에 따라 무슨 일이 일어날지 명확하지 않다. 따라서 $n \geq 4$일 때 $n! > 2^n$임을 증명해 보자.

귀납적 증명을 설정하기 위해 다음과 같은 명제를 생각해 보자:

$$p_4 : 4! > 2^4$$

$$p_5 : 5! > 2^5$$

$p_6, p_7, \ldots$에 대해서도 마찬가지이다. 여기서 p_1, p_2, p_3을 고려하지 않은 이유는 이러한 값에 대해서는 $n!$이 2^n보다 작기 때문이다. 우리는 n이 커짐에 따라 이뤄지는 비교에 더 관심이 있다. 여전히 무한한 일련의 p_i 명제를 증명해야 하지만, 단지 p_4에서 시작한다는 점에 주의하여야 한다.

기초 단계의 경우, $4! = 4 \cdot 3 \cdot 2 \cdot 1 = 24$이고 $2^4 = 16$임을 쉽게 알 수 있으며, $4! > 2^4$가 되어 p_4가 참이 된다.

귀납 단계의 경우, 어떤 값 $i \geq 5$에 대해 p_{i-1}이 참이라고 가정하면 다음을 의미한다:

$$(i-1)! > 2^{i-1}$$

p_i가 참임을 증명해 보기로 한다. 부등식의 양변에 i를 곱하면 다음과 같다:

$$i(i-1)! > i \cdot 2^{i-1}$$

$$i! > 5 \cdot 2^{i-1}$$

$$i! > 2 \cdot 2^{i-1}$$

$$i! > 2^i$$

그러므로, p_i는 참이다. 따라서 수학적 귀납법에 따라, 모든 $n \geq 4$에 대하여 $n! > 2^n$이다.

우리가 내릴 수 있는 결론은 상당히 큰 문제에 대해, 계승 시간 알고리즘이 지수 시간 알고리즘보다 느리다는 점이다. 왜냐하면 n이 증가함에 따라 계승 시간 알고리즘에 필요한 계산량이 훨씬 더 많기 때문이다. 이는 *7장. 알고리즘의 계산 복잡도*에서 훨씬 더 자세히 학습할 주제이다.

요약

이 장에서는 형식 논리의 주요 결과를 소개하고 진리표를 사용하여 논리적 명제를 증명하였다. 또한 직접 증명, 모순에 의한 증명, 수학적 귀납에 의한 증명을 사용하여 수학적으로 증명하는 몇 가지 방법에 대해서 배웠다. 또한 이러한 수학적 증명에는 수학자처럼 생각하고 연역적 사고를 활용할 수 있도록 도와주는 간단한 단계별 예제가 곁들여져 있어 이 책의 나머지 장을 학습하는 데 도움이 될 거다.

다음 장에서는 n-진수에 대해 배우고 이를 대상으로 몇몇 산술 연산을 수행해 보기로 한다. 또한 컴퓨터 과학에서 이진수와 16진수를 어떻게 사용하는지도 배운다.

CHAPTER 3
n-진수를 사용하여 계산하기

우리는 모두 십진법을 기반으로 하는 십진수에 익숙하다. 이 장에서는, 또 다른 진법을 소개하고, 임의의 진법에 대한 산술 연산을 설명하며, 한 진법의 수를 다른 진법의 수로 변환해 본다. 다음으로, 모든 컴퓨터 연산을 구축하는 토대가 되는 이진 숫자(binary digit)로 주제를 옮겨서 효율적인 산술 방식을 구축해 보고, 부울 대수 등 이진법의 핵심 용도를 살펴본다. 마지막으로 16진수를 설명하고 이를 컴퓨터 과학에서 사용하는 예를 살펴본다. 십진수를 이진수와 16진수로 변환하는 파이썬 코드 및 부울 연산자를 사용하여 특정 조건을 만족하는 데이터를 뽑아 보여주는 파이썬 코드를 확인할 것이다.

이 장에서 다룰 주제는 다음과 같다:

- n-진수
- 진법 사이의 변환
- 이진수와 그 응용
- 부울 대수
- 16진수와 그 응용

이 장을 마치면, 하나의 수를 서로 다른 진법으로 나타내고 서로 다른 진법의 수로 변환할 수 있게 될 것이다. 예를 들어, 십진수 123은 필요에 따라 다른 진법의 수로 변환할 수 있다. 또한 이진법과 16진법의 중요성과 컴퓨터 과학에서의 응용에 대해서도 배운다.

> **주의할 점**
> 이 장의 컬러 이미지를 참조하려면 머리글에서 소개한 링크를 따라 이동하십시오.

n-진수 이해하기

이 단원에서는 몇 가지 예를 들어 다양한 진법의 숫자를 어떻게 나타내는지 설명한다.

n-진법은 숫자를 표시할 때 $0, 1, 2, ..., n-1$의 서로 다른 n개의 기호를 사용한다. 이 n을 진법의 기수(radix)라고 한다. 당연히 통상적인 10진수 숫자에는 0에서 9까지의 숫자가 사용된다.

모든 n-진수는 위치 기수법(positional system)을 사용하는데, 다음 예에서 십진수를 기준으로 설명한다.

예제 – 십진수

그러면 지금부터 십진수 3214를 일반적인 위치 기수법을 이용하여 표현하는 게 어떤 의미인지 생각해 보자. 사소한 것처럼 보이지만, 우리가 모두 알고 있는 십진법과 생소한 개념의 n-진법 사이의 공통점을 이해하기 위해서는 수의 각 위치에 있는 숫자가 정확히 무엇을 나타내는지 알아차리는 게 중요하다. 십진수 3214는 3개의 천(10^3), 2개의 백(10^2), 1개의 십(10^1), 4개의 일(10^0)의 합으로 구성되며 다음과 같이 쓸 수 있다:

$$3214 = 3 \cdot 10^3 + 2 \cdot 10^2 + 1 \cdot 10^1 + 4 \cdot 10^0$$

수를 서로 다른 기수에 따라 구별하기 위해 기수를 수 뒤쪽의 첨자로 표시한다. 예를 들어 6진법 형식의 3214는 $(3214)_6$와 같이 나타낸다. 기수가 명시되지 않은 경우, 문맥상 다른 기수가 명확하지 않은 한, 십진법 형식으로 간주한다. 보다시피, 6진수는 같은 숫자들의 순열로 구성된 십진수와는 다른 값을 가진다.

이론상 n의 값으로 임의의 실수를 사용할 수 있으므로 진법이 무제한으로 존재하지만 실제로 자주 사용되는 건 그리 많지 않다. 가장 널리 사용되는 몇 가지 예를 다음 표에 나타내었다:

진법	기수	사용기호
Binary	2	0, 1
Ternary	3	0, 1, 2
Quaternary	4	0, 1, 2, 3
Octal	8	0, 1, 2, 3, 4, 5, 6, 7
Decimal	10	0, 1, 2, 3, 4, 5, 6, 7, 8, 9
Hexadecimal	16	0, 1, 2, 3, 4, 5, 6, 7, 8, 9, A (10), B (11), C (12), D (13), E (14), F (15)

그림 3.1 자주 쓰이는 n-진법

기수가 10보다 큰 경우, 0에서 9까지의 숫자로는 부족하다. 예를 들어, 컴퓨터 과학의 많은 응용 분야에서 자주 사용되는 16진법의 경우 16개의 서로 다른 기호가 필요하므로 0에서 9까지의 숫자뿐만 아니라 A에서 F까지의 문자를 추가로 사용한다. 이 문자들은 십진수 10에서 15에 해당한다. 이 장의 뒷부분에서 16진법에 대해 알아볼 예정이다.

정의 - n-진수

음이 아닌 정수는 다음과 같이 n-진수로 나타낼 수 있다:

$$(d_k d_{k-1} \cdots d_1 d_0)_n$$

여기서 숫자 $d_0 \sim d_k$는 곱한다는 표현이 아니라 차례대로 나란히 쓴 것이다. 이

수는 십진법으로 다음과 같다:

$$d_k n^k + d_{k-1} n^{k-1} + \cdots + d_1 n^1 + d_0 n^0$$

이제 n-진수에 대한 정의를 살펴보았으므로 서로 다른 진법 간 변환이 무엇을 의미하는지 생각해 볼 시간이다.

진법 간 변환하기

n-진수에 대한 기본적인 지식을 쌓았으므로 지금부터 서로 다른 진법 사이에서 어떻게 수가 변환되는지 알아보자. 특정 진법의 수를 십진수로 변환할 수 있으며 그 반대도 가능하다. 이 단원에서는 서로 다른 진법 간 변환을 예제와 파이썬 코드와 더불어 설명한다.

n-진수를 십진수로 변환하기

앞서 설명한 n-진수 정의를 사용하여 n-진수를 십진수로 변환할 수 있다. 다음은 몇 가지 예이다:

- $(a)_n = a \cdot n^0 = a$
- $(ab)_n = a \cdot n^1 + b \cdot n^0 = an + b$
- $(abc)_n = a \cdot n^2 + b \cdot n^1 + c \cdot n^0 = an^2 + bn + c$
- $(abcd)_n = a \cdot n^3 + b \cdot n^2 + c \cdot n^1 + d \cdot n^0 = an^3 + bn^2 + cn + d$

이러한 방식을 자릿수의 개수에 맞춰 적용할 수 있다.

예제 – 6진수의 십진법 값

이 예에서는 $(3214)_6$을 십진수로 변환한다:

$$(3214)_6 = 3 \cdot 6^3 + 2 \cdot 6^2 + 1 \cdot 6^1 + 4 \cdot 6^0 = 648 + 72 + 6 + 4 = 730$$

십진수 3214와는 거리가 멀다. 같은 수(여기서는 3214)가 기수에 따라 다른 값을 가짐을 알 수 있다. 가장 보편적으로 사용되는 기수는 10이다.

십진수를 n-진수로 변환

십진수를 n-진수로 변환하려면 그 십진수를 n으로 반복적으로 나누면서 나머지를 모으면 된다. 예제를 통해 이 과정을 살펴보기로 한다:

예제 - 십진수를 이진수로 변환

357을 이진수로 변환해 보자.

다음 그림과 같이 357을 2로 반복해서 나누고 나머지를 기록한다. 먼저 357을 2로 나누면 몫이 178이고 나머지가 1이 나오는데 나머지를 표 오른쪽에 표시한다. 다음 행에서는 178을 2로 나누면 몫이 89이고 나머지가 없다(0). 더 이상 나눌 수 없을 때까지 각 행마다 이 작업을 계속한다:

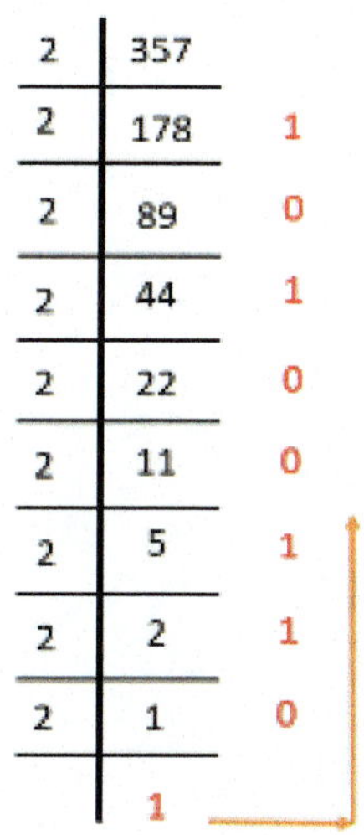

그림 3.2 십진수를 이진수로 변환하기

이제 모든 나눗셈을 마치고 나머지 값들을 기록했으므로 화살표 방향을 따라 이진수$(101100101)_2$을 얻을 수 있다. 이 방법을 사용하면, 십진수를 어떤 진법의 수(이 예에서는 이진수)로도 변환할 수 있다.

어떻게 변환하는지 알게 되었으니 이 방법의 작동 원리를 간단히 살펴보도록 한다. 이 예에서는 이진수로 변환하기 위해 2로 반복해서 나누었다. 따라서 나머지는 0(짝수일 경우) 또는 1(홀수일 경우)만 가능하다. 따라서 이진수를 나타내는 데 0과 1만을 사용한다.

다른 기수로 표시되는 수도 마찬가지이다. 예를 들어, 십진수를 7진수로 변환하려면 7로 반복적으로 나누기 때문에 가능한 나머지는 0에서 6까지이며, 이는 바로 7진수를 나타내기 위해 사용하는 숫자들의 모임이다.

이를 명확히 하기 위해 몇 가지 예를 들어 보자.

예제 – 파이썬으로 십진수를 이진수와 16진수로 변환

파이썬을 사용하여 십진수를 이진수와 16진수로 변환하자. 코드를 실행하면 원하는 수를 입력하라는 메시지가 표시되고, 입력된 수는 이진수와 16진수로 변환된다:

```
# 십진수를 16진수와 이진수로 변환

# 사용자로부터 십진수 하나를 입력받기
number = int(input("Enter a number with base 10\n"))
# 사용자가 입력한 십진수를 16진수로 변환
print("Hexadecimal form of " + str(number) + " is " +
  hex(number).lstrip("0x").rstrip("L"))
# 사용자가 입력한 십진수를 이진수로 변환
print("Binary form of " + str(number) + " is " +
  bin(number).lstrip("0b").rstrip("L"))
```

123456을 입력했다면 출력은 다음과 같다:

```
Enter a number with base 10
 123456
Hexadecimal form of 123456 is 1e240
Binary form of 123456 is 11110001001000000
```

위의 예에서 16진법이 이진법에 비해 더 짧은 길이로 나타내므로 다루기 쉽다는 사실을 알 수 있다.

이 단원에서는 다양한 진법과 그들 사이의 변환 방법에 대해 배웠다.

다음으로 컴퓨터 과학 분야에서 이진수(기수 2)와 16진수(기수 16)를 어떻게 응용하는지 예를 들어 설명한다.

이진수와 그 응용

이 단원에서는 이진법을 상세히 학습할 예정이며 또한 이진법이 컴퓨터 과학에서 어떻게 응용되는지 그리고 얼마나 중요한지 알아본다. 특히, 이진법의 간단한 역사를 살펴보고, 왜 이진법이 컴퓨터의 작동 방식과 본질적으로 연관이 있는지 설명하며, 이진수와 부울 대수 사이의 연결 고리와 데이터베이스에서의 부울 대수 사용을 탐구하기로 한다.

이진 코드의 기반이 되는 현대 이진수 체계는 1689년 고트프리드 라이프니츠(Gottfried Leibniz)에 의해 발명되었는데, 그는 "*Explication de l'Arithmetique Binaire*"[1]에서 이진수와 사칙연산에 대하여 설명했다.

이진수는 이진법으로 표현된다. 이진수를 나타내는 데 사용되는 숫자는 "0"과 "1"뿐이다. 각 숫자는 비트(bit)라고 하며, 8-비트 이진 문자열은 256(2^8)개의 서

1 라틴어로 된 문서로, explanation of binary arithmetic이라는 영어 제목으로 번역되어 있다.

로 다른 값 중 하나를 나타낼 수 있다.

비트 문자열만 이진 코드에 해당하는 건 아니다. 온/오프(ON/OFF) 또는 참/거짓(True/False) 등 두 가지 선택만 허용하는 시스템은 본질적으로 이진법에 기반한다. 대표적인 예가 루이 부라유(Louis Braille)에 의해 개발된 점자[2]이다. 점자는 시각장애인들의 문자로 널리 사용된다. 이 시스템은 각각 열당 3개씩 6개의 점으로 이루어진 격자들로 구성되며, 각 점에는 볼록하게 튀어나와 있는가와 그렇지 않은가의 두 가지 상태가 존재한다. 이러한 솟아오르거나 평평한 점을 조합해서 서로 다른 문자, 수, 구두점 등을 나타낸다. 다음은 점자로 표기되는 알파벳의 예이다:

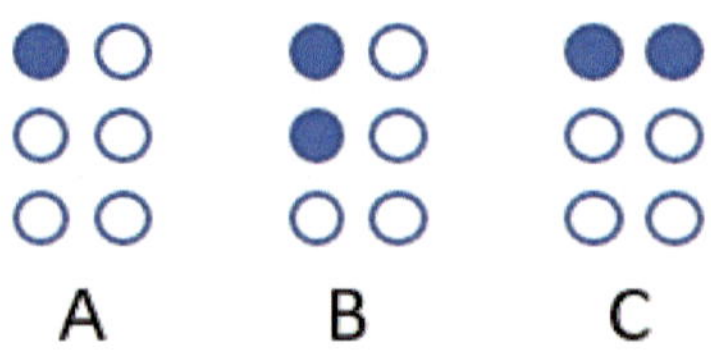

그림 3.3 점자 알파벳

컴퓨터 개발에 있어 이진법의 중요성은 1946년으로 거슬러 올라가는데, 바로 그 해에 미국 펜실베이니아 대학(University of Pennsylvania)에서 최초의 범용 전자 디지털 컴퓨터인 **ENIAC**(Electronic Numerical Integrator and Computer)이 개발되었다.

컴퓨터의 뇌에 해당하는 CPU는 대량의 트랜지스터로 구성된 수많은 회로를 가지고 있다. 트랜지스터는 수신 신호에 따라서 온 또는 오프 상태로 전환할 수 있는 "스위치"와 유사하다. 이진수 0과 1은 트랜지스터의 오프 및 온 상태를 나타낸다. 사용자는 작업을 수행하기 위한 일련의 명령을 컴퓨터에 제공한다. 이러한 명령은 컴퓨터가 이해하고 실행할 수 있도록 (컴파일러에 의해) 이진 코드로 변

2 영어권에서는 고안한 사람의 이름을 따서 점자를 브라유라고 부른다. 현재 한국에서 사용되는 6점식 한글 점자는 1926년 송암 박두성 선생에 의해 공식적으로 발표되었다.

환된다. 컴퓨터는 모든 데이터, 정보, 음악, 사진 등을 이진 형식으로 처리하고 저장한다. 앞에서 언급한 바와 같이 0 또는 1을 비트라고 하고 8-비트의 모임을 바이트라고 부른다. 바이트의 배수를 십진법과 이진법으로 표현해 보자:

바이트의 배수			
값	미터법	값	이진법
1000	kilobyte(KB)	1024	Kibibyte(KiB)
1000^2	megabyte(MB)	1024^2	mebimegabyte(MiB)
1000^3	gigabyte(GB)	1024^3	gibibyte(GiB)
1000^4	terabyte(TB)	1024^4	tebibyte(TiB)
1000^5	petabyte(PB)	1024^5	pebibyte(PiB)
1000^6	exabyte(EB)	1024^6	exbibyte(EiB)
1000^7	zettabyte(ZB)	1024^7	zebibyte(ZiB)
1000^8	yottabyte(YB)	1024^8	yobibyte(YiB)

그림 3.4 미터법과 이진법에서의 바이트의 배수 그리고 값

다만 대부분의 운영 체제는 이진법 값을 사용하되 미터법 접두어를 쓴다.

부울 대수

이 단원에서는 부울 대수(Boolean algebra)를 자세히 배우며 논리 게이트와 같은 응용 분야에 대해서도 학습한다. 부울 연산자(Boolean operator)는 특정 기준을 충족하는 데이터를 필터링하여 보여주는 데 매우 유용하며, 파이썬 코드를 통해 관련된 예제를 해결하는 과정을 보여줄 것이다.

조지 부울(George Boole)은 1847년 *The Mathematical Analysis of Logic*이라는 책에서 부울 대수의 개념을 소개하였다. 부울 대수는 변수의 값이 "참"(1) 또는 "거짓"(0)인 대수이다. 부울 대수의 주요 연산을 지금부터 자세히 설명한다.

AND 연산자

이 연산자는 모든 사건이 동시에 발생해야 출력이 생김을 나타낸다. 그러나 개별 사건이 발생하는 순서는 중요하지 않다. AND 연산자를 나타내기 위해 &를 사용한다. AND 연산자는 **교환법칙**(commutative law)을 만족하므로 $A \ \& B = B \ \& A$이다.

전자공학은 부울 대수의 적용 분야 중 하나이다. 다음 그림과 같이 램프, 배터리, 2개의 스위치(A, B)로 구성된 간단한 전기회로를 사용하여 AND 연산자를 이해하도록 하자:

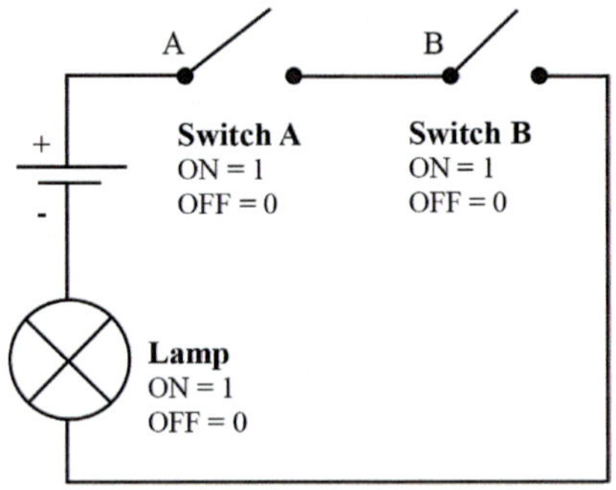

그림 3.5 AND 연산자를 나타내는 회로

램프를 켜려면 스위치 A와 B가 모두 "온" (1)이어야 한다. 스위치 중 하나가 온이고 다른 스위치가 오프이면 회로가 불완전하므로 램프가 켜지지 않는다. 다음 그림은 위 회로에 대응하는 논리 게이트를 보여주는데, 전자 하드웨어에 0과 1의 부울 대수를 적용하였다:

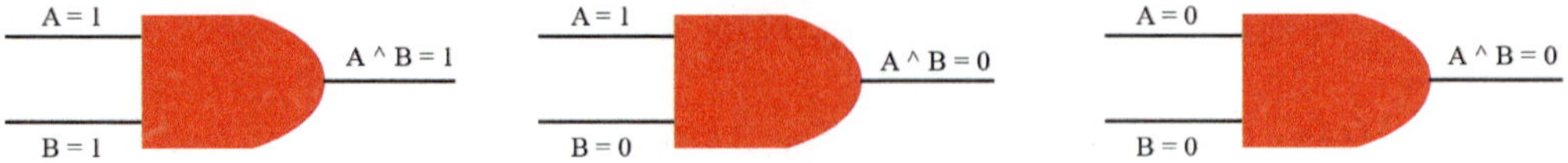

그림 3.6 AND 게이트

A와 B를 스위치라 하면, 회로가 닫히고 전류가 흐르기 위해서는 둘 다 닫혀야 한다(=1). 스위치 중 하나가 열려 있으면 회로가 개방되어 전류가 흐르지 않는다.

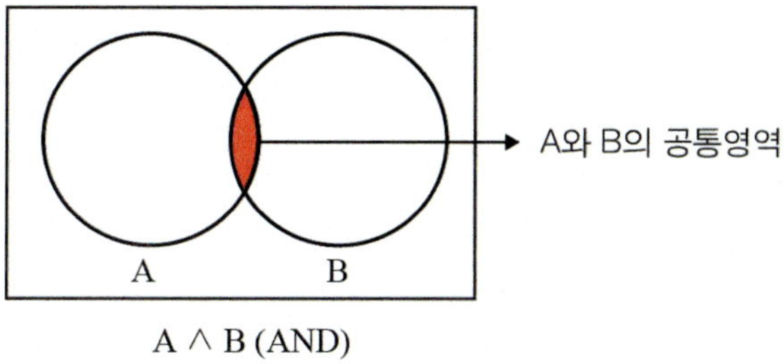

그림 3.7 AND 연산자

이 연산자를 수학적으로 $A \wedge B$라 표현할 수 있다. $A = 1$이고 $B = 1$이면 $A \wedge B = 1$이며, 그렇지 않으면 $A \wedge B = 0$이다. 이는 다음 그림과 같이 나타낼 수 있다:

다음으로 OR 연산자에 대해 알아보자.

OR 연산자

이 연산자의 출력이 발생하려면 두 가지 조건 중 하나가 참이어야 한다. 전기회로를 이용하여 이를 이해하도록 하자. *그림 3.8*에서 스위치 A가 온 또는 스위치 B가 온 또는 둘 다 온일 때 회로가 닫히고 램프가 켜지는 걸 알 수 있다:

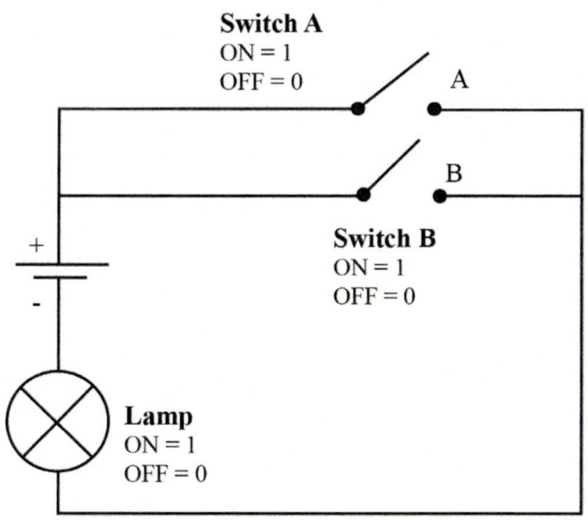

그림 3.8 OR 연산자를 나타내는 회로

이 연산자를 수학적으로 $A \vee B$라 표현할 수 있다:

$A=1$, $B=1$이면 $A \vee B = 1$이다.

$A=0$, $B=0$이면 $A \vee B = 0$이다.

$A=1$, $B=0$이면 $A \vee B = 1$이다.

$A=0$, $B=1$이면 $A \vee B = 1$이다.

이는 다음 그림과 같이 나타낼 수 있다:

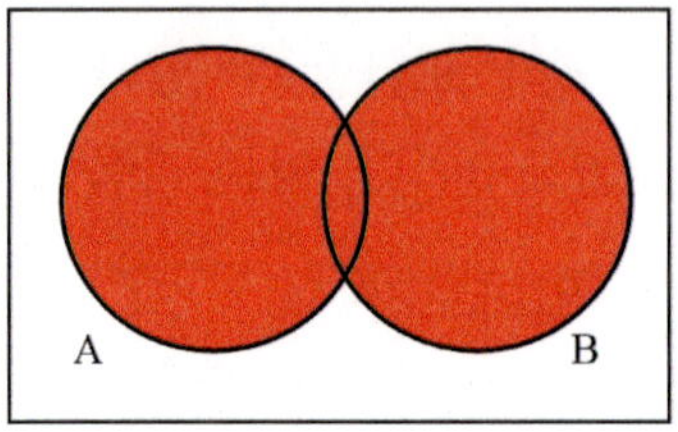

A ∨ B (OR)

그림 3.9 OR 연산자

AND와 OR 연산자는 *그림 3.10*의 진리표로 요약할 수 있다. 여기서 0 = 거짓/오프, 1 = 참/온이다:

A	B	A ^ B	A V B
0	0	0	0
0	1	0	1
1	0	0	1
1	1	1	1

그림 3.10 AND 및 OR 연산자에 대한 진리표

이제 OR 연산자가 어떻게 작동하는지 알았으니 이어서 NOT 연산자에 대해 알아보자.

NOT 연산자

이 연산자는 상황에 따라 거짓에서 참으로, 또는 참에서 거짓으로 전체식의 진릿값을 반대로 하는 데 사용된다.

한 대학이 평점 2.0 미만인 학생들에게 경고 이메일을 보내려 한다고 가정해 보자. 이 문장은 다른 방법으로 재구성할 수 있다. 즉, 평점이 2.0 이상이 아닌 학생에게 경고 이메일을 보내면 된다.

이 연산자는 $\neg A$로 나타낼 수 있다:

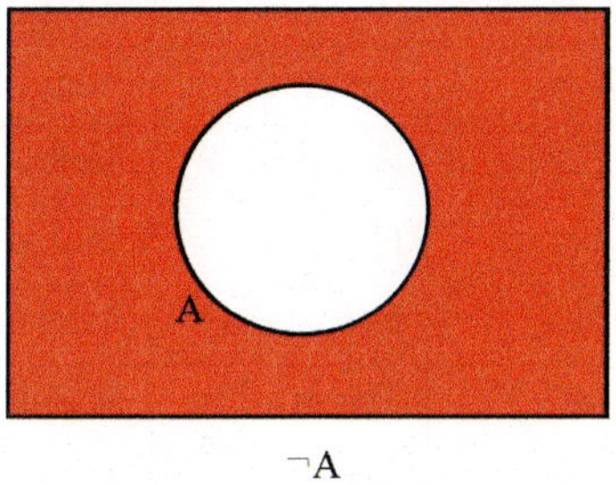

그림 3.11 NOT 연산자

NOT 연산자는 다음 그림과 같은 논리 게이트로 표현한다:

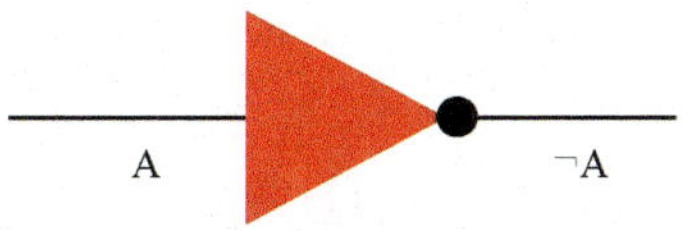

그림 3.12 NOT 게이트

NOT 연산자는 *그림 3.13*의 진리표로 요약할 수 있다. 여기서 0 = 거짓/오프, 1 = 참/온이다:

A	¬A
0	1
1	0

그림 3.13 NOT 연산자에 대한 진리표

이제 부울 연산자에 대한 이론을 어떻게 활용할 수 있는지 예제를 통해 알아보자.

예제 – 넷플릭스 사용자

부울 연산자를 사용하여 특정 기준을 충족하는 데이터를 선택하여 볼 수 있다. 부울 연산자를 파이썬에서 어떻게 사용할 수 있는지 보여주기 위한 용도로 다음 표를 사용하자. *그림 3.14*는 넷플릭스 고객 10명의 주소이다:

CustomerID	Country	State	City	Zip Code
1	USA	Georgia	Atlanta	30332
2	USA	Georgia	Atlanta	30331
3	USA	Florida	Melbourne	30912
4	USA	Florida	Tampa	30123
5	India	Karnataka	Bangalore	560001
6	India	Maharashtra	Mumbai	578234
7	India	Karnataka	Hubli	569823
8	India	Maharashtra	Mumbai	578234
9	Germany	Bavaria	Munich	80331
10	Canada	Ontario	Toronto	M4B 1B3

그림 3.14 넷플릭스 고객 데이터세트

이 예에서는 pandas[3] 라는 파이썬 라이브러리를 사용하는데, 이는 빠르고 유연하며 사용하기 쉬운 오픈 소스 데이터 분석과 조작 도구이다.

주의할 점

pandas와 같은 파이썬 패키지를 설치하는 일은 누구나 필요로 하는 중요한 기술이다. 다음은 파이썬에 패키지를 설치하는 방법에 대한 자세한 설명을 담은 링크이다:

`https://packaging.python.org/tutorials/installing-packages/`

3 이 이름은 "panel data"로부터 유래하였다. 패널 데이터는 동일 집단을 대상으로 여러 주기에 걸쳐 관찰한 결과에 대한 데이터세트를 의미하는 계량경제학 용어이다.

또한, 이 예제의 코드를 사용하려면 데이터를 파이썬으로 가져와야 한다. 데이터는 `CustomerList.csv`라는 이름의 CSV(Comma-Separated Value) 파일에 저장되어 있으며 이 책의 깃허브 리포지토리에 있다. 이 파일을 다운로드한 다음, 반드시 코드 파일과 동일한 디렉토리에 저장하여야 한다.

이 예에서는 다음 작업을 수행한다:

- AND 연산자를 사용하여 미국 조지아주에 거주하는 고객을 확인한다.
- OR 연산자를 사용하여 미국 또는 온타리오주에 거주하는 고객을 확인한다.
- NOT 연산자를 사용하여 미국에 거주하지 않는 고객을 확인한다.

파이썬 코드는 다음과 같다:

```
# 필요한 함수를 담고 있는 패키지 가져오기
import pandas as pd

# 작업할 파일 가져오기
customer_df = pd.read_csv("CustomerList.csv")

# AND 연산자 사용하기
print("Example for AND operator")
print(customer_df.loc[(customer_df['Country'] == 'USA') &
  (customer_df['State'] == 'Georgia')])

# OR 연산자 사용하기
print("Example for OR operator")
print(customer_df.loc[(customer_df['Country'] == 'USA') |
  (customer_df['State'] == 'Ontario')])

# NOT 연산자 사용하기
print("Example for NOT operator")
print(customer_df.loc[(customer_df['Country'] != 'USA')])
```

출력은 다음과 같다:

```
Example for AND operator
   CustomerID Country     State     City Zip Code
0           1     USA   Georgia  Atlanta    30332
1           2     USA   Georgia  Atlanta    30331
Example for OR operator
   CustomerID Country     State       City Zip Code
0           1     USA   Georgia    Atlanta    30332
1           2     USA   Georgia    Atlanta    30331
2           3     USA   Florida  Melbourne    30912
3           4     USA   Florida      Tampa    30123
9          10  Canada   Ontario    Toronto  M4B 1B3
Example for NOT operator
   CustomerID  Country          State        City Zip Code
4           5    India      Karnataka  Bangalore    560001
5           6    India    Maharashtra     Mumbai    578234
6           7    India      Karnataka      Hubli    569823
7           8    India    Maharashtra     Mumbai    578234
8           9  Germany        Bavaria     Munich     80331
9          10  Canada         Ontario    Toronto   M4B 1B3
```

위의 예에서는 특정 기준에 맞는 레코드를 표시할 수 있었다. 첫 번째 작업은 미국과 조지아주에 거주하는 고객을 확인하는 일이었다. 그런 다음 이 두 요건에 일치하는 레코드가 표시되었다. 마찬가지로, 두 번째 작업에서는 미국 또는 (캐나다) 온타리오주에 거주하는 고객의 기록을 볼 수 있었다. 이 목표를 달성하기 위해 OR 연산자를 사용했다. 마지막으로 NOT 연산자를 사용하여 미국에 거주하지 않는 모든 고객의 기록을 표시하였다. 즉, 미국에 거주하는 사람을 제외한 모든 결과가 표시되었다.

이 단원에서는 다양한 논리 연산자를 학습했고 특정 기준에 맞는 결과를 검색하고 표시하기 위해 논리 연산자를 사용하는 방법을 알아보았다. 다음 단원에서는 16진법이라는 또 다른 진법에 대해 논의하고 16진법의 적용에 관해 배우기로 한다.

16진수와 그 응용

이 단원에서는 16진법과 그 응용에 대해 알아본다. 우리는 자신도 모르는 사이에 일상생활에서 16진수를 사용하고 있다. 스마트폰이나 컴퓨터의 MAC 주소가 대표적인 예이다.

16진수는 기수가 16, 즉 16진법의 수이다. 10개의 숫자(0~9)와 6개의 문자(A=10, B=11, C=12, D=13, E=14, F=15)로 나타낸다.

십진법과 16진법 간의 변환을 살펴보자:

16진법	십진법	16진법	십진법
0	0	11 =(1×16)+1	17
1	1	12 =(1×16)+2	18
2	2	13 =(1×16)+3	19
3	3	14 =(1×16)+4	20
4	4	15 =(1×16)+5	21
5	5	16 =(1×16)+6	22
6	6	17 =(1×16)+7	23
7	7	18 =(1×16)+8	24
8	8	19 =(1×16)+9	25
9	9	1A=(1×16)+10	26
A	10	1B=(1×16)+11	27
B	11	1C=(1×16)+12	28
C	12	1D=(1×16)+13	29
D	13	1E=(1×16)+14	30
E	14	1F =(1×16)+15	31
F	15	20 =(2×16)+0	32
10=(1×16)+0	16		

그림 3.15 16진수에서의 셈

십진수와 마찬가지로 16진수에도 자릿값이 있다:

$$(100)_{16} = (1 \cdot 16^2) + (0 \cdot 16^1) + (0 \cdot 16^0) = 256$$

컴퓨터 프로그래머들은 이진수를 단순화하기 위해 16진수를 사용한다. $2^4 = 16$이므로 2와 16 사이에 선형 관계가 있음을 알 수 있으며 이는 이진수 자릿수 4개가 16진수 자릿수 하나에 해당함을 의미한다. 즉, 2진수는 2개의 숫자(0 또는 1)로, 16진수는 16개의 숫자[4]로 나타낼 수 있고 16은 2의 거듭제곱(2^4)이므로, 4개의 이진 숫자는 하나의 16진 숫자와 같을 것이다. 컴퓨터는 이진법을 사용하는 반면, 인간은 이해하고 다루기 쉽도록 16진법을 사용한다.

예제 – 컴퓨터 메모리 내의 위치를 정의

이전 단원에서 1바이트 = 8비트임을 배웠다. 이진법을 사용하는 경우 바이트마다 8자리 숫자가 필요하지만 16진법을 사용하는 경우 2자리 숫자면 충분하다.

컴퓨터에서 메모리 위치를 어떻게 정의하는지, 서로 다른 변수를 어떻게 서로 다른 메모리 위치에 저장하는지, 변수에 할당된 값(그리고 메모리 위치)이 어떻게 변경될 수 있는지 더 잘 이해하기 위해 다음 예를 살펴보자. 이 예에서는 다음과 같은 작업을 수행한다:

- 변수 `peanut_butter`를 정의하고 값 6을 할당한다. 그런 다음, 이 변수가 저장된 메모리 위치를 십진수로 출력한다.
- 다른 변수 `sandwich`를 정의하여 `peanut_butter`와 같은 값을 할당한다. 이 변수의 메모리 위치를 출력하면 `peanut_butter`와 같다는 사실을 알 수 있다. 이는 두 변수에 동일한 값(6)을 할당했기 때문이며 따라서, 두 변수가 동일한 메모리 위치에 저장되었다.
- 변수 `sandwich`에 7을 할당한 후, 변수 `peanut_butter`도 같은 값을 갖도록 설정한다. 둘 다 같은 메모리 위치를 반환하는 걸 확인할 수 있다.

4 "숫자와 문자"가 정확한 표현이지만 앞으로는 16진법의 경우에도 숫자(digit)라고 부르겠다.

- sandwich를 10으로 설정한다. 그 결과, 변수 sandwich의 값(그리고 메모리 위치)만 변경되고 변수 peanut_butter에 대해서는 변경되지 않는다.

파이썬에서 이를 구현하는 방법에 대해 알아보자:

```
# 변수 1: peanut_butter
peanut_butter = 6
print("The memory location of variable peanut_butter is: ",
  id(peanut_butter))

# 변수 2: sandwich
sandwich = 6
print("The memory location of variable sandwich is: ",
  id(sandwich))

print("We can see that the memory location of both the variables
is the same because they were assigned the same value")

# sandwich 변수의 값을 새로운 수로 설정
sandwich = 7

# 두 변수가 서로 같아지도록 설정
peanut_butter = sandwich
print("After setting the values of both variables equal to each
other, we have: ")

print("The value of variable sandwich is now set to: ", sandwich)
print("The value of variable peanut_butter is now set to: ",
peanut_butter)

print("The value of sandwich variable was changed to 10, let's see
whether it affects the value of peanut_butter")
#sandwich 변수의 값을 새로운 수로 설정
sandwich = 10
```

```
print("The value of variable peanut_butter: " ,peanut_butter)
print("The value of peanut_butter did NOT change even though we 
changed the value of sandwich")
print("The memory location of variable peanut_butter is: ",
  id(peanut_butter))
```

출력은 다음과 같다:

```
The memory location of variable peanut_butter is:  2077386960
The memory location of variable sandwich is:  2077386960
We can see that the memory location of both the variables is the 
same because they were assigned the same value
After setting the values of both variables equal to each other, we 
have:
The value of variable sandwich is now set to:  7
The value of variable peanut_butter is now set to:  7
The value of variable was changed to 10, let's see whether it 
affects the value of peanut_butter
The value of variable peanut_butter:  7
The value of peanut_butter did NOT change even though we changed 
the value of sandwich
The memory location of variable peanut_butter is:  2077386976
```

어떻게 십진수를 메모리 위치 정의에 사용하는지 알게 되었다. 이제 16진수가 얼마나 유용한지 알 수 있는 예를 몇 가지 살펴보도록 한다.

예제 – 에러 메시지 표시

사용자가 에러를 쉽게 찾아 수정할 수 있도록 16진수를 사용하여 에러가 발생한 메모리 위치를 표시한다. 이진수는 CPU의 동작 방식을 그대로 반영했기 때문에 가장 자연스러운 표현이지만, 4배나 되는 숫자가 포함되어 있어 사람이 읽고 해석하기 어렵다.

예제 – MAC (Media Access Control) 주소

MAC 주소는 컴퓨터의 네트워크 인터페이스 카드(NIC)[5]에 할당된 고유 식별자이다. 네트워크 내의 다른 컴퓨터에 접속하려면 네트워크 인터페이스 카드가 필요하며, 이 카드는 한 컴퓨터를 다른 컴퓨터와 구분하는 데 사용한다. MAC 주소의 형식은 `AA:AA:AA:BB:BB:BB` 또는 `AAAA-AABB-BBBB`이다:

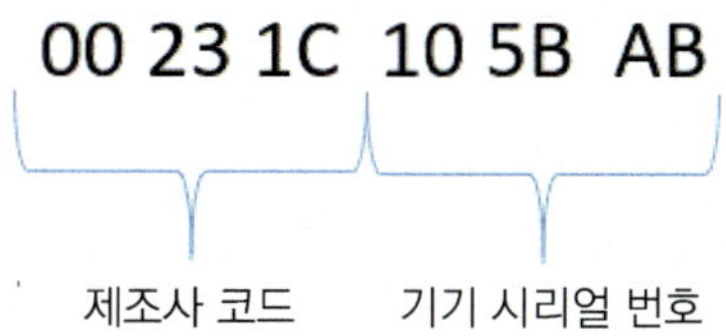

그림 3.16 MAC 주소

다음 파이썬 코드를 단말기에서 사용하면 실행 중인 기기의 MAC 주소를 알 수 있다:

```
import uuid

# uuid와 getnode() 함수를 사용한 주소
# 16진수를 활용
print (hex(uuid.getnode()))
```

출력은 다음과 같다:

```
0xf40669da5f06
```

5 보통 랜카드라고 부른다.

이제 컴퓨터의 MAC 주소를 찾는 방법을 알게 되었다. 다음은 16진법을 사용하여 색상을 정의하는 방법에 대해 알아보도록 한다.

예제 – 웹에서 색상 정의하기

삼원색인 빨강(R), 초록(G), 파랑(B)은 각각 두 자리의 16진수로 나타낸다. 이는 #RRGGBB라고 쓸 수 있다. 삼원색은 다른 색상을 혼합하여 만들 수 없다.

각 삼원색의 값을 0~255 사이로 설정함으로써 다른 색상을 만들어 낼 수 있다. *그림 3.17*에 일반적으로 사용되는 색상을 나열하였다:

색상	R 값	G 값	B 값	16진수
Red	255 (FF)	0 (00)	0 (00)	#FF0000
Green	0 (00)	255 (FF)	0 (00)	#00FF00
Blue	0 (00)	0 (00)	255 (FF)	#0000FF
Yellow	255 (FF)	255 (FF)	0 (00)	#FFFF00
Orange	255 (FF)	165 (A5)	0 (00)	#FFA500
Aqua	0 (00)	255 (FF)	255 (FF)	#00FFFF
Navy Blue	0 (00)	0 (00)	128 (80)	#000080
Black	0 (00)	0 (00)	0 (00)	#000000
White	255 (FF)	255 (FF)	255 (FF)	#FFFFFF

그림 3.17 각 RGB 값에 대해 2~4열에 십진수와 두 자리 16진수(괄호 안)를 표시하였다

16진법의 장점은 다음과 같다:

- 축약된 진법이므로 공간을 적게 사용하여 더 많은 정보를 저장할 수 있다.
- 이진수의 그룹화가 가능하므로 보다 인간 친화적이다.

이 단원에서는 컴퓨터 메모리 내의 위치 정의, 기기의 MAC 주소, 에러 메시지

표시, 웹 페이지에서의 색상 정의 등 16진수와 그 응용에 대해 학습했다.

요약

이 장에서는 서로 다른 기수(10, 2, 16)의 숫자와 진법 간 변환 방법에 대해 배웠다. 이진수는 이진법을 사용하는 반면, 십진수는 십진법을, 16진수는 16진법을 사용한다. 또한 이진법의 매우 중요한 응용인 부울 대수와 부울 연산자에 대해 배웠다.

다음 장에서는 순열과 조합을 포함하는 조합론에 대해 알아보기로 한다. 이를 이용하면 데이터를 저장하는 데 필요한 메모리 공간 양을 계산할 수 있다. 또한 브루트 포스 알고리즘의 효능에 대해 배운다.

CHAPTER 4
SciPy를 이용한 조합론

이 장의 주제는 셈(또는 조합론[1])이다. "세어 본다"라는 일은 단순한 듯 보이지만, 각종 유한집합을 대상으로 조합, 순열, 선택하는 경우의 수를 세는 건 간단한 작업이 아니다. 이 장에서는 순열과 조합을 학습하는데, 이를 이용하여 다양한 유형의 데이터 저장에 필요한 메모리 크기를 결정할 수 있다.

또한, 암호학 그리고 여행하는 외판원 문제를 푸는 브루트 포스 알고리즘이 얼마나 비효율적인지를 순열과 조합을 사용하여 측정할 예정이다.

이 장에서는, 다음 주제를 다룬다:

- 기본 셈 규칙
- 순열과 조합
- 메모리 할당에 적용하기
- 브루트 포스 기법의 성능

1 조합론(combinatorics)은 조합(combination)을 포함하므로 두 용어를 명확히 구분하자.

이 장을 마치면, 각종 수학적 구조의 개수를 셀 수 있으며, 조합과 순열을 구분하고 계산할 수 있게 될 것이다. 또한 이 아이디어를 메모리 할당 문제에 적용할 수 있으며, 암호학의 코드 해독, 여행하는 외판원 문제 등에 대한 브루트 포스 알고리즘의 성능을 측정할 수 있을 것이다. 이 장에서는 파이썬 `math` 표준 라이브러리뿐만 아니라 파이썬 SciPy 라이브러리를 사용한다.

> **주의할 점**
> 이 장의 컬러 이미지를 참조하려면 머리글에서 소개한 링크를 따라 이동하십시오.

기본 셈 규칙

이 단원에서는 집합의 원소가 서로 다르다고 가정하고, 각 집합에서 원소 하나씩 선택하는 경우의 수를 세려고 한다. 우선, 두 집합의 경우에 집중하여 살펴본 다음에, 임의의 수의 집합으로 확장한다.

정의 – 데카르트 곱

집합 A의 원소 a를 첫 번째 성분으로 하고 집합 B의 원소 b를 두 번째 성분으로 하는 모든 순서쌍 집합 $A \times B = \{(a,b) \mid a \in A, b \in B\}$를 집합 A와 B의 데카르트 곱(Cartesian product)이라고 한다.

	a_1	a_2
b_1	(a_1, b_1)	(a_2, b_1)
b_2	(a_1, b_2)	(a_2, b_2)

그림 4.1 $A=\{a_1, a_2\}$이고 $B=\{b_1, b_2\}$이면, $A \times B$는 이 표의 모든 순서쌍으로 이루어진다.

이 장은 집합 원소 개수의 계산에 관한 내용을 다룬다. *1장. 핵심 개념, 표기법, 집합론, 관계, 함수*를 상기해 보면, 집합의 크기란 바로 집합의 원소 개수이다. 데카르트 곱집합의 원소를 세는 건 흥미로운 일이다. 집합 A와 B에서 각각 한 원소를 선택하는 경우의 수를 셀 수 있기 때문이다. 따라서, 첫 번째 셈 규칙은 데카르트 곱집합의 크기를 계산한다.

정리 – 유한집합에 대한 데카르트 곱집합의 크기

A와 B가 유한집합이라면, $|A\times B| = |A|\cdot|B|$이다.

증명: $|A|=n$이라고 가정하자. 만약 B가 공집합이라면, $|A\times B| = 0$이다. 만약 $A=\{a_1, \ldots, a_n\}$이고 $B=\{b_1\}$이면, $A\times B$의 원소는 $(a_1, b_1), \ldots, (a_n, b_1)$이므로 $|A\times B| = |A|\cdot|B| = n\cdot 1 = n$이다.

$B=\{b_1, \ldots, b_m\}$이라 하면, $A\times B$를 서로소 집합 $A\times(B-\{b_1\})$과 $A\times\{b_1\}$으로 분해할 수 있으므로 이전 단계의 결과로부터 다음을 얻는다:

$$|A\times B| = |A\times(B-\{b_1\})| + |A\times\{b_1\}| = |A\times(B-\{b_1\})| + n$$

이 과정을 반복하여 B가 공집합이 될 때까지 B에서 한 원소씩 삭제(m번)하면, 최종적으로 다음을 얻는다:

$$|A\times B| = |A\times\varnothing| + \underbrace{|A|+|A|+\cdots+|A|}_{m\text{번}} = 0 + nm = nm = |A|\cdot|B|$$

이 결과는 서로 다른 m 원소 집합과 서로 다른 n 원소 집합에서 하나씩 선택하여 구성한 순서쌍은 모두 mn 가지 경우가 있음을 말해주고 있다. 이는 두 집합 이상의 상황으로 쉽게 확장된다. 우선, 데카르트 곱의 정의를 더 많은 개수의 집합을 대상으로 확장할 텐데, 이는 우리가 다룰 대부분의 셈 규칙에서 핵심이 되는 기본 셈 규칙으로 이어진다.

정의 – n 집합에 대한 데카르트 곱

집합 $A_1\times A_2\times\ldots\times A_n = \{(a_1, a_2, \ldots, a_n) \mid a_1\in A_1, a_2\in A_2, \ldots, a_n\in A_n\}$이다. 즉, 순서 있는 n 튜플[2]의 집합으로, i번째 요소 a_i는 집합 A_i의 원소이다.

정리 – 기본 셈 규칙

만약 $A_1, A_2, \ldots, A_n$이 유한집합이라면, $|A_1 \times A_2 \times \cdots \times A_n| = |A_1| \cdot |A_2| \cdots |A_n|$이다.

증명: 각 $i = 1, \ldots, n$에 대해 $|A_i| = m_i < \infty$라고 하자. 이전 정리를 적용하면 $|A_1 \times A_2| = |A_1| \cdot |A_2| = m_1 m_2$이다. 다음으로 $A_1 \times A_2$에서 하나의 순서쌍을 선택하여 A_3의 원소 하나와 쌍을 만들면, 다음과 같은 결과를 얻는다:

$$|(A_1 \times A_2) \times A_3| = |A_1 \times A_2| \cdot |A_3| = |A_1| \cdot |A_2| \cdot |A_3| = m_1 m_2 m_3$$

이는 $A_1 \times A_2 \times A_3$의 원소 개수이다. 이 과정을 A_n에 도달할 때까지 계속하면, 반복할 때마다 하나의 집합 A_i를 추가로 포함할 수 있고 결국 이 정리의 결론에 도달하게 된다.

즉, 각각 $m_1, m_2, \ldots, m_n$개의 서로 다른 원소를 갖는 집합이 주어졌을 때, 각 집합에서 하나씩 모두 n개의 원소를 선택해야 한다면 $m_1 m_2 \cdots m_n$가지 경우의 수가 있다.

예제 – 바이트

바이트는 일반적으로 8비트로 구성된 디지털 정보의 단위이며, 이진 숫자인 1과 0으로 이루어진다. 기본 셈 규칙을 사용하여, 서로 다른 바이트가 몇 개나 될지 계산할 수 있다. 8자리 숫자 각각은 집합의 크기가 2인 $\{0, 1\}$의 원소 가운데 하나로 채워진다. 따라서 다음과 같다:

$$|\{\text{모든 가능한 바이트}\}| = 2 \cdot 2 \cdot 2 \cdot 2 \cdot 2 \cdot 2 \cdot 2 \cdot 2 = 2^8 = 256$$

그러므로 각 바이트가 특정 정보를 나타낸다고 가정하면 각 바이트는 256개의 가능한 정보 중 하나를 대표한다.

2 ordered n tuples. 순서 있는 n짝

위 예의 해답을 구하는 또 다른 방법은 가능한 모든 바이트를 나열하고 세는 거다: $00000000, 00000001, 00000010, 00000011, \ldots$ 다만, 이미 여러분도 알아챘듯이, 이 작업은 꽤 시간이 걸린다! 복잡한 것을 셀 때 "브루트 포스" 접근법[3]을 사용할 수도 있지만, 앞의 규칙을 포함해서 조합 규칙을 사용하는 게 훨씬 더 실용적이다.

예제 – 컴퓨터 색상

다양한 컴퓨터 응용 분야에서 빨간색, 녹색, 파란색(RGB)을 혼합하여 색상을 만들어 낸다. 특히, 혼합할 때 각 색의 강도를 지정할 수 있다. HTML과 CSS에서 사용되는 일반적인 접근법은 각 색의 강도를 1바이트의 정보로 코드화하는 것이다.

이 방식에 따라 서로 다른 색상을 얼마나 많이 만들어 낼 수 있는지 세어 보자. 3바이트가 필요하고 각 바이트는 256개의 형식 중 하나를 취할 수 있으므로 $256 \cdot 256 \cdot 256 = 16,776,126$개의 고유한 빨간색, 녹색, 파란색 조합이 있음을 알 수 있다. 따라서 이 접근 방식은 1,600만 개 이상의 색상을 생성할 수 있다!

지금까지 살펴본 바와 같이 기본 셈 규칙을 통해, 바이트 단위로 전달할 수 있는 정보의 가짓수나 특정 웹 언어가 표시할 수 있는 색상 수 등 관심 있는 수량을 직접 계산할 수 있다. 여기에 그치지 않고 기본 셈 규칙은 또 다른 유형의 객체 그룹을 계산하는 공식으로 이어지는 중요한 결과다: 바로 순열과 조합이다.

순열과 조합

이 단원에서는 집합 원소에 순서 매기기(순열) 그리고 특정 크기의 부분집합 선택하기(조합)를 계산하는 주제에 집중한다.

3 한마디로 단순무식한 접근법. 이 장의 뒷부분에서 자세히 다룬다.

정의 - 순열

순열(permutation)이란 집합 원소의 재배열이다.

예제 - 단순한 집합의 순열

집합 $\{1, 2, 3\}$에 대한 모든 순열의 집합은 $\{123, 132, 213, 231, 312, 321\}$이므로 6개의 순열이 있다. 원소 1, 2, 3에 특별한 의미가 있는 건 아니다. 세 개의 서로 다른 원소로 이루어진 모든 집합은 같은 수의 순열을 가진다. 다만, 추측할 수 있듯이, 집합이 커질수록 모든 순열을 나열하는 게 점점 더 번거로워지므로, 보다 효율적으로 계산하기 위한 규칙이 필요하다.

정리 - 집합의 순열

크기가 n인 집합에서 순열의 개수는 $n! = n(n-1)(n-2)\cdots(2)(1)$이며, n 팩토리얼(factorial)이라고 발음한다.

증명: 순열 집합의 첫 번째 자리에는 n개의 대상 중 아무거나 올 수 있다. 하나를 선택하면 두 번째 자리에 올 수 있는 $n-1$개의 대상이 남게 되고 이 과정은 계속 이어진다. 기본 셈 규칙에 따르면 $n(n-1)(n-2)\cdots(2)(1) = n!$개의 가능한 순열이 있다.

이 정리를 앞의 예에 적용하면 $A = \{1, 2, 3\}$의 순열은 $|A|! = 3! = 3 \cdot 2 \cdot 1 = 6$개이며, 모든 순열을 나열하여 얻은 결과와 같다.

> **주의할 점**
> 0!은 1로 정의된다.

예제 - 재생 리스트

20곡의 재생 리스트를 반복 없이 무순으로 재생한다고 가정하자. 앞의 정리대로라면, 가능한 순서, 즉 순열은 $20! \approx 2.43 \times 10^{18}$개나 되어 놀랄 만큼 많다!

팩토리얼의 증가

다음 표에서 팩토리얼이 매우 빠르게 증가한다는 점에 주목하여야 한다:

n	$n!$	n	$n!$
1	1	6	720
2	2	7	5,040
3	6	8	40,320
4	24	9	362,880
5	120	10	3,628,800

그림 4.2 첫 번째 10개 팩토리얼 값. 보다시피 집합의 크기가 10이면 순열의 수가 300만 이상이 된다!

겨우 10개 원소의 순열 수는 300만 가지 이상이다. 앞의 예와 같이 20개 원소의 순열 수는 $20! \approx 2.43 \times 10^{18}$가 되어 2경이 넘는다!

계산기나 프로그래밍 언어와 같은 많은 컴퓨팅 도구는 원소의 수가 너무 많아지면 (기본적으로) 순열을 계산할 수 없지만, 파이썬 수학 모듈(math)의 팩토리얼 함수는 수학적 트릭을 써서 큰 팩토리얼을 효율적으로 계산할 수 있기 때문에 큰 문제를 일으키지 않는다. 다음 코드를 보자:

```
import math
print(math.factorial(20))
print(math.factorial(100))
```

출력 결과는 다음과 같다:

```
2432902008176640000
93326215443944152681699238856266700490715968264381621468592963895217599993229915608941463976156518286253697920827223758251185210916864000000000000000000000000
```

> **주의할 점**
> 이 책에서는 `math` 모듈을 자주 사용할 예정이다. 자세한 내용은 `https://docs.python.org/3/library/math.html`에서 `math` 모듈의 공식 문서를 참조하라.

때로는 약간 다른 유형의 순열을 계산하고 싶을 수도 있다. 예를 들어 20곡의 재생 리스트 중 절반만 무작위 순서로 재생한다고 가정하자. 그렇다면, 20곡 중 10곡이라는 부분집합에는 얼마나 많은 순열이 있을까? 다음 정리는 그 경우의 수를 쉽게 계산할 수 있게 해준다.

정리 - 집합의 k-순열

서로 다른 n개 집합 원소 중 k개를 택하는 순열의 수 또는 k-순열의 수는 다음과 같다:

$$_nP_k = \frac{n!}{(n-k)!}$$

증명: n개의 원소로 k개의 자리를 채워야 하는 경우, 첫 번째 자리는 n개 원소 중 하나로 채울 수 있으며, 두 번째 자리는 남은 $n-1$개 원소 중 하나로 채울 수 있으며, 계속 진행하면 마지막 자리는 남은 $n-k+1$개 원소 중 하나로 채울 수 있다. 그러므로 기본 셈 규칙에 따라 $n(n-1)(n-2)\cdots(n-k+1)$가지 경우의 수가 있으며, 이를 조작하면 다음과 같이 나타낼 수 있다:

$$n(n-1)(n-2)\cdots(n-k+1) = n(n-1)(n-2)\cdots(n-k+1)\cdot\frac{(n-k)\cdots(2)(1)}{(n-k)\cdots(2)(1)}$$

이 식은 분자가 $n!$, 분모가 $(n-k)!$인 분수이므로 $\frac{n!}{(n-k)!}$가 된다.

이 정리는 음이 아닌 모든 정수 $k \leq n$에 대해 성립하므로, 이 일반적인 정리에서 $k=n$인 특별한 경우를 따로 생각해 보면 바로 직전에 다룬 정리에 해당한다는 사실을 알 수 있다.

재생 리스트 예로 다시 돌아가면, 파이썬을 사용하여 다음과 같이 20곡 리스트의 10-순열 수를 계산할 수 있다:

```
import math
print(math.factorial(20)/math.factorial(20-10))
```

출력은 다음과 같다:

```
670442572800.0
```

이제 집합 또는 부분집합의 순열을 셀 수 있게 되었다. 또 다른 유형의 원소 그룹인 조합에 대해 이어서 설명하기로 한다.

정의 – 조합

조합(combination)은 집합에서 일부 원소를 선택하는 일이다.

n개 원소에서 k개를 택하는 조합과 순열의 차이점은 동일한 k개 원소의 서로 다른 순서를 순열에서는 모두 다르게 취급하지만, 조합에서는 하나로 간주한다.

예제 – 단순한 집합에 대한 조합 대 순열

집합 $A = \{1, 2, 3\}$을 생각해 보자. A의 2-원소 순열은 $\{12, 21, 13, 31, 23, 32\}$이지만 2-원소 조합은 $\{12, 13, 23\}$이다. 조합은 순서가 중요하지 않기 때문에 개수가 더 적다. 다음은 조합의 수에 관한 정리이다.

정리 – 집합의 조합

n개 집합 원소 중 k개를 택하는 조합의 수 또는 k-조합의 수는 다음과 같다.

$$_nC_k = \binom{n}{k} = \frac{n!}{k!(n-k)!}$$

증명: k-순열에 대한 정리에 따라 n개 집합 원소 중 k개를 택하는 순열의 수는 $_nP_k$이다. 순열에 대한 첫 번째 정리에 따라, 서로 다른 k개 원소 집합이 주어졌을 때 $k!$개의 서로 다른 순열이 있다. 조합은 원소 순서에 상관없으므로, 단순히 $_nP_k$를 $k!$로 나누면 n개 집합 원소 중 k개를 택하는 조합의 수를 얻을 수 있다. 따라서 다음과 같다:

$$\frac{_nP_k}{k!} = \frac{n!}{k!(n-k)!} = \binom{n}{k}$$

이항계수

$\binom{n}{k}$는 대수학에 나오는 이항정리 때문에 이항계수라고 불리며, 이항정리는 다음과 같이 이항식의 n제곱(n은 음이 아닌 정수)을 확장한다:

$$(x+y)^n = \sum_{k=0}^{n} \binom{n}{k} x^k y^{n-k} = \binom{n}{0} x^0 y^n + \binom{n}{1} x^1 y^{n-1} + \ldots + \binom{n}{n} x^n y^0$$

예제 – 팀 구성

한 사무실에서 20명의 소프트웨어 엔지니어가 일하고 있다고 가정하자. 관리자는 새 프로젝트에서 일할 4명의 엔지니어로 구성된 팀을 만들려고 하며, 선발이 가능한 팀의 수를 세려 한다. 팀원을 고르는 순서는 팀 수를 계산하는 데 중요하지 않다. 예를 들어 영우, 동은, 미정, 송화 팀은 동은, 송화, 미정, 영우 팀과 같다. 그렇다면 조합이 올바른 선택이다.

따라서 가능한 팀의 수는 $\binom{20}{4}$인데, 손으로 계산하는 건 번거로운 일이므로 파이썬을 사용할 수 있다. 이전에 다룬 팩토리얼 함수를 사용할 수도 있지만 SciPy 패키지의 특별 함수 중에는 매우 최적으로 구현된 `binom` 이라는 함수가 있다:

```
# 팩토리얼 함수 사용하기
import math
print(math.factorial(20) / math.factorial(4) / math.factorial(20-4))

# SciPy의 special 모듈 가져오기
import scipy.special
print(scipy.special.binom(20,4))
```

출력은 다음과 같다:

```
4845.0
4845.0
```

따라서, 프로젝트를 위해 4,845개의 서로 다른 팀을 구성할 수 있다. 두 가지 코드 예는 모두 동작하지만, 최적화된 코드인 `scipy.special.binom`을 사용하는 게 더 나은 선택이다.

> **주의할 점**
> `https://docs.scipy.org/doc/scipy/reference/` 에서 SciPy 라이브러리의 공식 문서를 확인할 수 있다.

예제 – 공의 조합

6개의 빨간 공과 5개의 노란 공이 들어있는 상자에서 5개의 공을 무작위로 선택한다고 가정했을 때, 선택한 5개 중 빨간 공이 3개인 조합의 수를 알아보자.

첫째, 빨간 공 6개 중 3개를 택해야 하므로 $\binom{6}{3} = 20$ 가지 방법이 있다. 둘째, 우리는 5개의 노란 공 중에서 2개를 택해야 하므로 $\binom{5}{2} = 10$ 가지 방법이 있다. 3개의 빨간 공을 고르는 20가지 방법 중 한 가지와 2개의 노란 공을 고르는 10가지 방법 중 한 가지를 고르면 하나의 경우의 수가 된다. 기본 셈 규칙에 따르면 이 두 가지가 모두 발생할 수 있는 경우의 수는 $20 \cdot 10 = 200$ 이다.

보다시피, 더욱 복잡한 문제를 해결하고자 할 때 지금까지 다룬 조합론 규칙이 필요할지도 모른다. 이 장의 나머지 부분에서는 조합론을 컴퓨터 과학과 데이터 과학에서 실용적으로 적용하는 분야에 대해 논의하고자 한다.

메모리 할당에 대한 응용

조합론이 적용될 수 있는 영역 중 하나는 알고리즘이 작업을 완료하려면 얼마나 많은 메모리가 필요한지를 결정하는 문제이다. 코드를 실행하기 전에 이 정보를 알아두면 도움이 되는 경우가 많다. 대부분의 프로그래밍 언어에서는 배열을 생성할 때, 변경할 수 없는 정적인 크기로 설정한다. 따라서 배열 크기를 변경하는 것보다 배열 값을 변경하는 게 더 빠르거나 편리하다. 그래서 개발자들은 알고리즘에 필요한 최대 크기의 배열을 생성함으로써(언어에 따라서 모두 0으로 채우거나 비워둔다) 메모리를 사전 할당하는 경우가 많다. 이는 적은 양의 데이터를 처리하는 프로그램에는 문제가 없지만, 기하급수적으로 많은 양의 데이터를 처리할 가능성이 있는 프로그램의 경우에는 매우 큰 낭비가 될 수 있다. 메모리의 사용 상황을 이해하는 것은 부정적인 결과를 피하기 위해서도 중요하다. 기기의 자원을 다 써 버려서, 다른 작업을 완료할 수 없거나 다운되거나 고속의 RAM 대신에 하드 드라이브에 데이터를 읽거나 써야 할 수도 있다.

예제 – 메모리 사전 할당

1,000,000개의 수를 생성한다고 가정해 보자. 가장 간단한 방법은 루프를 실행하여 한 번에 하나의 원소를 리스트에 추가하는 것이다:

```
import time
number = 1000000

# 현재의 시간을 기록
startTime = time.time()

# 빈 리스트를 생성
list = []

# 리스트에 항목을 하나씩 추가
for counter in range(number):
  list.append(counter)

# 실행 시간을 표시
print(time.time() - startTime)
```

다음 결과가 출력된다:

```
0.584686279296875
```

따라서 이 코드는 0.5847초 만에 실행되는데, 이는 빨라 보이지만 최적은 아니다.

> **주의할 점**
> 파이썬 `time` 라이브러리를 사용하면 코드의 실행 시간을 측정할 수 있다. `time.time()` 명령어는 현재의 시간을 조사하므로, 시작할 때 이 값을 저장하고 마지막 `time.time()` 명령어에서 얻은 시간에서 빼면 경과 시간을 측정할 수 있다.
> 실행 시간은 컴퓨팅 장치에 따라 달라지므로 앞의 예시와는 다른 시간을 확인하게 될 거다.

다음 코드로 길이 1,000,000인 리스트를 메모리에 사전 할당한 다음에 값을 채운다고 가정하자:

```
import time
number = 1000000

# 현재의 시간을 기록
startTime = time.time()

# 1000000개의 None(비어 있음을 뜻하는 데이터)으로 채운 리스트를 생성
list = [None]*number

# 리스트에 항목을 하나씩 추가
for counter in range(number):
  list[counter] = counter

# 실행 시간을 표시
print(time.time() - startTime)
```

출력은 다음과 같다:

```
0.44769930839538574
```

여기에서의 실행 시간은 0.4477초로 23%의 시간을 절약한다. 대규모 리스트의 경우, 적어도 파이썬에서는 사전 할당의 속도상 이점이 있음을 쉽게 알 수 있다. 물론 0.14초의 단축이 일회성이라면 그리 중요하지 않게 느낄 수 있지만, 수천 또는 수백만 번 실행되는 소프트웨어의 알고리즘에서는 매우 큰 차이가 발생한다.

둘 다 백만 번의 반복이 필요하지만, 한번 반복할 때마다 첫 번째 방법에 더 많은 연산이 필요하다. 한 번만 추가 연산을 한다 해도 백만 번의 반복을 끝냈을 때 백만 번의 연산을 추가로 한다. 그래서 두 방법은 같은 목표를 달성하지만, 첫 번째의 실행 시간이 더 걸리게 된다. 게다가 대부분 언어에서는 리스트에 반복적으로 원소를 추가할 때 파이썬보다 효율이 떨어진다. 백만이라는 크기의 리스트는 커 보일 수 있지만, 현실적으로는 전혀 이상한 크기가 아니다. 예를 들어, 최신 스마트폰으로 촬영한 일반적인 사진은 천만 화소 이상을 포함하고 있으며, 각 화소는 3개의 숫자(RGB 값)가 할당되므로 사진 파일 하나를 나타내려면 3천만 개의 숫자로 이루어진 리스트가 필요하다. 더구나 비디오 파일에는 수천 장의 사진이 포함되어 있어 크기가 엄청나다.

다음 단원에서는 브루트 포스 알고리즘에 대해 알아보고 시저 암호 그리고 순회하는 외판원 문제 등 몇 가지 예제를 살펴보자.

브루트 포스 알고리즘의 성능

번호 자물쇠를 열기 위해 예를 들어 0에서 9까지의 숫자 3개를 입력해야 한다고 생각해 보자. 패스워드를 잊어버렸을 경우 한 가지 해결 방법은 (0, 0, 0), (0, 0, 1), (0, 0, 2) 등을 차례로 시도해 보는 거다. 이 방법은 3개의 숫자에 0부터 9까지의 모든 순열을 테스트할 수 있는 충분한 인내심만 있으면 성공할 수 있다. 이것이 바로 브루트 포스 알고리즘(brute-force algorithm)[4]이다. 문제를 해결하기 위해 정답을 맞힐 때까지 몇 번이고 추측하는 시행착오에 바탕을 둔다. 물론 자물쇠 열기에 브루트 포스 방식을 사용하는 건 매우 번거롭지만, 컴퓨터를 사용할 때는 실용적인 경우가 종종 생긴다.

예제 - 시저 암호

로마의 황제이자 장군인 줄리어스 시저는 코드화된 메시지의 형태로 암호를 사용한 최초의 사용자 중 한 명으로 알려져 있다. 현재 시저 암호(Caesar cipher)라고 불리는 그의 방법은 암호화하지 않은 평문의 각 글자를 알파벳 순서에서 정해진 문자 개수만큼 옮겨 이동한다. 예를 들어, 알파벳을 네 문자씩 옮기기로 정했다고 하면 A는 E가 되고, B는 F가 되고, 계속 이어져서 V는 Z가 된다. 이후, 앞으로 돌아가서 W가 A가 되고 X가 B가 된다. 이를 정리하면 다음과 같다:

4 "짐승의 힘" 즉 "폭력"이란 의미로 컴퓨터 분야에서는 무작위, 무차별, 억지 등으로도 불리지만 적당한 표준어가 없어 이 책에서는 외국어 표기법에 따라 한글로 표기하기로 한다.

평문자	A	B	C	…	U	V	W	X	U	Z
암호문자	E	F	G	…	Y	Z	A	B	C	D

그림 4.3 암호화하지 않은 평문자 및 이에 대응하는 암호문자

암호를 해독하는 방법 가운데 하나가 브루트 포스 기법이다. 시저 암호라는 걸 알고 있다면 이동은 25가지 경우만 가능하므로 맞는 암호를 찾을 때까지 전부 테스트하면 된다. 아래 코드로 시도해 보자:

```
# 가로챈 메시지
codedMessage = 'nzohfu gur rarzl ng avtug'

# 0 문자, 1 문자, 2 문자, ...를 이동시켜 결과를 출력
for counter in range(26):
    # 추측하기 전 빈 메시지로 시작
    guessedMessage = ''

    # 암호화된 메시지의 각 문자를 대상으로 반복
    for x in codedMessage:

        # x가 공백 문자가 아닌 경우
        if x != ' ':

            # 각 문자를 counter만큼 이동
            if ord(x)+counter <= 122:
                x = chr(ord(x)+counter)

            # z를 넘어가면 26을 뺌
            else:
                x = chr(ord(x)+counter-26)

        # 한 번에 한 문자씩 추측 메시지에 추가
```

```
        guessedMessage = guessedMessage + x

    # 이동값과 메시지를 출력
    print(counter, guessedMessage)
```

다음은 출력된 결과 가운데 일부를 보여준다:

```
10 xjyrpe qeb bkbjv xq kfdeq
11 ykzsqf rfc clckw yr lgefr
12 zlatrg sgd dmdlx zs mhfgs
13 ambush the enemy at night
14 bncvti uif fofnz bu ojhiu
```

각 문자열을 조사하면, 평문의 알파벳을 13문자만큼 이동시킨 암호임을 알 수 있다.

추가로, 이 예에서는 브루트 포스 알고리즘이 어떤 경우에 유용한지 보여준다. 브루트 포스 알고리즘이 성공하려면 다음 두 가지 주요 조건이 있다.

- 가능한 해집합(해공간)이 충분히 작다.
- 각 가능한 해가 정확한 해인지 결정할 수 있어야 한다.

첫 번째 조건을 만족시키지 못하면 알고리즘을 실행하는 데 시간이 너무 오래 걸린다. 사실, 매우 큰 해공간을 갖는 문제를 대상으로 브루트 포스 알고리즘을 실행하려면 며칠 또는 심지어 수년이 걸리게 된다. 그러나 이 예에서는 26개의 답만 가능했다. 각 답에 대해 여러 연산을 실행해야 했지만, 요즘 컴퓨터에서는 전체 실행 시간이 매우 짧다. 만약 두 번째 조건을 만족시키지 못하면, 정답이 있어도 찾을 수 없을 거다. 여기서는 대부분의 텍스트 문자열이 이해할 수 있는 메시지가 아니기 때문에, 시저의 메시지를 바로 알아차릴 수 있다.

브루트 포스 알고리즘의 효율성을 평가하려면 문제의 표본공간 크기를 계산하여야 한다. 이때 조합론을 사용할 수 있으므로 이 단원에서는 첫 번째 조건에 초점을 맞춘다.

계속해서 암호 해독의 주제에 집중하기로 하고, 다음과 같은 암호화된 메시지를 받는다고 가정해 보자:

```
toa bxfew grknm cks jxuyz kdar h lhvp akq
```

이를 브루트 포스 알고리즘에 입력하면(시도해 보라!) 26개의 답 중 이해할 수 있는 메시지가 하나도 없다는 사실을 알 수 있다. 따라서 작성자는 메시지를 암호화하기 위해 다른 고도의 방법을 사용했음이 분명하다. 시저 암호로 만들 수 있는 26개의 문자열 중 어느 것도 위에 사용된 암호화를 정확히 모델링하지 못한다. 보다 광범위한 유형의 암호화는 이른바 단일 치환 암호(simple substitution cipher)[5]로, 진짜 메시지(평문)의 각 문자가 코드화된 메시지(암호문)에서는 다른 문자로 대체되는데, 알파벳을 단순히 이동하는 시저 암호일 필요는 없다. 이는 신문이나 퍼즐북에서 볼 수 있는 암호문에 가까운 문제이다. 유효한 브루트 포스 알고리즘이라면 대규모의 서로 다른 알파벳 집합을 검색해야 하며, 우리는 해독한 메시지를 이해할 수 있는지 판단하기 위해 각 메시지를 검토해야 한다. 그렇다면 이 알파벳 집합은 얼마나 규모가 클까? 다음 사항은 명백하다:

- A는 알파벳 26자 중 하나로 대체될 수 있다.
- B는 나머지 25개 문자 중 하나로 대체될 수 있다.
- C는 나머지 24개 문자 중 하나로 대체될 수 있다.

친숙한 개념이 등장하는데 바로 팩토리얼이다. 가능한 하나의 암호문 알파벳은 정상적인 알파벳(A~Z)에 대한 순서 변경 즉, 순열이므로 $26! \approx 4.03 \times 10^{26}$ 즉, 403자(秭)[6]개의 서로 다른 알파벳이 존재한다. 확실히, 해공간에 존재하는 각각의 알파벳을 하나씩 적용하여 수동으로 조사하는 브루트 포스 알고리즘은 실용적이지 않다. 만약 우리가 초당 10개의 메시지를 확인할 수 있다면, 120경 년[7],

---

5 monoalphabetic substitution cipher라고도 한다.

6 10^{24}이며 영어로는 heptillion이다.

즉 우주 나이의 천만 배가 걸린다! 완전히 최대한 컴퓨터화 시킨다면 텍스트가 단어가 되는지 알아보기 위해 초당 수백만 개의 속도로 사전을 읽고 확인할 수 있겠지만, 이 역시 여전히 수십억 년의 실행 시간이 필요하다.

브루트 포스 기법을 사용하면 언젠가 거의 틀림없이 정답을 얻을 수 있지만, 충분히 실용적이지는 않다. 유용한 기간 내에 완료할 수 있어야 한다. 설상가상으로, 이는 복잡한 유형의 암호화도 아니다. 수작업으로 암호화에 쓸 알파벳을 만드는 데 걸리는 시간은 불과 몇 분이다!

예제 – 여행하는 외판원 문제

한 외판원이 자신이 거주하는 도시를 포함하여 *N*개 도시를 돌아다니며 상품을 팔고 집으로 돌아온다고 가정해 보자. 그는 연료비를 최대한 줄일 수 있도록 주행 거리를 최소화하고자 한다. 따라서 **여행하는 외판원 문제** 즉, **TSP**(Traveling Salesman[8] Problem)가 던지는 질문은 다음과 같다:

도시 리스트 그리고 모든 두 도시 사이의 최소 거리를 알고 있다. 외판원이 각 도시를 방문하고 집으로 돌아오려고 하는데 최소 이동 거리의 순서는 무엇인가?

TSP는 OR(Operations Research)의 고전적인 문제이며, *9장. 데이터 구조 탐색하기와 최단 경로 찾기*에서 보다 향상된 해결 방법을 학습할 것이다. 그러나 지금은, 문제 해결을 위해 정확히 무엇을 해야 하는지 생각해 봄으로써 이 문제가 어떻게 브루트 포스 알고리즘에 반응하는지 알아보고, 또한 저장할 데이터 구조의 크기를 생각해 보자.

첫째, *N*개의 도시 리스트와 두 도시 사이의 거리 정보가 있다면, 모든 도시 사이의 거리 정보는 총 몇 개나 될까? 고유한 도시 쌍의 개수를 알기 위해서는 *N*개 도시 중 2개 도시를 택하는 모든 조합을 계산하여야 한다. 순열은 고려할 대상이

---

7 1.2×10^{18}

8 차별적 표현을 쓰지 말자는 사회 운동으로 인해 성평등 단어인 Salesperson이라고도 한다.

아니다. 예를 들어 서울에서 원주까지의 거리는 원주에서 서울까지의 거리와 같으므로 순서는 중요하지 않으며, 두 거리를 별도로 저장하는 건 중복 작업이 될 거다. 따라서 두 도시 사이 거리의 개수는 다음과 같다:

$$\binom{N}{2} = \frac{N!}{(N-2)!2!} = \frac{N(N-1)}{2}$$

이렇게 데이터가 저장될 메모리 용량을 정확하게 알 수 있으므로 $N(N-1)/2$ 개의 공간을 가진 데이터 구조를 사전에 할당할 수 있다.

다음으로, 이 문제를 해결하기 위한 브루트 포스 기법은 모든 도시를 거쳐서 이동 가능한 경로를 모두 찾고 모든 경로의 이동 거리를 비교하는 것이다. 그렇다면 이러한 경로는 몇 개나 있을까? 외판원이 자신이 거주하는 도시에서 출발한다면, 두 번째 도시를 $N-1$개 도시에서 선택할 수 있다. 두 번째 도시를 방문한 후, 세 번째 도시로 $N-2$개 선택지를 가지며, 이 상황은 그가 다시 출발지로 돌아갈 때까지 계속된다. 이는 순열이기 때문에 $(N-1)!$개의 가능한 경로가 존재한다.

이 계산에는 약간 문제가 있다. 도시가 6개뿐이고 다음과 같은 경로를 따른다고 가정하자:

$$a \to d \to e \to c \to f \to b \to a$$

다음 그림은 전체 도시 간의 연결을 보여주는데, 위 경로를 빨간색으로 강조하여 표시하였다:

다음은 또 다른 가능한 경로이다:

$$a \to b \to f \to c \to e \to d \to a$$

이는 역순의 동일한 경로이다(위 그림의 화살표만 반대로 하면 된다). 이 경로는 모든 동일한 도로를 역순으로 이동하기 때문에 첫 번째 경로와 정확히 같은 길이를 여행하게 된다. 각 경로의 역방향은 $(N-1)!$개 경로에 같이 포함되기 때문에, 브루트 포스 알고리즘이 실행할 작업을 반으로 줄일 수 있다. 따라서 가능한 경로 수를 2로 나눠, 다음 경로 개수만 테스트하면 된다:

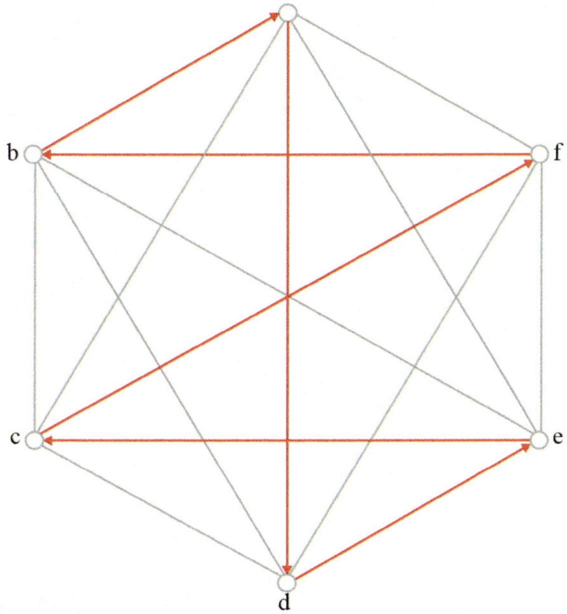

그림 4.4 N=6인 소규모 TSP의 전체 경로 집합 그리고 빨간색으로 표시된 예제 경로

$$\frac{(N-1)!}{2}$$

이에 따라 브루트 포스 기법을 수행하는 데 필요한 시간이 크게 감소한다.

6개 도시 문제의 경우, 고려할 두 도시의 쌍은 $(6)(5)/2=15$개뿐이며, 외판원이 선택할 수 있는 경로는 $5!/2=60$개뿐이다(역순의 경로는 무시).

그러나 이렇게 하면 시간이 50% 단축되긴 하나, 이전의 암호학 문제에서도 브루트 포스 알고리즘은 아주 작은 문제에만 적용 가능하다는 걸 확인한 바 있다. 따라서, 도시의 수 N이 매우 작은 경우를 제외하면, 계산을 절반으로 줄이는 것만으로는 실질적 TSP 해결에 충분하지 않다. $N=20$인 경우도 비교적 여전히 작은 문제이지만 다음과 같은 수의 중복되지 않은 경로가 가능하다:

$$\frac{19!}{2} \approx 6.08 \times 10^{16}$$

이를 브루트 포스 기법으로 해결하는 건 완전히 불가능에 가깝다.

요약

이 장에서는 주로 다양한 집합의 크기를 세는 방법에 대해 논의했다. 먼저, 일련의 집합에서 각각 하나의 원소를 가져와서 새로운 집합을 만드는 데카르트 곱을 세는 것을 살펴보았다. 이들의 크기를 세는 작업은 이진 구조를 세고 디스플레이 색상을 세는 데 사용한 기본 셈 규칙으로 귀결된다.

둘째, 기본 셈 규칙에서 직접 도출한 팩토리얼(순열의 경우)과 이항계수(조합의 경우)를 사용하여 순열과 조합을 살펴보았다. 파이썬의 핵심 도구는 팩토리얼의 경우 `math` 라이브러리의 팩토리얼 함수이며, 이항계수의 경우 SciPy 라이브러리의 `binom` 함수이다.

마지막으로, 메모리 할당 그리고 암호학 분야와 고전적인 최적화 문제인 TSP에서 브루트 포스 알고리즘의 (나쁜) 속도 등 컴퓨터 과학에서 조합론의 몇 가지 응용 예를 살펴보았다.

이 장에서 얻은 도구는 향후 책의 진도를 나가면서 반복적으로 사용될 예정이다. 특히, 셈은 다음 장인 *5장. 이산확률의 기본원리*에서 다루는 확률 계산에 매우 중요하다. 이른바 알고리즘의 복잡도 분석은 *7장. 알고리즘의 계산 복잡도*에서 더 일반적이고 더 깊이 다루며, 다양한 문제에 대하여 브루트 포스 알고리즘에서부터 더 효과적인 접근법까지 계속해서 논의할 예정이다.

CHAPTER 5 이산확률의 기본원리

확률론은 무작위성[1], 우연성, 불확실성에 관한 학문이다. 우리는 날씨에서부터 주식 시장, 스포츠 이벤트, 선거 결과에 이르기까지 항상 무작위성을 경험한다. 이들을 확실하게 예측할 수는 없지만, 불확실성에 존재하는 패턴 및 확률에 영향을 미칠 수 있는 변수를 신중히 연구한다면 발생한 사건의 우도(또는 확률)[2]에 대해 신뢰할 만한 주장을 할 수 있다.

이산수학과 컴퓨터과학에서 가장 중요한 확률 유형은 당연히 이산집합과 관련 있다. 이 장에서는, 일반적인 의미에서 확률이 어떻게 작용하는지를 규명한 후, 조합적 확률론의 기본 원리를 제시한다. 이 이론은 확률실험에서 나오는 각 결과의 확률이 모두 동등한 상황, 따라서 어떤 결과 집합의 사건이 발생할 확률을 알

1 randomness

2 영어사전을 찾아보면 likelihood(가능성)는 probability(개연성)와 동의어이다. 보통은 두 단어를 같은 의미로 사용해도 무방하다. 하지만 확률론에서는 likelihood(우도, 가능도)와 probability(확률)는 엄연히 다르다. 확률은 확률분포가 주어졌을 때 특정 값이 관측될 가능성이고, 우도는 특정 확률분포를 가정했을 때 이미 관측된 값이 나올 가능성이다. 다만, 확률과 우도를 정확히 구분하지 않더라도 이 장의 내용을 이해하는 데는 어려움이 없다.

려면 그 집합의 크기를 세어야 하는 상황에서 매우 중요하다. 다음으로 머신러닝 등에서 매우 중요한 개념인 조건부확률과 베이즈 정리를 살펴볼 텐데, 이들은 새로운 정보를 학습하여 확률을 갱신할 수 있게 만들어 준다. 이어서, 이 이론을 활용하여, 어떤 이메일이 합법적인지 아닌지를 자동으로 식별해 주는 베이지안 스팸 필터를 논한다. 이 필터의 핵심은 베이즈 정리인데, 이 정리를 사용하면 이메일 분류 오류가 발생했을 때 새로운 정보를 스팸 필터에 반영할 수 있으며 시간이 지남에 따라 지속적인 필터링 개선이 가능하다.

그리고 난 후, 임의의 수치를 값으로 갖는 확률변수에 대해 논하고 평균과 분산을 이용하여 확률변수를 분석한다. 이 모든 내용은 구글의 페이지랭크 시스템을 살펴봄으로써 정점에 이르게 될 것이다. 이 시스템은 검색 결과에 순위를 매기는데, 1990년대 후반과 2000년대 초반에 웹 검색에 혁명을 가져왔다.

이 장에서는, 다음 주제를 다룬다:

- 이산확률의 기초
- 조건부확률과 베이즈 정리
- 베이지안 스팸 필터링
- 확률변수, 평균, 분산
- 구글 페이지랭크 I

주의할 점

이 장의 컬러 이미지를 참조하려면 머리글에서 소개한 링크를 따라 이동하십시오.

이산확률의 기초

앞서 말했듯이, 무언가 예측하거나 확률을 결정하는 데 신중한 분석이 필요하므로, 확률에 대한 수학적 틀이 필요한데, 그 중심에 자리한 개념이 확률실험이다.

정의 - 확률실험

확률실험(random experiment)이란 어떤 결과가 발생할지 불확실한 프로세스를 말한다.

확률실험의 간단한 예를 든다면 동전 던지기나 주사위 굴리기인데, 두 실험 결과는 모두 불확실하다. 이 예들은 분석이 쉽지만, 날씨 예보와 같은 일부 확률실험의 분석은 훨씬 더 어렵다. 그러한 복잡도에도 불구하고, 전문가들은 온도, 습도 그리고 기타 대기 데이터를 고려하는 복잡한 기상 모델을 사용하여 확률실험에서 일어나는 결과의 가능성을 추정할 수 있다.

위 예의 공통점은 실험마다 얻는 결과가 무작위라는 점이다. 동전을 던지면 앞면 또는 뒷면이 나올 수 있다. 주사위를 던지면 1, 2, 3, 4, 5, 또는 6이 나온다. 내일 날씨는 맑거나 비가 내리거나 눈이 올지도 모른다. 이를 결과라고 부른다.

정의 - 결과, 사건, 표본공간

결과, 사건, 표본공간이 무엇인지 살펴보자:

- 확률실험을 통해 얻을 수 있는 것을 결과(outcome)라고 한다.
- 결과를 모아놓은 것 즉, 결과의 집합을 사건(event)이라고 한다.
- 표본공간(sample space) S는 확률실험을 통해 얻을 수 있는 모든 가능한 결과를 원소로 하는 집합이다.

예제 - 동전 던지기

하나의 동전을 던지는 확률실험을 생각해 보자. H는 앞면이 나오는 경우를 나타내고 T는 뒷면이 나오는 경우를 나타낸다고 하면, 이 확률실험의 표본공간 $S=\{H, T\}$이다.

동전은 앞면이나 뒷면이 나올 수 있으며, 각각이 하나의 결과이다. 사건은 결과의 집합, 즉 S의 부분집합이다. 따라서, 가능한 모든 사건은 $\varnothing$, $\{H\}$, $\{T\}$, $\{H, T\}$이다.

예제 - 여러 개의 동전 던지기

동전 한 개 말고, 동전 세 개를 차례로 던지는 확률실험을 고려해 보자. 이 경우 여러 번 동전을 던지므로, 실험 결과는 세 결과를 차례대로 나열한 것이다. 따라서 표본공간 S는 다음과 같다:

TTT	TTH	THT	THH
HTT	HTH	HHT	HHH

그림 5.1

이 확률실험에서 가능한 모든 사건을 나열한다면 매우 긴 리스트가 될 거다. 사건은 앞서 보여준 표본공간에 있는 8가지 결과의 부분집합 중 하나라는 점을 명심하자. 그렇다면 가능한 모든 사건의 수는 다음과 같다:

$$\binom{8}{0}+\binom{8}{1}+\binom{8}{2}+\binom{8}{3}+\binom{8}{4}+\binom{8}{5}+\binom{8}{6}+\binom{8}{7}+\binom{8}{8}=256$$

*4장. SciPy를 이용한 조합론*에서 조합의 계산을 다루었으므로 위 결과를 이해할 수 있을 거다.

눈치챘겠지만 동전을 무작위로 던지는 건 이진 숫자를 무작위로 선택하는 것과 같다. 나중에 좀 더 높은 수준의 예제에서 언급하겠지만, 주로 0은 뒷면을 나타내고 1은 앞면을 나타내는데, 흔하게 쓰이는 이진법 덕분에 컴퓨터 과학 응용 분야와 잘 맞아떨어진다.

확률실험과 표본공간의 개념을 다룸으로써 무작위 프로세스와 관련된 모든 사항을 확립했다. 단, 우리가 궁극적으로 추구하는 핵심적인 수치는 다루지 않았다. 다름 아닌, 각 결과의 발생 확률이다. 추측할 수 있듯이, 확률실험은 사건마다 확률값을 배정하는 고유한 방법을 가지는데 그건 바로, 사건을 입력으로 받아들여 확률을 반환하는 함수이다. 이러한 함수를 확률측도라고 한다.

정의 – 확률측도

확률측도(probability measure)는 함수 P: {사건}→[0,1]이며, 사건을 0과 1 사이의 수 즉, 확률에 매핑한다. 여기서 $P(S)=1$이며 밑에서 설명할 가산가법성(countable additivity)을 만족한다.

서로소인 사건(배반사건) $A_1, A_2, \ldots$ 에 대해, $P(A_1 \cup A_2 \cup \ldots) = P(A_1) + P(A_2) + \ldots$ 이다.

> **주의할 점**
> 이는 다음을 뜻한다: 모든 사건 쌍 A_n과 A_m에 대해 $m \neq n$이면 $A_n \cap A_m = \varnothing$ 이다. 즉, 사건은 겹치지 않으며 공통적인 결과를 공유하지도 않는다.

이 정의를 조금 풀어서 살펴보자.

확률측도 P의 공역(codomain)은 [0,1]이다. 출력값은 확률 즉, 사건이 발생할 가능성이므로 100%를 초과하거나 0% 미만이면 안 된다. 출력값이 높을수록 사건이 발생할 가능성이 크다:

> **주의할 점**
> 사건의 확률이 0이라 해도 그 사건은 일어날 수 있다. 다만, 유한집합에 대한 이산확률의 맥락에서는 일어날 수 없다. 마찬가지로 확률이 1이라고 해서 그 사건이 반드시 발생하는 건 아니다.

1. 전체 표본공간의 확률 $P(S)$는 1이다. 표본공간은 가능한 모든 결과로 구성되므로 그들 중 하나가 발생할 확률은 당연히 1이다.
2. 가산가법성이란 일련의 사건(결과의 집합)이 서로소이면(결과를 공유하지 않음), 그 일련의 사건이 발생할 확률은 개별 사건이 일어날 확률의 합으로 계산할 수 있다는 것이다.

이러한 정의로부터, 우리는 확률의 몇 가지 기본적인 성질에 쉽게 도달할 수 있다.

정리 – 확률의 기본 성질

A와 B가 서로소인 사건이면, $P(A \cup B) = P(A) + P(B)$이다:

1. $P(\varnothing) = 0$
2. $P(A^c) = 1 - P(A)$

증명:

앞의 정리는 다음과 같이 증명될 수 있다.

A와 B는 서로소인 사건이므로 가산가법성을 충족하는 확률측도 정의에서 집합 $A_1 \cup A_2 \cup \ldots$ 대신 $A \cup B$를 단순히 대입하면 $P(A \cup B) = P(A) + P(B)$이다:

1. $S = S \cup \varnothing$이고 S와 $\varnothing$는 서로소 집합이므로 위 결과와 $P(S) = 1$이라는 사실로부터 $P(S) = P(S) + P(\varnothing)$이고 $1 = 1 + P(\varnothing)$이 된다. 따라서 $P(\varnothing) = 0$이다.
2. S는 두 서로소 집합 A와 A^c의 합집합이다. 위 결과로부터, $P(S) = P(A \cup A^c) = P(A) + P(A^c)$이다. 따라서, $1 = P(A) + P(A^c)$ 또는 $P(A^c) = 1 - P(A)$를 얻는다.

아래 성질은 모두 직관적인 결과이다:

- 첫째, 사건 A 또는 사건 B가 발생할 확률은 두 사건에 겹치는 결과가 없다면 각 확률의 합이 된다.
- 둘째, 결과가 없을 확률은 0이다. 정의상, 확률실험은 결과를 가진다. 그 결과가 비록 불확실하더라도 말이다.
- 셋째, 사건 A가 발생하지 않을 확률은 발생할 확률을 1에서 뺀 값이다. 이 성질의 명백한 예를 들자면, 내일 비가 올 확률이 40%라면 비가 오지 않을 확률은 틀림없이 60%이다.

예제 – 스포츠

축구팀 레알 마드리드와 FC 바르셀로나가 다음 경기를 한다. 한 스포츠 분석가는 마드리드가 승리할 확률은 40%, 바르셀로나가 승리할 확률은 50%이며 그 외에는 무승부가 된다고 예측했다. 그렇다면 무승부가 발생할 확률은 얼마나 될까?

대부분의 확률 문제를 해결하기 위한 첫 번째 단계는 기호를 도입하는 일이다. $B=\{$*바르셀로나 승리*$\}$, $M=\{$*마드리드 승리*$\}$, $D=\{$*무승부*$\}$라 하자. 이들의 합집합이 표본공간 S를 구성한다.

무승부가 발생할 확률은 얼마나 될까? $D=(B\cup M)^c$ 즉 무승부는 바르셀로나 또는 마드리드가 경기에서 이긴 사건의 여집합이다. 따라서 위의 성질 3에 따라 다음이 성립한다:

$$P(D)=P((B\cup M)^c)=1-P(B\cup M)$$

또한, 양쪽 팀이 모두 이길 수 없으므로 B와 M은 서로소인 사건이다. 따라서 성질 1에 따라 다음이 성립한다:

$$P(B\cup M)=P(B)+P(M)=0.5+0.4=0.9$$

이는 다음을 의미한다:

$$P(D)=1-0.9=0.1$$

따라서 분석가의 예측이 정확하다고 가정할 때 무승부가 발생할 확률은 10%이다.

물론, 이 예는 단순하므로 간단히 직관을 사용하여 비공식적으로 더 빨리 해결할 수 있지만, 문제의 복잡도가 증가함에 따라 적절한 기호를 설정하고 확률의 특정 성질을 참조하는 작업은 필수이다.

다음 두 정리는 확률의 기본 성질로, 추후 살펴보게 될 몇몇 복잡한 결과를 구하는 데 필요하다.

정리 - 단조성

$A \subseteq B$이면 $P(A) \le P(B)$이다.

증명:

$B = A \cup (B-A)$ (그림의 파란색 부분 + 주황색 부분)이고 두 집합은 명백히 서로소이다:

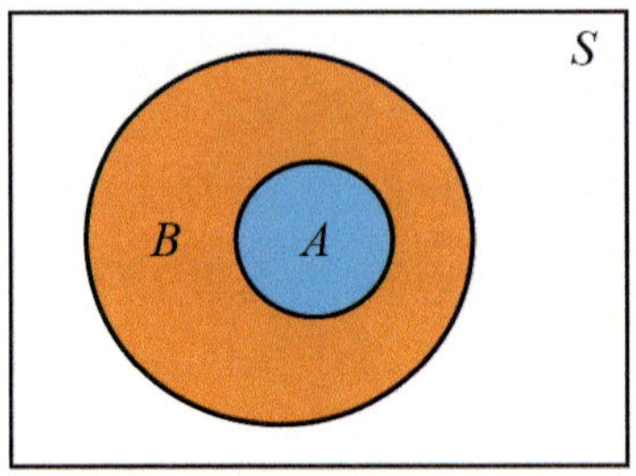

그림 5.2

그렇다면 $P(B-A)$는 확률이므로 음수가 될 수 없다. 따라서 이전 정리에 따라 $P(B) = P(A) + P(B-A) \ge P(A)$이다.

다시 말해, 단조성(monotonicity)이란 어떤 이산 사건 A에 특정 결과를 추가하여 다른 이산 사건 B를 만들 수 있다면 사건 B의 확률은 A의 확률과 같거나(모든 추가 결과의 확률이 0인 경우) 증가한다(추가 결과에 양의 확률이 있는 경우)는 사실을 의미한다.

이전의 몇 가지 정리에서는 서로소인 사건의 합집합 $A \cup B$의 확률을 계산하는 방법을 보여주었지만, 만약 A와 B가 어떤 겹치는 결과를 가진다면 어떻게 해야 할까? 포함배제의 원리는 이러한 유형의 확률을 계산할 수 있는 길을 제공한다.

정리 - 포함배제의 원리

두 사건 A와 B에 대하여, $P(A \cup B) = P(A) + P(B) - P(A \cap B)$이다.

증명:

그림에서 $A \cup B$는 주황색, 파란색 그리고 노란색의 3개 서로소 집합으로 구성되어 있다:

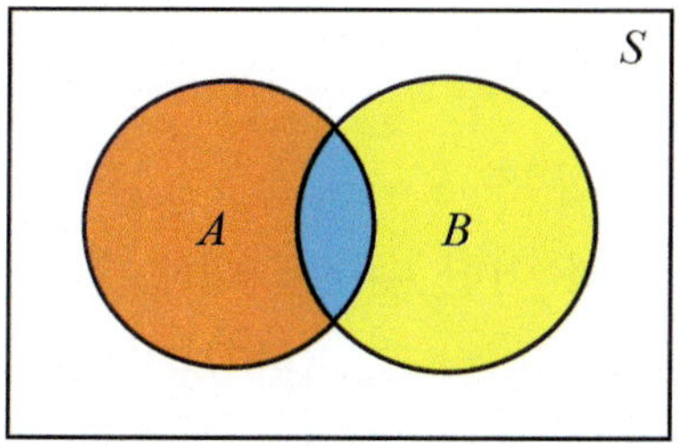

그림 5.3

$P(A)$는 주황색과 파란색 부분의 확률 합이고 $P(B)$는 노란색과 파란색 부분의 확률 합이다. 이를 모두 더하면 파란색 부분인 $A \cap B$의 확률을 한 번이 아니라 두 번 더한다. 따라서, 하나를 도로 빼면, $P(A \cup B) = P(A) + P(B) - P(A \cap B)$을 얻는다.

이 결과는 우리에게 새로운 능력을 부여한다. 서로소가 아닌 사건의 합집합에 대한 확률을 간단한 공식을 써서 계산할 수 있다.

정의 - 라플라스의 확률 (Laplacian probability)

라플라스의 확률실험은 모든 결과가 동일한 확률을 갖는 실험이다.

이 설명은 다소 단순해 보이지만, 확률측도의 성질과 결합하면 실제로 유익한 내용을 많이 제공한다.

정리 - 라플라스의 확률을 계산하기

라플라스의 확률실험을 생각해 보자:

1. 표본공간은 유한하며 $|S| = |\{s_1, s_2, \ldots, s_n\}| = n < \infty$이다.

2. 각 결과의 확률은 $\frac{1}{n}$이다.
3. 사건 $E \subseteq S$의 확률은 $\frac{|E|}{|S|}$이다.

증명:

위의 세 주장을 차례로 증명한다:

1. 표본공간을 무한 가산집합[3] $S = \{s_1, s_2, ...\}$라 가정하자. 라플라스 실험이므로 모든 $j = 1, 2, ...$과 어떤 수 c에 대해, 각 결과의 확률 $P(\{s_j\}) = c$라면 $P(S) = c + c + \cdots = \infty$이다. 그러나 P가 확률측도라면 $P(S) = 1$이어야 한다. 이는 S가 무한히 셀 수 있다는 가정과 모순되므로 S는 유한하다.
2. 바로 앞 결과에 따르면, 어떤 유한수 n에 대해 $S = \{s_1, s_2, ..., s_n\}$이다. 그래서 다음과 같이 유도할 수 있다:

$$1 = P(S) = P(\{s_1\}) + \cdots + P(\{s_n\}) = nP(\{s_j\})$$
$$\frac{1}{n} = P(\{s_j\})$$

   이는 $1/|S|$과 같다.
3. $k \leq n$일 때 $E = \{s_{i_1}, ..., s_{i_k}\} \subseteq S$라 하자. 그렇다면 다음과 같다:

$$P(E) = P(\{s_{i_1}, ..., s_{i_k}\}) = P(\{s_{i_1}\}) + \cdots + P(\{s_{i_k}\}) = kP(\{s_j\}) = \frac{k}{n} = \frac{|E|}{|S|}$$

예제 - 여러 개 동전 던지기

이전 예에서 보았듯이, 세 개의 동전 던지기에 대한 표본공간은 다음과 같다:

TTT	TTH	THT	THH
HTT	HTH	HHT	HHH

그림 5.4

3 countable set: 유한하거나 자연수와 일대일대응하는 집합

자, 명백하게, 라플라스의 확률실험이므로 모든 경우가 똑같이 발생할 가능성이 있다(동전이 공정하다고 가정하면). 그러면 각 결과의 확률은 1/8임을 알 수 있다. 이 사실을 가지고 다른 확률을 계산할 수 있다:

$$P(\{0\text{ 앞면}\}) = P(\{TTT\}) = \frac{1}{8}$$
$$P(\{1\text{ 앞면}\}) = P(\{TTH, THT, HTT\}) = \frac{3}{8}$$
$$P(\{2\text{ 앞면}\}) = P(\{THH, HTH, HHT\}) = \frac{3}{8}$$
$$P(\{3\text{ 앞면}\}) = P(\{HHH\}) = \frac{1}{8}$$

표본공간 전체를 쉽게 나열할 수 있고 사건의 크기를 쉽게 셀 수 있었기 때문에 이 예는 매우 간단했지만, 표본공간이 훨씬 큰 라플라스 사건에 대한 확률을 계산하려면 이전 장에서 배웠던 조합론의 성질을 사용해야 한다.

정의 – 독립사건(independent event)

$P(A\cap B) = P(A)P(B)$이면 두 사건 A와 B는 독립이다.

사실상, 사건 A와 B는 서로 영향을 주지 않는다는 말이다. 예를 들어, 한 동전에 앞면이 나오는 것과 다음 동전에 뒷면이 나오는 것은 독립이다.

예제 – 다수의 동전 던지기

동전 50개를 던져보자. 기본 셈 규칙에 따르면, 각각의 경우마다 앞면과 뒷면의 두 결과 중 하나가 50번 이어지기 때문에, 표본 크기는 $|S| = 2^{50} = 1{,}125{,}899{,}906{,}842{,}624$가 된다.

물론 표본 크기가 너무 커서 빠르게 나열할 수는 없지만, 그래도 확률을 계산할 수 있다. 예를 들어, 25개의 앞면을 얻을 확률을 알기 원한다고 가정하자. 다시 말하지만 이 사건을 모두 기록하는 건 비현실적이나, 정확히 25개의 앞면이 있는 경우의 집합은 50개 원소 중 25개의 앞면을 선택하는 조합의 수라 할 수 있다. 그러므로, 아래의 값을 얻는다:

$$|E_{25}| = |\{25 \text{ 앞면}\}| = \binom{50}{25} = 126,410,606,437,752$$

이는 다음과 같은 결과를 의미한다:

$$P(E_{25}) = \frac{|E_{25}|}{|S|} = \frac{126,410,606,437,752}{1,125,899,906,842,624} \approx 0.1123$$

$E_1, E_2, \ldots, E_{50}$의 확률 중 하나를 손으로 계산하는 건 쉽지만, 모든 확률을 손으로 계산하는 건 매우 느리다. 그러므로 파이썬을 사용하자. SciPy의 `binom` 함수를 통해 루프에 있는 각 인덱스 $1, 2, \ldots, 50$에 대한 이항계수를 계산하고 각 앞면 수의 확률을 출력한다.

```
# 필요한 함수를 포함하는 패키지를 가져오기
import scipy.special
import matplotlib.pyplot as plt

probabilities = []

for n in range(51):
    # n개의 앞면이 나오는 확률 계산
    probability = scipy.special.binom(50, n) / (2 ** 50)

    # 소숫점 6자리 스트링으로 변환
    probString = "{:.6f}".format(probability)

    # 확률 출력
    print('Probability of ' + str(n) + ' heads: ' + probString)

    # 리스트에 확률을 추가
    probabilities.append(probability)

# 확률에 대한 산점도 생성
plt.plot(range(51), probabilities, '-o')
```

```
plt.axis([0, 50, 0, 0.15])
plt.show()
```

다음은 출력의 일부이다:

```
Probability of 22 heads: 0.078826
Probability of 23 heads: 0.095962
Probability of 24 heads: 0.107957
Probability of 25 heads: 0.112275
Probability of 26 heads: 0.107957
```

조금 전 계산했듯이 $P(\{25\text{ 앞면}\}) \approx 0.1123$이다. 마지막 세 줄의 코드로부터 다음과 같은 산점도를 표시할 수 있다:

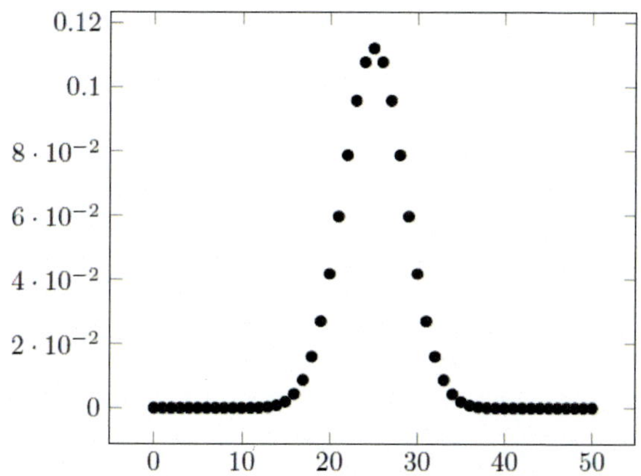

그림 5.5

조건부확률과 베이즈 정리

일상생활에서, 과거에 대한 지식은 미래에 대한 예측을 제공한다. 예를 들어, 농구 리그에서 최고 성적의 팀과 최악의 성적을 기록하고 있는 팀이 대결한다면,

그 사실을 인지하지 못한 상황에 비해서 첫 번째 팀이 승리할 확률을 더 높게 추정할 것이다.

이 아이디어를 이 장의 맥락에서 말하자면, 어떤 사건이 발생했음을 알고 있는 상태에서 또 다른 사건이 발생할 확률을 계산하는 일이다. 이것이 바로 조건부확률로, 시간이 지남에 따라 정보를 학습해 나가는 상황에 적용한다. 이 개념은 이후에 발생하는 후속 사건에 대한 확률 계산에 영향을 미치며 머신러닝, 인공지능 그리고 여러 다른 분야에서 매우 중요하다.

정의 – 조건부확률

두 사건 A와 B에 대하여, $P(B) > 0$일 때 B에 대한 A의 조건부확률(conditional probability)은 다음과 같다:

$$P(A \mid B) = \frac{P(A \cap B)}{P(B)}$$

이는 B가 발생한다는 전제하에 A가 발생한 횟수의 비율이다[4].

예제 – 온도와 강수량

1977년부터 2018년까지 매년 5월 11일에 플로리다주 멜버른의 온도와 강우 여부에 대한 데이터를 모았다고 가정해 보자. *그림 5.6*은 온도 구간별 고온 빈도와 강우 빈도에 관한 데이터이다.

우리는 강수량과 기온의 관계가 시간이 흐름에 따라 크게 변하지 않는다고 가정한다. 특정 장소의 온도 센서가 현재 고장인데 강우 여부를 탐지할 수는 있다고 가정하면, 비가 온다고 했을 때 온도가 각 온도 구간 내에 해당할 확률은 어떻게 될까?

4 표본공간을 B로 생각하자는 거다. 따라서, B가 일어나지 않는 경우는 고려하지 않는다.

온도	빈도	비의 빈도
51-60	4	1
61-70	12	5
71-80	13	10
81-90	18	8
91-100	3	1
합계	50	25

그림 5.6

$B=\{비가 온다\}$이고 T를 온도라고 하자:

$$P(51 \le T \le 60 \mid B) = \frac{P(\{51 \le T \le 60\} \cap B)}{P(B)} = \frac{\frac{1}{50}}{\frac{25}{50}} = \frac{1}{25}$$

마찬가지로 다음과 같은 결과를 얻는다:

$$P(61 \le T \le 70 \mid B) = \frac{P(\{61 \le T \le 70\} \cap B)}{P(B)} = \frac{\frac{5}{50}}{\frac{25}{50}} = \frac{5}{25}$$

$$P(71 \le T \le 80 \mid B) = \frac{P(\{71 \le T \le 80\} \cap B)}{P(B)} = \frac{\frac{10}{50}}{\frac{25}{50}} = \frac{10}{25}$$

$$P(81 \le T \le 90 \mid B) = \frac{P(\{81 \le T \le 90\} \cap B)}{P(B)} = \frac{\frac{8}{50}}{\frac{25}{50}} = \frac{8}{25}$$

$$P(91 \le T \le 100 \mid B) = \frac{P(\{91 \le T \le 100\} \cap B)}{P(B)} = \frac{\frac{1}{50}}{\frac{25}{50}} = \frac{1}{25}$$

고장이 난 온도 센서로 인해 온도를 측정할 수 없지만, 비가 내렸다는 조건 아래에서 온도가 각 구간에 속할 확률을 계산하였고, 온도가 71도에서 90도 사이일 확률이 0.72로 꽤 높다.

다음으로는 확률에 관한 몇 가지 유용한 정리를 규명하고, 이러한 결과를 어떻게 적용할 수 있는지 예를 들어 설명한다.

정리 – 확률의 곱셈법칙(Multiplication Rule)

두 사건 A와 B에 대해 다음 명제는 참이다.

1. $P(B)>0$이면 $P(A\cap B)=P(B)P(A\mid B)$이다.
2. $P(A)>0$이면 $P(A\cap B)=P(A)P(B\mid A)$이다.

증명:

주장 1에 대해서, 조건부확률의 정의에 따라 $P(A\mid B)=\dfrac{P(A\cap B)}{P(B)}$이다. 양변에 $P(B)$를 곱하면 $P(B)P(A\mid B)=P(A\cap B)$가 된다. 사건 A와 B의 역할을 바꾸면 주장 2를 얻는다.

앞서, 사건 A와 B가 독립인 경우, 단순히 두 확률을 곱함으로써 $P(A\cap B)$를 얻는 간단한 공식을 제공했지만, 이 정리의 공식은 어떤 경우에도 작동하므로 새로운 유형의 확률을 계산할 수 있다.

정리 – 전체 확률의 법칙(Law of Total Probability)

$A_1, A_2, \ldots$는 표본공간 S를 분할하는 사건이고 B는 임의의 사건이라 하자:

$$P(B)=\sum_{n=1}^{\infty}P(A_n\cap B)=\sum_{n=1}^{\infty}P(B\mid A_n)P(A_n)$$

증명:

S는 서로소 집합 $A_1, A_2, \ldots$으로 분할되고, B는 S의 부분집합이므로, B도 서로소 집합으로 나뉘어 $A_1, A_2, \ldots$에 속하게 되며 $B=(A_1\cap B)\cup(A_2\cap B)\cup\ldots$이다. 가산가법성에 의해 $P(B)$는 각 확률의 합이다. 방정식의 가장 오른쪽 항을 보면, 확률의 곱셈 법칙을 사용하여 $P(A_n\cap B)$를 $P(B\mid A_n)P(A_n)$으로 표현하였다.

전체 확률의 법칙은 표본공간을 분할하는 사건들에 대한 어떤 사건 B의 조건부 확률이 주어졌을 때 사건 B의 확률을 구하는 방법이므로 매우 가치가 있다.

즉, 모든 $i \neq j$에 대해, $A_i \cap A_j = \varnothing$ 이고 $\bigcup_{i=1}^{\infty} A_i = A_1 \cup A_2 \cup \ldots = S$이다.

정리 – 베이즈 정리(Bayes' theorem)

A와 B를 양의 확률(즉, $P(A) > 0$이고 $P(B) > 0$)의 사건이라고 하자:

$$P(B)P(A \mid B) = P(A)P(B \mid A)$$

마찬가지로 다음도 성립한다:

$$P(A \mid B) = \frac{P(B \mid A)P(A)}{P(B)}$$

증명:

확률의 곱셈 법칙의 두 결과를 아래 첫번째 식에 각각 대입하고, 양변을 $P(B)$로 나누면 다음과 같다:

$$P(A \cap B) = P(A \cap B)$$
$$P(B)P(A \mid B) = P(A)P(B \mid A)$$
$$P(A \mid B) = \frac{P(B \mid A)P(A)}{P(B)}$$

베이즈 정리는 조건부확률의 정의를 써서 매우 간단히 증명되지만, 확률론에서 가장 중요한 결과 중 하나이다. 특히 컴퓨터 비전에서 연속적인 비디오 피드, 시간 경과에 따른 주가 등등 확률값을 갱신하려는 목적으로 시간 경과에 따른 확률실험 정보를 수집하는 응용 분야에서 특히 중요하다.

베이지안 스팸 필터링

이메일을 스팸으로 인식하면 이를 표시하는 필터가 있다고 가정하자. 그리고 사건 $F=\{$이메일을 스팸으로 표시$\}$이고 사건 $T=\{$이메일은 스팸$\}$이라 하자. 스팸 필터를 사용해 본 적이 있다면, 이것이 불완전하다는 사실을 알고 있을 거다. 따라서, 두 집합은 일치하지 않는다. 스팸 필터가 정상 메시지를 스팸으로 인지할 때도 있고 반대로 스팸을 탐지하지 못할 때도 있다.

스팸 필터 개발자가 대량의 이메일 표본을 대상으로 광범위한 테스트를 실시하여 다음과 같은 결과를 얻었다고 가정하자:

- 스팸 메일이 필터에 의해 탐지될 확률(true positives[5])은 0.95 즉, $P(F \mid T) = 0.95$이다.
- 정상 메일이 필터에 의해 탐지되지 않을 확률(true negatives[6])은 0.98 즉, $P(F^c \mid T^c) = 0.98$이다.
- 선택된 표본에서 이메일이 스팸일 확률은 0.1 즉, $P(T) = 0.1$이다.

필터에 의해 이메일이 탐지되었다고 가정하자. 그 이메일이 실제로 스팸일 가능성은 얼마나 될까? 즉, $P(T \mid F)$는 얼마인가? 베이즈 정리에 따르면 다음과 같다:

$$P(T \mid F) = \frac{P(T)P(F \mid T)}{P(F)}$$

임의의 이메일이 스팸으로 표시될 확률 $P(F)$가 주어지지 않았지만, 전체 확률의 법칙을 사용하면 알아낼 수 있다:

$$P(F) = P(F \mid T)P(T) + P(F \mid T^c)P(T^c)$$

그리고,

$$P(F \mid T^c) = 1 - P(F^c \mid T^c) = 1 - 0.98 = 0.02$$
$$P(T^c) = 1 - P(T) = 1 - 0.1 = 0.9$$

이므로 답은 다음과 같다:

$$P(T \mid F) = \frac{(0.1)(0.95)}{(0.95)(0.1) + (0.02)(0.9)} \approx 0.84$$

---

5 탐지해야 할 것을 탐지한 것으로 정상적인 탐지이다.

6 탐지하지 않아야 할 것을 탐지하지 않는 것으로 역시 정상적인 탐지이다.

따라서 처음엔 필터가 꽤 적당하게 보였지만, 이메일이 스팸으로 표시되더라도 실제로 스팸일 확률은 84%에 불과하다.

이 단원에서는 베이지안 확률이 보통 어떻게 스팸 이메일 메시지를 식별하는 데 사용되는지 보여주었다. 스팸 필터링은 객체를 범주별로 자동으로 나누는 분류 문제(classification problem)의 한 예이다. 다른 많은 분류 문제에서 이와 동일한 아이디어를 매우 흔하게 사용하며 베이지안 확률은 이 분야의 주요 도구[7] 중 하나이다.

다음 단원에서는, 확률변수에 대한 이론을 계속해서 이어간다. 그리고 이를 베이지안 개념과 결합하여 인터넷 시대에 가장 영향력 있는 아이디어 중 하나인 구글의 페이지랭크 알고리즘을 분석하기로 한다.

확률변수, 평균, 분산

간단히 말하자면, **확률변수**(random variable)는 확률실험의 각 결과를 하나의 수치로 대응시키는 함수라고 할 수 있다. 확률측도는 결과와 사건에 확률을 할당하므로 확률변수가 특정 값을 가질 확률을 정의할 수 있다. 엄밀하게 정의하면 다음과 같다.

정의 – 확률변수

R이 이산집합일 때, 함수 $X: S \to R$은 이산확률변수이다.

> **주의할 점**
>
> 확률변수에는 연속확률변수도 있는데, 이는 이산집합뿐만 아니라 셀 수 없는 집합(비가산집합)의 값을 취한다. 그러나, 연속확률변수는 이 책의 범위를 벗어난다.

---

7 베이지안 확률 외에도 의사결정트리, SVM, 인공신경망 등의 도구를 사용할 수 있다.

예제 – 데이터 전송 에러

디지털 통신 채널을 통해 전송되는 데이터는 가장 낮은 수준에서 보면 일련의 이진 숫자이다. 때로는 잡음이나 그 밖의 왜곡이 송신 에러의 원인이 된다. 그러한 오류를 정량화하는 게 중요하지만, 무작위로 발생하기 때문에 우리가 할 수 있는 최선은 에러 개수에 따른 확률을 추정하는 일이다.

8비트로 이루어진 바이트를 전송한다고 가정하자. 여기서 각 자릿수가 에러일 확률이 p이고, 모든 자릿수는 서로 관련이 없다. 그러면 수신된 8비트 중 k개가 부정확할 확률은 얼마일까?

각 자릿수의 정확도가 $1-p$이고 서로 독립적이므로, 처음 k개의 비트가 부정확하고 나머지 $8-k$개의 비트가 정확할 확률은 $p^k(1-p)^{8-k}$이다. 그러나, k개 에러의 위치를 8비트 중 $\binom{8}{k}$가지 경우로 선택할 수 있다. 따라서 X가 에러 개수를 나타내는 확률변수라면, $k=1, 2, \ldots, 8$에 대해 다음과 같이 정리할 수 있다:

$$P(X=k)=\binom{8}{k}p^k(1-p)^{8-k}$$

이러한 유형의 이산확률변수를 이항확률변수(binomial random variable)[8]라고 하며, 확률질량함수(PMF, probability mass function)[9]를 구성한다.

반면, 어떤 확률변수는 이미 잘 알려진 수학적 확률에 기반하여 구하는 게 어려울지도 모르며 다음 예에서 보듯이 경험적 데이터로부터 구성될 수 있다.

예제 – 경험적 확률변수(empirical random variable)

숫자 1~10의 10면 주사위를 생각해 보자. 하지만, 어느 면은 다른 면보다 크고

---

8 오직 두 가지의 결과(성공과 실패)만 존재하고 성공할 확률이 p인 확률실험을 독립적으로 n번 시행할 때 성공할 횟수(또는 실패할 횟수)

9 이산확률변수의 확률분포에 대한 정보를 모두 담고 있는 함수이다. 한편, 연속확률변수의 확률분포를 나타내는 함수는 확률밀도함수(PDF, probability density function)라고 한다.

무게 분포를 알 수 없는 불규칙한 형상으로 되어 있을 거다. 이때 각각의 값이 나올 확률을 알고 싶다.

주사위를 굴려서 나온 값을 확률변수 X라 하자. PMF를 추정하기 위한 한 가지 방법은 주사위를 반복적으로 굴려서 각 숫자가 나오는 횟수를 세는 것이다. 주사위를 1,000번 굴려 다음과 같은 빈도수를 얻었다고 가정하자:

값	1	2	3	4	5	6	7	8	9	10
빈도	129	242	53	16	57	95	228	33	101	46
비율	0.129	0.242	0.053	0.016	0.057	0.095	0.228	0.033	0.101	0.046

그림 5.7

이 그림에서 비율은 X의 PMF를 경험적으로 추정하는 역할을 한다.

정의 – 기댓값

$X: S \to \{r_1, r_2, \ldots\}$를 이산확률변수라고 하자. X의 기댓값(expectation)은 다음과 같이 정의된다:

$$E[X] = r_1 P(X = r_1) + r_2 P(X = r_2) + \cdots$$

$$= \sum_{i=1}^{\infty} r_i P(X = r_i)$$

합이 무한대로 발산하지 않는다면 $E[X]$을 X의 평균(mean)이라고도 한다. 또한 g가 함수일 경우 다음 식이 성립한다:

$$E[g(X)] = \sum_{i=1}^{\infty} g(r_i) P(X = r_i)$$

기댓값은 가중평균(weighted average)과 같다는 점에 주의하자[10].

10 기댓값 공식에서 보듯이, 단순한 산술평균이 아니라 각 확률을 가중치로 하는 가중평균이다.

예제 – 경험적 확률변수

앞의 예제를 계속 이어가 보면, 주사위 굴리기의 결과를 나타내는 확률변수 X의 기댓값을 계산할 수 있다:

$$\begin{aligned} E[X] &= (1)(0.129)+(2)(0.242)+(3)(0.053)+(4)(0.016)+(5)(0.057) \\ &\quad +(6)(0.095)+(7)(0.228)+(8)(0.033)+(9)(0.101)+(10)(0.046) \\ &= 4.92 \end{aligned}$$

주사위 굴리기의 기댓값은 4.92이다.

확률변수의 기댓값은 중요하다. 그 이유는 해당 확률실험을 계속해서 반복적으로 실행한다면 기댓값은 확률변수의 평균치를 말해주기 때문이다. 하지만 확률변수에 대한 궁금한 정보는 이뿐만이 아니다.

예를 들어, 공정한 6면 주사위를 굴리는 게임에서 "1, 2, 3, 또는 4가 나온다."에 \$100,000를 걸면 평균적으로 약 \$34,000을 따게 되겠지만, 그렇다고 돈을 거는 게 좋은 생각이라는 의미는 아니다! 매번 결과는 +\$100,000와 −\$100,000 둘 중 하나이고, 그 사이에는 아무것도 없으므로 확률변수는 평균에서 멀리 떨어진 값들만 취한다.

이 예에서 볼 수 있듯이, 또 다른 중요한 고려 사항은 확률변수가 평균과 얼마나 달라지는지이며, 따라서 확률변수의 확산 정도를 말해주는 분산을 측정한다.

정의 – 분산과 표준편차

$X: S \to R$을 이산확률변수라고 하면 X의 분산(variance)은 다음과 같다:

$$\sigma^2 = Var(X) = E\left[(X - E[X])^2\right]$$

X의 표준편차(standard deviation)는 다음과 같다:

$$\sigma = \sqrt{\sigma^2}$$

다음 결과는 분산을 계산할 때 앞의 정의보다 더 실용적으로 사용할 수 있는 공식이다.

정리 – 실용적인 분산 계산

X가 이산확률변수라면 다음이 성립한다:

$$Var(X) = E[X^2] - E[X]^2$$

증명:

정의에 따르면 다음은 참이다:

$$\begin{aligned} Var(X) &= E[(X - E[X])^2] \\ &= \sum_{i=1}^{\infty}(s_i - E[X])^2 P(X = s_i) \\ &= \sum_{i=1}^{\infty} s_i^2 P(X = s_i) - 2E[X]\sum_{i=1}^{\infty} s_i P(X = s_i) + E[X]^2 \sum_{i=1}^{\infty} P(X = s_i) \\ &= E[X^2] - 2E[X]E[X] + E[X]^2 \\ &= E[X^2] - E[X]^2 \end{aligned}$$

예제 – 경험적 확률변수

불규칙한 10면 주사위에 대한 예제를 계속 이어가 보면, 분산을 계산할 수 있다. $E[X] = 4.92$임을 상기하자. 먼저 다음을 계산한다:

$$\begin{aligned} E[X^2] = &\ (1^2)(0.129) + (2^2)(0.242) + (3^2)(0.053) + (4^2)(0.016) + (5^2)(0.057) \\ &+ (6^2)(0.095) + (7^2)(0.228) + (8^2)(0.033) + (9^2)(0.101) + (10^2)(0.046) \\ = &\ 32.74 \end{aligned}$$

이를 이용하여 다음 결과를 얻는다:

$$Var(X) = E[X^2] - E[X]^2 = 32.74 - (4.92)^2 = 8.5336$$

구글 페이지랭크 I

1990년대 후반에 야후, 알타비스타, 애스크 지브스 등 많은 인터넷 검색 엔진이 있었지만, 2000년대 초반에 등장한 구글은 가장 인기 있는 검색 엔진으로 빠르게 모든 걸 대체했고 20년 넘게 인기를 유지하고 있는데, 주된 이유는 사용자들이 구글 웹 사이트에 엄청나게 몰려들 정도로 검색 결과의 품질이 매우 높았기 때문이다. 구글은 웹 검색에 새로운 접근 방식을 사용했고 매우 좋은 결과를 낳았다.

1996년에 당시 스탠포드대학교 학생이자 나중에 구글을 공동 창업한 Larry Page와 Sergey Brin(Rajeev Motwani와 Terry Winograd와 같은 연구자들과도 함께)이 개발한 이 알고리즘은 페이지랭크(PageRank)라고 불렸다. 구글의 주요 검색 알고리즘은 1996년 이래로 확실히 발전했지만, 그 기본은 여전히 페이지랭크 알고리즘이다.

페이지랭크의 핵심 아이디어는 그 당시 대부분의 다른 검색 도구처럼 단순히 사용자 검색어와 가장 가깝게 일치하는 웹 사이트를 찾는 게 아니라, 일치하는 웹 사이트마다 중요도에 따라 가중치를 부여하고 중요도가 높은 웹 사이트일수록 높은 순위를 매겨 검색 결과 리스트에 먼저 표시한다는 것이다. 웹 페이지의 중요도는 해당 페이지로 향하는 링크의 수와 링크의 품질을 계산하여 측정한다. 그러므로 중요도가 높은 상위 순위의 웹 페이지로부터 많이 링크될수록 웹 페이지 순위가 높아진다.

페이지랭크는 독창적이긴 하지만 실제로는 확률을 단순하게 활용한 결과이다. 이 장에서 전개해 온 개념을 이용하면 페이지랭크의 주요 아이디어를 쉽게 이해할 수 있다. N개의 웹 페이지를 가진 인터넷 I가 있다고 가정하자:

$$I = \{W_1, W_2, \ldots, W_N\}$$

I에 대해, 다음 두 함수를 정의한다:

1. 진출링크수 $C: I \to \{0, 1, 2, \ldots, N-1\}$. 여기서 $C(W_j)$는 웹 페이지 W_j에서 다른 페이지로 나가는 링크의 수이다. 단, 자신으로 향하는 링크는 제외하

며 같은 웹 페이지로 향하는 복수의 링크는 하나의 링크로 취급한다.

2. 페이지랭크 $PR: I \to [0,1]$. 여기서 $PR(W_j)$는 다음과 같이 계산된다:

$$PR(W_j) = \frac{1-d}{N} + d \sum_{W_i \in M(W_j)} \frac{PR(W_i)}{C(W_i)}$$

$M(W_j)$는 W_j에 링크를 건 웹 페이지 집합이다. 즉, W_j의 페이지랭크는 W_j에 링크를 건 모든 웹 페이지에 대해 진출링크수 당 페이지랭크를 구하고 이들의 합을 d배하여 $\frac{1-d}{N}$에다가 더한 값이다.

상수 $d \in (0,1)$를 감쇠율(damping factor)이라고 한다. (구글이 나중에 조정했을지도 모르지만, 최초 논문[11]에서는 $d=0.85$로 설정하였다.) d값과 무관하게, 함수 PR은 $W_1, W_2, \ldots, W_N$에 확률을 배정하는 확률질량함수임을 증명할 수 있다. (수학적으로 말하자면 확률질량함수가 배정하는 확률의 합은 1이므로 이를 증명하면 된다.)

> **주의할 점**
> 문헌에 따라 PR 계산식의 첫 번째 항에 대해 약간의 혼동이 있다. 때로는 N이 분모에서 제외되기도 하는데, 이렇게 하더라도 중대한 영향을 미치지는 않지만, 이 N이 없으면 페이지랭크 값들이 확률질량함수를 형성하지 못한다.

보다 직관적으로 이 확률을 해석할 수 있다. 페이지랭크에서는 다음과 같이 가정한다: 인터넷을 검색하는 가상의 인물이 있는데, 이 사람은 무작위로 링크를 클릭하며 결국은 어떤 웹 페이지에 도달한다. d는 어느 단계든 이 사람이 후속 링크를 클릭할 확률을 나타낸다. 웹 페이지의 페이지랭크 $PR(W_j)$는 이렇게 무작위로 클릭하는 웹 서퍼가 웹 페이지 W_j에 도달할 확률을 나타낸다[12].

---

11 Sergey Brin and Lawrence Page, "The Anatomy of a Large-Scale Hypertextual Web Search Engine", Computer Networks and ISDN Systems. 30(1-7):107-117, April 1998.

예를 들어, $N=5$라 가정하자. 즉, 이 작은 인터넷에는 웹 페이지가 5개밖에 없다. 물론 이는 비현실적으로 소규모이긴 하지만, 페이지랭크가 어떻게 동작하는지 그려 볼 수 있다. $d=0.85$이고, 웹 페이지 간에 다음과 같은 링크 구조가 있다고 가정해 보자:

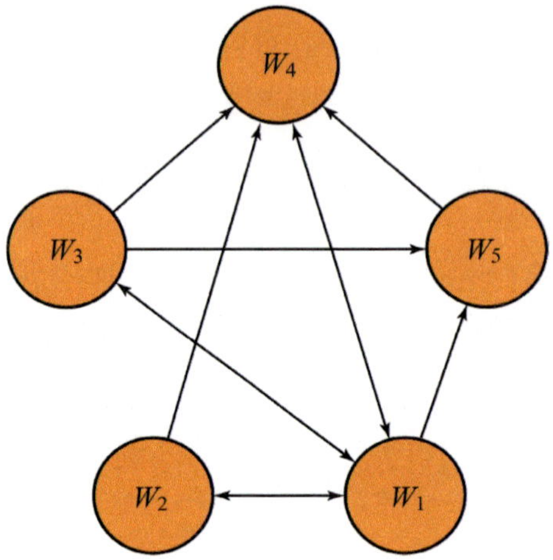

그림 5.8

- W_1은 W_2, W_3, W_4, W_5에 링크를 걸었으므로 $C(W_1)=4$이다.
- W_2는 W_1, W_4에 링크를 걸었으므로 $C(W_2)=2$이다.
- W_3는 W_1, W_4, W_5에 링크를 걸었으므로 $C(W_3)=3$이다.
- W_4는 W_1에 링크를 걸었으므로 $C(W_4)=1$이다.
- W_5는 W_4에 링크를 걸었으므로 $C(W_5)=1$이다.

12 이를 random surfer model이라고 하는데 웹 서핑을 할 때 두 가지 이동 방법(북마크 등을 이용하여 직접 이동 또는 페이지 링크를 따라 이동)만 있다고 가정한다. 따라서 $PR(W_j)$ 계산식의 의미는 한마디로 다음과 같다: 페이지 W_j에 도달할 확률 = 직접 W_j에 도달할 확률 + 링크를 따라 W_j에 도달할 확률

앞에서 정의한 $PR(W_j)$ 계산식에서는 $i \neq j$인 다른 모든 $PR(W_i)$를 알아야 하므로 페이지랭크를 바로 계산할 수 없다. 일반적으로, 최초 페이지랭크는 모두 같다고 즉, $1/N = 1/5$로 가정하고, 링크 정보를 사용하여 새 페이지랭크를 반복적으로 계산한다.

두 번째 반복에서 페이지랭크는 다음과 같다:

$$
\begin{aligned}
PR(W_1) &= \frac{1-d}{N} + d\left(\frac{PR(W_2)}{C(W_2)} + \frac{PR(W_3)}{C(W_3)} + \frac{PR(W_4)}{C(W_4)}\right) = 0.34 \\
PR(W_2) &= \frac{1-d}{N} + d\left(\frac{PR(W_1)}{C(W_1)}\right) = 0.07 \\
PR(W_3) &= \frac{1-d}{N} + d\left(\frac{PR(W_1)}{C(W_1)}\right) = 0.07 \\
PR(W_4) &= \frac{1-d}{N} + d\left(\frac{PR(W_1)}{C(W_1)} + \frac{PR(W_2)}{C(W_2)} + \frac{PR(W_3)}{C(W_3)} + \frac{PR(W_5)}{C(W_5)}\right) = 0.38 \\
PR(W_5) &= \frac{1-d}{N} + d\left(\frac{PR(W_1)}{C(W_1)} + \frac{PR(W_3)}{C(W_3)}\right) = 0.13
\end{aligned}
$$

그림 5.9

웹 페이지 W_1과 W_4의 순위가 가장 높다는 것을 알 수 있으며, 이 웹 페이지들이 다이어그램에서 진입 링크를 가장 많이 가지기 때문에 충분히 타당한 결과이다. 또한 앞에서 PR을 확률질량함수라고 주장한 바대로, 5개 페이지랭크 값의 합이 1임을 알 수 있다. 실제 현실에서는 이 과정이 여러 번 반복된다. 이때, 계산된 페이지랭크를 다음 단계의 입력으로 사용하며, 시간이 지나면서 변경되는 최신 링크 정보도 반영한다[13].

확률론에 근거한 이 아이디어는 구글의 페이지랭크 알고리즘이 어떻게 작동하는지 설명해 주지만, 이게 전부는 아니다. 왜냐하면 단지 5개의 웹 페이지로 구성

13 구글에서는 웹 정보를 최신 상태로 유지하기 위해 인터넷을 끊임없이 탐색하고 웹 페이지에서 데이터를 수집한다. 새로운 또는 업데이트된 웹 페이지를 찾아 검색 엔진에 추가하는 과정을 웹 크롤링(crawling)이라 하고 이를 자동으로 처리하는 프로그램을 웹 크롤러(crawler)라 한다. 구글은 웹 크롤링이 끝날 때마다 각 웹 페이지에 대한 페이지랭크를 재계산한다.

된 작은 모임만을 고려했기 때문이다. 페이지랭크를 전체 인터넷으로 확장하려면 선형대수학이 필요하다. 우리는 선형대수의 핵심을 *6장. 선형대수의 계산 알고리즘*에서 다룬다.

요약

이 장에서는 확률론의 핵심 개념, 특히 이산확률에 대해 주로 논의했다. 이를 통해 사건이 발생할 확률, 즉 사건이 발생할 가능성을 계산할 수 있다. 그런 다음 이러한 개념을 현대의 몇 가지 대중적인 혁신 분야에 적용했다.

먼저 표본공간, 사건 집합, 확률측도로 구성된 확률공간을 구성했다. 이러한 주제의 정의를 바탕으로 확률의 기본 특성 및 사건의 합집합과 교집합의 확률을 계산하는 공식을 다루었다. 이 논의는 중요한 유형의 확률공간으로 이어졌는데 바로, 각 결과가 동등하게 발생한다고 가정하는 라플라스 공간이다. 이는 다양한 확률 계산 문제를 *4장. SciPy를 이용한 조합론*에서 배운 셈 문제로 단순화시킨다.

그런 다음, 조건부확률을 학습했는데, 근본 개념은 새로운 지식을 얻으면 확률 계산에 영향을 미친다는 사실이다. 이 아이디어를 바탕으로 베이즈 정리와 전체 확률의 법칙을 포함한 몇 가지 유용한 결과를 끌어내었고, 이메일을 정상 또는 스팸으로 자동 분류하는 분류 문제(베이지안 스팸 필터링)에 적용했다.

마지막으로 확률변수, 평균, 분산에 대한 확률 이론을 정리했다. 이러한 아이디어는 베이지안 확률과 더불어 웹 검색 결과에 순위를 매기는 구글 페이지랭크 접근법에 대해 논의할 수 있게 해주었다. 다음 장에서는 선형대수에서 사용되는 계산 알고리즘에 대해 알아볼 것이다.

제 II 부

데이터 과학과 컴퓨터 과학에서의 이산수학 구현

여기에서는 이산수학을 컴퓨터 과학의 핵심 개념에 적용하는 주제에 대해 다룬다. 구체적으로, 선형대수학, 최악의 경우와 평균적인 경우에 대한 알고리즘 복잡도, 그래프·트리·네트워크의 특성 저장과 추출, 그래프 탐색과 네트워크에서 최단 경로 찾기를 살펴볼 것이다.

각 장의 내용은 다음과 같다:

CHAPTER 6
선형대수의 계산 알고리즘

이 장에서는 컴퓨터 과학과 머신러닝 문제에서 흔하게 사용되는 선형대수의 표준 방법과 알고리즘을 다룬다. 선형대수학은 하나의 방정식이 아니라 여러 방정식을 동시에 만족시키는 수의 집합을 찾는 문제인 연립방정식에 초점을 맞추는데, 행렬이라는 특별한 유형의 배열을 사용한다. 행렬은 매우 다양한 컴퓨터 과학 응용 분야에 중추적 역할을 하는 트리, 그래프, 네트워크 구조를 직접 모델링할 수 있으며, 이 책의 뒷부분에서 적용하려는 모든 아이디어, 그중에서도 구글의 페이지랭크 뒤에 감춰져 있는 수학도 모델링할 수 있다. 연립방정식은 회귀분석과 머신러닝의 핵심이다.

우리는 먼저 연립방정식 풀이를 기하학적 그리고 계산적 관점에서 깊게 탐구하고 나서, 추후 이 방법을 확장하여 더 큰 문제를 파이썬 알고리즘으로 해결하려 한다. 왜냐하면 대규모 문제를 손으로 풀기 위해 해야 할 엄청난 양의 작업은 비현실적이기 때문이다.

이 장의 주제에 관련한 수학적 내용에 대해서는 독자들이 재교육이라 느낄 정도로 최대한 빠짐없이 기술하였다. 그러나, 계산 알고리즘과 파이썬 함수는 새로울 가능성이 높다.

이 장에서는 다음 주제를 다룬다:

- 연립일차방정식의 이해
- 행렬 그리고 연립일차방정식의 행렬 표현
- 가우스 소거법을 이용한 소규모 연립일차방정식의 풀이
- NumPy를 이용한 대규모 연립일차방정식의 풀이

이 장은 주로 선형대수의 수학과 그 알고리즘을 엄밀하게 다루고 있지만, 이 책의 나머지 대부분의 장에서는 실용적인 문제에 적용해 볼 예정이다. 이 장을 마치면 연립방정식이 무엇인지 이해하게 될 것이고, 작은 문제를 수작업으로 해결하는 방법과 큰 문제를 파이썬의 NumPy 함수로 해결하는 방법을 배우게 될 것이다. 또한 행렬을 학습하고, 수작업으로 그리고 파이썬으로 어떻게 행렬 연산을 수행하는지 배운다.

> **주의할 점**
> 이 장의 컬러 이미지를 참조하려면 머리글에서 소개한 링크를 따라 이동하십시오.

연립일차방정식 이해하기

직선의 그래프로 나타낼 수 있는 두 변수의 방정식 즉, 일차방정식(linear equation)은 모든 기초 대수 과정의 핵심 부분 중 하나이다. 이는 단순한 비례 관계를 훌륭하게 모델링한다. 하지만, 두 개 이상의 변수를 포함하는 여러 일차방정식을 동시에 처리하면, 앞으로 알게 되겠지만, 훨씬 더 복잡한 상황의 모델링이 가능하다.

이 단원에서는 우리에게 친숙한 방정식에 대해 논의한 다음, 여러 일차방정식을 한꺼번에 모두 해결하는 연립일차방정식(linear system of equations)의 개념을 다룬다. 또한 두 개 이상의 변수를 포함하는 일차방정식과 연립일차방정식을 정의하고 이를 손으로 푸는 방법을 보여준다.

정의 – 두 변수의 일차방정식

변수 x_1과 x_2에 대한 일차방정식은 실수 a_1, a_2, b에 대해 $a_1x_1+a_2x_2=b$ 형식으로 쓸 수 있는 방정식이다. 이 방정식의 해는 방정식을 만족하는 모든 순서쌍 $(x_1, x_2) \in R^2$이다.

정의 – 데카르트 좌표평면

데카르트 좌표평면(Cartesian coordinate plane)은 좌표 순서쌍 (x_1, x_2)에 대응하는 점을 찍을 수 있는 2D 평면이다. 첫 번째 좌표 x_1은 점의 수평 위치를 나타내고 두 번째 좌표 x_2는 점의 수직 위치를 나타낸다:

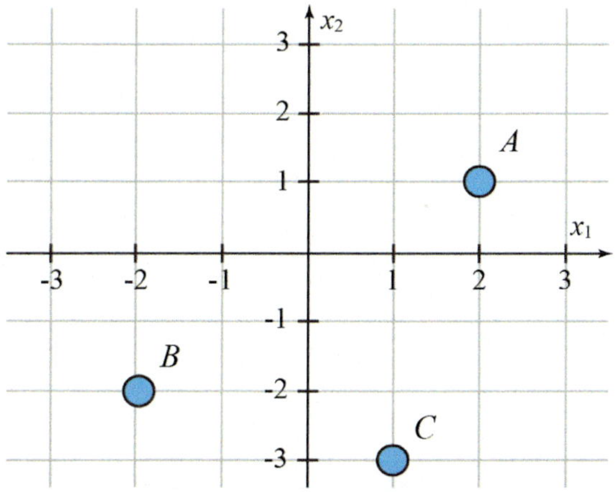

그림 6.1 점 A(2,1), B(−2,−2), C(1,−3)를 표시한 데카르트 좌표평면

일부 독자들은 x와 y로 표시된 좌표축과 (x, y) 좌표를 보는 방식에 익숙할지 모르지만, 우리는 차원을 늘려 이론을 전개할 것이기 때문에 x_1과 x_2를 사용한다.

예를 들어, 3D 공간에는 좌우 축과 상하 축뿐만 아니라 x_3로 표시할 앞뒤축이 존재한다. 우리 눈은 3차원 공간에서 보도록 적응되어 있어, 더 높은 차원 공간을 완전히 시각화하기는 어렵다. 그러나, 4D 공간에는 x_4라고 표시할 네 번째 축이, 5D 공간에는 다섯 번째 축이 존재한다.

예제 – 일차방정식

일차방정식 $6x_1 + 3x_2 = 3$을 생각해 보자. 다음과 같이 x_1을 이용하여 x_2를 풀 수 있다. 먼저 각 변에서 $6x_1$을 빼면 $3x_2 = 3 - 6x_1$이 된다. 그런 다음, 방정식의 각 변을 3으로 나누어 $x_2 = 1 - 2x_1$을 구한다.

따라서, 방정식의 해집합은 $x_2 = 1 - 2x_1$인 모든 순서쌍의 집합(즉, 평면상의 점들)이 된다. 이를 집합 표기법으로 나타내면 $\{(x_1, 1-2x_1) \mid x_1 \in R\}$과 같다. 다시 말해, 임의의 x-좌표 실수 x_1에 대해, y-좌표 $1-2x_1$이 대응된다.

실수마다 순서쌍이 하나씩 있으므로 일차방정식에는 해가 무한히 많다. 함수 그래프를 실제로 그리려고 무한히 많은 점을 찍을 수는 없지만, 여러 개의 x_1 좌표를 선택하고 대응하는 x_2 좌표를 계산하여 데카르트 좌표 평면에 점을 표시하면 직선을 따라 배치됨을 알 수 있다:

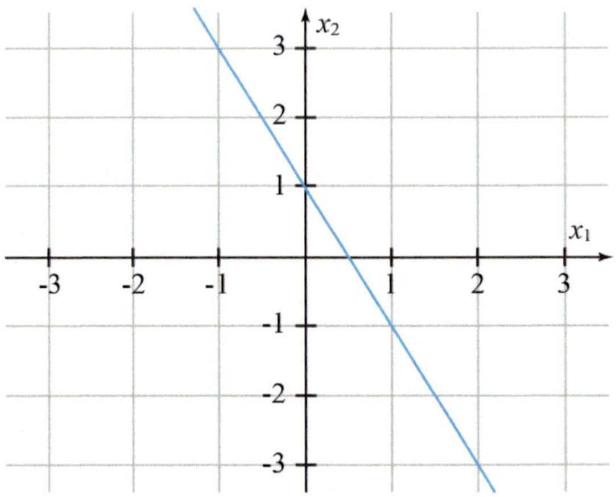

그림 6.2 일차방정식 $x_2 = 1 - 2x_1$의 그래프. 직선이 방정식을 만족하는 점 $(x_1, x_2) = (1, -1)$과 $(x_1, x_2) = (0, 1)$을 지난다.

모든 일차방정식의 그래프를 **선형**(linear)이라고 부르는 이유는 바로 데카르트 좌표평면에서 직선을 그리기 때문이다.

정의 - 두 변수, 두 방정식으로 구성된 연립일차방정식

변수 x_1과 x_2에 대한 두 방정식으로 구성된 연립일차방정식은 x_1과 x_2에 대한 두 개의 일차방정식으로 이루어진다. 이 연립방정식에 대한 해는 두 방정식을 동시에 만족시키는 순서쌍 (x_1, x_2)이다. 각 방정식은 직선으로 표현될 수 있으므로, 이 문제의 기하학적 의미는 직선의 교차점(들)을 찾는 것이다. 직관적으로 명확히, 두 개의 직선이 정확히 한 점에서 교차할 수도 있고, 평행이라서 절대 만나지 않을 수도 있고, 서로 완전히 일치할 수도 있다.

직선이 교차하는 경우, 연립방정식이 **해를 갖는다**(consistent)고 한다. 만약 두 직선이 평행하다면, 연립방정식이 **해를 갖지 않는다**(inconsistent)고 한다. 두 직선이 일치하면 연립방정식이 **종속**(dependent)이라고 한다. 다음 세 개의 예를 통하여 각 상황을 좀 더 자세히 살펴볼 것이다.

예제 - 해를 갖는 연립방정식(consistent system)

다음 두 일차방정식으로 구성된 연립방정식을 생각해 보자:

$$2x_1 + 3x_2 = -1$$
$$6x_1 + 3x_2 = 3$$

연립방정식의 해를 구하기 위해서는 두 방정식을 동시에 만족하는 좌표 x_1과 x_2를 찾아야 한다. 그래서, 이 좌표들이 존재한다고 가정하고, 참이 되어야 하는 식에 대해 생각을 이어가기로 하자. 두 번째 방정식이 참이어야 하므로 (앞에서 했던 것처럼) x_2에 대해 풀면 x_2를 x_1에 대한 식으로 나타낼 수 있으며 $x_2 = -2x_1 + 1$이다. 만약 우리가 x_1을 알게 되면, 또 다른 좌표인 x_2를 결정하는 데 이 식을 사용하면 된다.

첫 번째 방정식 또한 해 (x_1, x_2)에 대해서 만족해야 하므로, 이 방정식에서 x_2대신 $-2x_1 + 1$을 대입하면 x_1을 구할 수 있다:

$$2x_1 + 3(-2x_1 + 1) = -1$$

괄호 안의 각 항에 3을 곱하면 다음과 같다:

$$2x_1 - 6x_1 + 3 = -1$$

x_1항을 정리하고 양변에서 3을 빼면 다음과 같다:

$$-4x_1 = -4$$

양변을 -4로 나누면 x_1의 값을 얻는다:

$$x_1 = 1$$

따라서, 만약 해가 존재한다면, x_1 좌표는 1이다. 그런데 x_2를 다음과 같이 계산할 수 있음을 알고 있다:

$$x_2 = -2(1) + 1 = -2 + 1 = -1$$

따라서 해 $(x_1, x_2) = (1, -1)$이다. 좌표평면에 두 직선의 그래프를 표시하면 점 $(1, -1)$이 일차방정식의 두 그래프가 정확히 교차하는 지점에 있음을 확인할 수 있다:

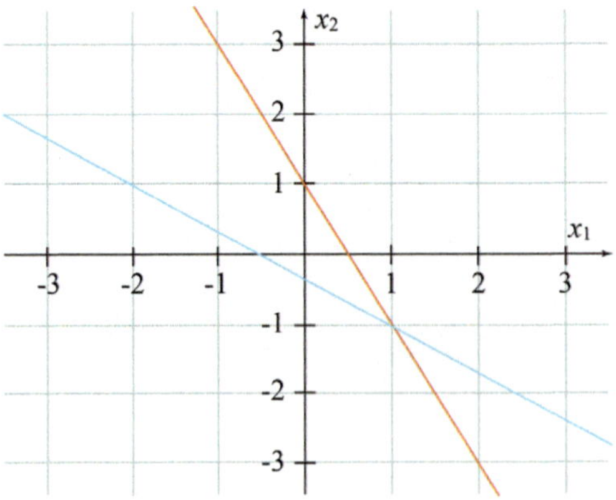

그림 6.3 두 일차방정식의 그래프가 점 (1, −1)에서 만난다

두 직선이 한 점에서 교차하기 때문에, 연립방정식은 해를 갖는다. 직선이 교차

하는 점 $(1, -1)$은 연립방정식의 유일한 해이다.

예제 – 해를 갖지 않는 연립방정식(inconsistent system)

다음 두 일차방정식으로 구성된 연립방정식을 생각해 보자:

$$2x_1 + x_2 = 3$$
$$6x_1 + 3x_2 = 3$$

또다시, 연립방정식의 해를 구하기 위해서는 두 방정식을 동시에 만족하는 좌표 x_1과 x_2를 찾아야 한다. 그래서, 이 좌표들이 존재한다고 가정하고, 참이 되어야 하는 식에 대해 생각을 이어가기로 하자. 두 번째 방정식이 참이어야 하므로 (앞에서 했던 것처럼) x_2에 대해 풀면 x_2를 x_1에 대한 식으로 나타낼 수 있으며 $x_2 = -2x_1 + 1$이다. 만약 우리가 x_1을 알게 되면, 또 다른 좌표인 x_2를 결정하는 데 이 식을 사용하면 된다.

첫 번째 방정식 또한 해 (x_1, x_2)에 대해서 만족해야 하므로, 이 방정식에서 x_2대신 $-2x_1 + 1$을 대입하면 x_1을 구할 수 있다:

$$2x_1 + (-2x_1 + 1) = 3$$

두 x_1 항을 더하면 다음과 같다.

$$1 = 3$$

분명히 여기서 뭔가 잘못됐는데 정확히 뭐가 잘못된 것인가? 최초의 가정은 두 방정식을 모두 만족하는 점 (x_1, x_2)이 존재한다는 것이었다. 그러나, 이 가정은 $1 = 3$임을 논리적으로 함축하게 되는데, 이는 명백히 거짓이다.

*2장. 형식 논리와 수학적 증명*에서 배운 모순에 의한 증명에 따르면 이 최초의 가정은 틀림없이 거짓이다. 따라서 그러한 점 (x_1, x_2)는 없다: 이 연립방정식의 해는 존재하지 않는다.

다음 그래프에서 두 직선은 평행하므로 서로 만나지 않는다. 이는 그래프에서 알 수 있듯이 두 직선이 어떤 점도 공유하지 않음을 의미한다:

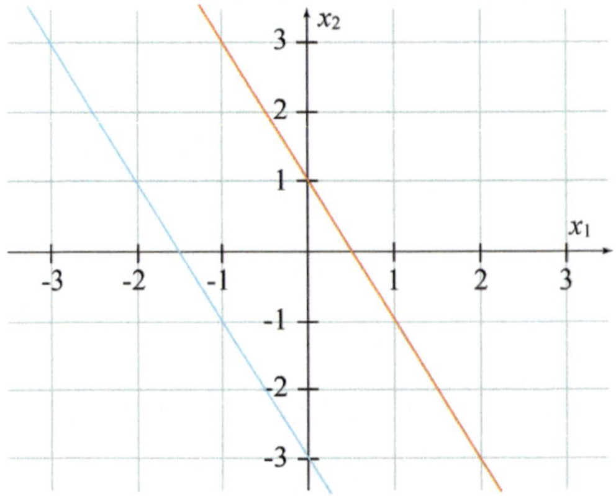

그림 6.4 이 예제에서 두 일차방정식의 그래프는 평행하므로 절대 만나지 않으며 연립방정식의 해가 없다.

앞에서 정의한 바와 같이, 기하학적으로 평행선으로 표현된 연립일차방정식은 해를 갖지 않는다. 두 직선에 공통으로 닿는 점이 없으므로 연립일차방정식의 해가 없음을 뜻한다.

예제 – 종속 연립방정식(dependent system)

다음 두 일차방정식으로 구성된 연립방정식을 생각해 보자:

$$2x_1 + x_2 = 1$$
$$6x_1 + 3x_2 = 3$$

또다시, 연립방정식의 해를 구하기 위해서는 두 방정식을 동시에 만족하는 좌표 x_1과 x_2를 찾아야 한다. 그래서, 이 좌표들이 존재한다고 가정하고, 참이 되어야 하는 식에 대해 생각을 이어가기로 하자. 두 번째 방정식이 참이어야 하므로 (앞에서 했던 것처럼) x_2에 대해 풀면 x_2를 x_1에 대한 식으로 나타낼 수 있으며 $x_2 =- 2x_1 + 1$이다. 만약 우리가 x_1을 알게 되면, 또 다른 좌표인 x_2를 결정하는 데 이 식을 사용하면 된다.

첫 번째 방정식 또한 해 (x_1, x_2)에 대해서 만족해야 하므로, 이 방정식에서 x_2대신 $-2x_1 + 1$을 대입하면 x_1을 구할 수 있다:

$$2x_1 + (-2x_1 + 1) = 1$$

x_1 항끼리 더하면 다음만 남는다.

$$1 = 1$$

다시 한번, 무언가 제대로 된 것 같지는 않다. 원했던 x_1 좌표를 얻진 못하고 그 대신에 $1 = 1$이라고 하는 간단한 결과를 얻었다. 이 결과는 분명히 참이지만 연립방정식의 해는 아니다, 그렇다면 이는 무엇을 의미할까?

만약 두 번째 방정식을 3으로 나누면, 첫 번째 방정식 $2x_1 + x_2 = 1$을 얻는다. 그러므로 두 번째 방정식은 어떠한 추가 정보도 제공하지 않는다. 점 (x_1, x_2)가 첫 번째 방정식을 만족시키면 당연히 두 번째 방정식을 만족시키고, 그 반대의 경우도 마찬가지이다. 따라서 두 직선은 무한히 많은 점을 원소로 하는 동일한 집합을 나타내므로 x_1이 실수일 때 $(x_1, -2x_1 + 1)$ 형식의 모든 점이 해가 된다.

무한히 많은 해를 갖는 연립일차방정식을 종속이라고 하는데, 다음 그래프에서 볼 수 있듯이 두 방정식은 같은 직선을 나타내기 때문이다:

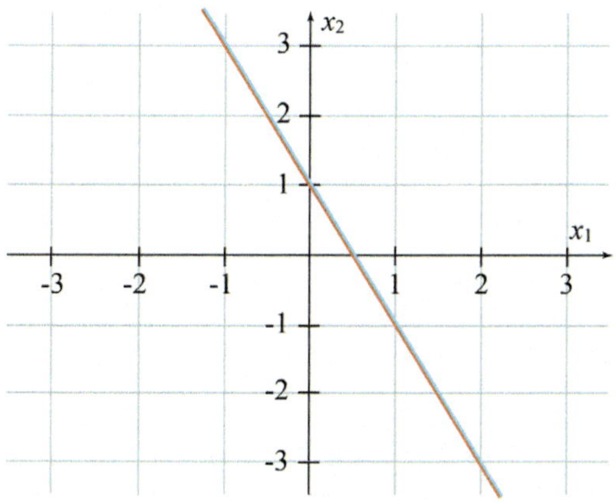

그림 6.5 이 예제에서 두 일차방정식의 그래프는 기하학적으로 같은 직선이므로, 한 직선 위의 모든 점이 다른 직선 위에 있다. 따라서 그 점들은 모두 연립방정식의 해이다

지금까지 두 미지수를 갖는 일차방정식을 정의하고 직선의 그래프를 그려 보았다. 또한, 두 미지수를 갖는 두 일차방정식으로 구성된 연립일차방정식을 다루었다. 두 개의 일차방정식을 그래프로 나타내면 두 개의 직선으로 표현된다. 그런 다음, 일련의 예에서 두 일차방정식으로 구성된 연립방정식에는 세 가지 유형이 있음을 확인했다:

- **해를 갖는 연립방정식**: 두 직선은 한 점에서 만나고 그 점이 유일한 해이다.
- **해를 갖지 않는 연립방정식**: 두 직선이 절대 교차하지 않기 때문에 해가 없다.
- **종속 연립방정식**: 두 직선이 같으므로 직선의 모든 점이 해가 된다.

다음 몇 페이지에서, 이 개념을 세 개 이상의 미지수를 가진 세 개 이상의 방정식으로 구성된 연립일차방정식으로 확장한다. 상황이 좀 더 복잡해지지만, 앞의 이론 대부분은 여전히 적용된다. 연립일차방정식은 변함없이 세 가지 유형으로 분류된다.

계속해서 연립일차방정식을 풀기 전에, 큰 규모의 연립방정식에 대한 몇 가지 개념을 더 정의하자. 규모가 커지면 앞서 다룬 예제보다 손으로 푸는 것이 훨씬 어렵다. 따라서 일단 풀이 방법의 주요 아이디어를 이해하고 나서, 파이썬 함수를 이용하여 해결할 예정이다.

정의 – 연립일차방정식과 해

변수 $x_1, x_2, ..., x_n$을 갖는 n개 일차 방정식으로 구성된 연립일차방정식은 다음과 같은 형식의 방정식 집합이다:

$$\begin{matrix} a_{11}x_1 + a_{12}x_2 + \cdots + a_{1n}x_n = b_1 \\ a_{21}x_1 + a_{22}x_2 + \cdots + a_{2n}x_n = b_2 \\ \vdots \quad\quad \vdots \quad\quad \ddots \quad\quad \vdots \\ a_{n1}x_1 + a_{n2}x_2 + \cdots + a_{nn}x_n = b_n \end{matrix}$$

여기서 각각의 a_{ij}와 b_i는 실숫값의 상수이다. 이 연립방정식의 해는 모든 방정식을 동시에 만족하는 n-차원 공간의 점 $(x_1, x_2, \ldots, x_n)$이다.

그래서 두 방정식과 두 변수로 제한했을 때와 마찬가지로, 모든 방정식을 만족하는 점을 찾는다. 그러나 이 문제의 해는 2D 좌표 평면의 점이 아니라 더 고차원 공간의 점이다. 우리가 세상을 3차원으로 보는 데 익숙하므로 3D의 경우를 시각화하기는 쉽지만, 더 높은 차원의 공간을 훌륭하게 시각화하는 건 가능하지 않기 때문에 해의 기하학적 해석을 논의하기가 그리 쉽지 않다. 그럼에도 불구하고, 우리가 소개하려고 하는 수학을 이용하면 고차원 공간에서도 정확한 결과를 낳는다.

정의 – 해를 갖는 연립방정식, 해를 갖지 않는 연립방정식, 종속 연립방정식

n개의 변수를 갖는 n개의 일차방정식으로 구성된 연립일차방정식은 다음의 세 가지 범주 중 하나로 분류된다:

- 하나의 해를 가지면 해를 갖는(consistent) 연립방정식이라고 한다.
- 해가 존재하지 않으면 해를 갖지 않는(inconsistent) 연립방정식이라고 한다.
- 무수히 많은 해를 가지면 종속(dependent) 연립방정식이라고 한다.

이러한 더 큰 연립일차방정식의 경우, 앞의 예제에서 했던 방식과 유사한 치환 과정을 통해 손으로 풀 수도 있다. 하지만, 이는 매우 길고 지루한 과정이다. 그래서 어떤 경우라도 잘 작동하는 가우스 소거법이라는 표준 방법을 소개할 텐데, 실제로는 알고리즘에 맡겨 해를 구하는 게 가장 좋다. 하지만, 행렬이라는 수학적 구조를 이용하여 연립방정식을 특별한 형태로 표현하는 약간의 사전 처리를 한 다음에야 (수작업으로 그리고 파이썬으로) 가우스 소거법을 사용할 수 있다.

행렬 그리고 연립일차방정식의 행렬 표현

이전에 소규모 방정식에 사용했던 대수식 표기법하에서 셋 이상의 변수를 갖는 셋 이상의 방정식으로 구성된 연립일차방정식을 푸는 건 매우 번거로우므로 이를 대체할 표기법이 필요하다. 우리는 앞에서 a_{ij}로 표시된 연립방정식 계수를 떼 내어서 행렬이라고 불리는 특별한 유형의 배열에다 가지런히 배치하기로 한다. 이러한 행렬이 코드에서 사용하는 배열과 구별되는 지점은 행렬이 특수한 곱셈 연산을 가진다는 사실인데, 이는 다양한 계산을 단순화하며, 특히 대규모 연립방정식을 쉽게 풀 수 있도록 해준다.

또한, n개의 개별 방정식 대신에 하나의 행렬 방정식을 만들기 위해 x_j와 b_i 항 역시 행렬로 나타내기로 한다. 일단 그렇게 하면, 대규모 연립방정식을 수작업으로 그리고 파이썬으로 해결할 준비가 끝난 셈이다.

정의 – 행렬과 벡터

$m \times n$ 행렬(matrix) A는 m개의 행과 n개의 열을 가진 직사각형 배열로, 행렬 간에 그리고 숫자와 행렬 간에 수학적 연산이 정의된다.

행렬 내부의 각 숫자[1]를 행렬의 성분 또는 원소라고 하며, i번째 행 j번째 열의 성분을 소문자 a_{ij}로 표시한다. 행렬은 보통 다음과 같은 형태로 나타낸다:

$$\mathrm{A} = \begin{bmatrix} a_{11} & a_{12} & \cdots & a_{1n} \\ a_{21} & a_{22} & \cdots & a_{2n} \\ \vdots & \vdots & \ddots & \vdots \\ a_{m1} & a_{m2} & \cdots & a_{mn} \end{bmatrix} = (a_{ij})$$

벡터(vector)는 행이 하나이거나 열이 하나인 행렬이다. 다음 벡터를 A의 열벡터라고 하며, 여기서 A의 각 열은 벡터가 된다:

1 원칙적으로 행렬 성분은 숫자에 국한될 필요는 없지만, 논의를 단순화하기 위함이다.

$$\begin{bmatrix} a_{11} \\ a_{21} \\ \vdots \\ a_{m1} \end{bmatrix}, \begin{bmatrix} a_{12} \\ a_{22} \\ \vdots \\ a_{m2} \end{bmatrix}, \ldots, \begin{bmatrix} a_{1n} \\ a_{2n} \\ \vdots \\ a_{mn} \end{bmatrix}$$

다음 벡터를 A의 행벡터라고 한다:

$$\begin{bmatrix} a_{11} & a_{12} & \cdots & a_{1n} \end{bmatrix}, \begin{bmatrix} a_{21} & a_{22} & \cdots & a_{2n} \end{bmatrix}, \ldots, \begin{bmatrix} a_{m1} & a_{m2} & \cdots & a_{mn} \end{bmatrix}$$

파이썬에서는 다음 두 행렬을 정의할 수 있는데

$$\mathrm{A} = \begin{bmatrix} 3 & 2 & 1 \\ 9 & 0 & 1 \\ 3 & 4 & 1 \end{bmatrix}, \quad \mathrm{B} = \begin{bmatrix} 1 & 1 & 2 \\ 8 & 4 & 1 \\ 0 & 0 & 3 \end{bmatrix}$$

아래 코드에서는 행렬의 특정 성분에 접근한다:

```
import numpy

# 행렬 초기화
A = numpy.array([[3, 2, 1], [9, 0, 1], [3, 4, 1]])
B = numpy.array([[1, 1, 2], [8, 4, 1], [0, 0, 3]])

# 행렬 A의 첫째 행 첫째 열 성분을 출력
print(A[0,0])

# 행렬 B의 둘째 행 셋째 열 성분을 출력
print(B[1,2])
```

코드는 먼저 두 행렬 A와 B를 생성한다. (파이썬에서는 이들을 NumPy 배열이라고 한다.)

그런 다음, 행렬 A의 첫 번째 행, 첫 번째 열에 있는 수를 호출하여 출력한다. 코드에서는 `A[0,0]`이지만 코드의 출력값을 수학적 표기법으로 나타내면 $a_{11} = 3$이다. 마지막으로, 행렬 B의 2행 3열에 있는 원소인 `B[1,2]`를 선택한다.

즉, $b_{23} = 1$이다.

```
3
1
```

수학자들은 배열(과 행렬)의 차례를 대개 1부터 시작하는 반면, 파이썬과 대부분의 다른 프로그래밍 언어들은 0부터 차례를 매기기 시작한다. 이것이 코드의 숫자가 수학적 언어의 숫자보다 하나 적은 이유이다.

> **주의할 점**
> NumPy에 선형대수용 행렬 클래스가 내장되어 있지만, 현재 NumPy 문서에서는 이 클래스가 미래에 더 이상 사용되지 않을 것이라 말하고 있으므로 사용자는 배열을 대신 사용해야 한다[2]. 우리도 이 관례를 따르기로 한다.

이제 행렬에 대한 몇몇 자주 쓰이는 용어를 익혔으므로 행렬을 조작하고, 행렬에 숫자를 곱하고, 행렬끼리 더하거나 빼고, 행렬과 행렬을 곱하는 방법에 대해 논의할 것이다. 이러한 연산이 행렬과 일반 배열의 차이를 나타낸다.

정의 – 행렬 덧셈과 뺄셈

$A=(a_{ij})$와 $B=(b_{ij})$를 $m \times n$ 행렬이라 하자. 이들의 합은 단순히 각 행렬의 성분을 더함으로써 구할 수 있는데, 다음과 같이 각 a_{ij}를 각 b_{ij}에 더하면 된다:

$$\mathrm{A}+\mathrm{B}=\begin{bmatrix} a_{11}+b_{11} & a_{12}+b_{12} & \cdots & a_{1n}+b_{1n} \\ a_{21}+b_{21} & a_{22}+b_{22} & \cdots & a_{2n}+b_{2n} \\ \vdots & \vdots & \ddots & \vdots \\ a_{m1}+b_{m1} & a_{m2}+b_{m2} & \cdots & a_{mn}+b_{mn} \end{bmatrix}$$

2 NumPy에는 다차원 배열(ndarray) 객체가 있는데 numpy.array 함수는 다차원 배열 객체를 생성한다.

즉, 행렬 A와 행렬 B에서 같은 위치에 있는 항을 더한다.

그리고 두 행렬의 차는 유사한 방식으로 다음과 같이 정의된다:

$$\mathrm{A} - \mathrm{B} = \begin{bmatrix} a_{11} - b_{11} & a_{12} - b_{12} & \cdots & a_{1n} - b_{1n} \\ a_{21} - b_{21} & a_{22} - b_{22} & \cdots & a_{2n} - b_{2n} \\ \vdots & \vdots & \ddots & \vdots \\ a_{m1} - b_{m1} & a_{m2} - b_{m2} & \cdots & a_{mn} - b_{mn} \end{bmatrix}$$

즉, 행렬 A와 행렬 B에서 같은 위치에 있는 항을 뺀다.

주의할 점

두 행렬의 합과 차는 두 행렬의 차원이 같은 경우, 다시 말해서 행의 수와 열의 수가 같은 경우에만 정의된다.

이전 코드에 이어진 아래 코드에서 보듯이 `numpy.add`와 `numpy.subtract` 함수를 사용하여 행렬을 더하고 뺄 수 있다:

```
# 행렬 A와 B를 더하기
print(numpy.add(A,B))

# 행렬 A에서 B를 빼기
print(numpy.subtract(A,B))
```

코드의 출력은 다음과 같다:

```
[[ 4  3  3]
 [17  4  2]
 [ 3  4  4]]
[[ 2  1 -1]
 [ 1 -4  0]
 [ 3  4 -2]]
```

물론, 이것은 $A+B$와 $A-B$인데, 행렬의 모든 숫자를 원소마다 더하고 뺀다면 손으로도 계산할 수 있다.

계속해서 행렬의 산술 연산을 다루는데, 바로 전체 행렬에 스칼라(즉, 숫자 하나)를 곱하는 연산이다.

정의 – 스칼라 곱(scalar multiplication)

$c \in R$을 실수라 하자. 이러한 상수를 흔히 스칼라(scalar)라고 한다. 이 스칼라 c와 행렬 A의 곱은 또 다른 행렬로 정의되는데, 이 행렬의 각 원소는 A의 해당 원소에 c를 곱한 값이다:

$$cA = c\begin{bmatrix} a_{11} & a_{12} & \cdots & a_{1n} \\ a_{21} & a_{22} & \cdots & a_{2n} \\ \vdots & \vdots & \ddots & \vdots \\ a_{m1} & a_{m2} & \cdots & a_{mn} \end{bmatrix} = \begin{bmatrix} ca_{11} & ca_{12} & \cdots & ca_{1n} \\ ca_{21} & ca_{22} & \cdots & ca_{2n} \\ \vdots & \vdots & \ddots & \vdots \\ ca_{m1} & ca_{m2} & \cdots & ca_{mn} \end{bmatrix}$$

간단히 말해서, 단순히 실수 c를 행렬의 각 숫자에 곱한다.

이미 살펴본 바와 같이, 행렬의 합, 차, 스칼라 곱은 단순히 각 원소에 대해 연산을 수행하므로 어떻게 보면 뻔한 연산이다. 그러나 행렬 곱셈은 그저 원소끼리 곱하는 연산이 아니다.

행렬 곱셈을 알아보기 전에, 행렬의 전치와 내적을 정의할 텐데, 내적은 특별한 행렬 곱셈으로, 행벡터와 열벡터의 곱이다.

정의 – 행렬의 전치

$A=(a_{ij})$를 $m \times n$ 행렬이라 하자. A의 전치는 $n \times m$ 행렬로서 A^T라 표기하며, A의 i번째 행 j번째 열의 원소를 A^T의 j번째 행 i번째 열의 원소로 바꾸면 된다.

$$A^T = \begin{bmatrix} a_{11} & a_{21} & \cdots & a_{m1} \\ a_{12} & a_{22} & \cdots & a_{m2} \\ \vdots & \vdots & \ddots & \vdots \\ a_{1n} & a_{2n} & \cdots & a_{mn} \end{bmatrix}$$

간단히 말해서, 전치는 원소의 행과 열을 서로 바꾸어 이동시킨다. 다음은 두 예이다:

- 행렬 A에서 2행 1열의 원소 a_{21}은 전치 행렬 A^T에서 1행 2열로 이동한다.
- 행렬 A에서 m행 1열의 원소 a_{m1}은 전치 행렬 A^T에서 1행 m열로 이동한다.

> **주의할 점**
> 행렬의 전치는 행과 열의 수가 서로 바뀌므로 대개는 원래 행렬과 다른 차원을 가진다.

또한, 이전 코드에 이어진 아래 코드에서 보듯이, NumPy를 사용하여 스칼라 곱을 하고 전치 행렬을 구할 수 있다:

```
# 행렬 A에 스칼라 5 곱하기
print(numpy.multiply(5,A))

# 행렬 A를 전치하기
print(numpy.transpose(A))
```

이 코드의 출력은 예상 대로이다:

```
[[15 10  5]
 [45  0  5]
 [15 20  5]]
[[3 9 3]
 [2 0 4]
 [1 1 1]]
```

행렬 A에 5를 곱하는 첫 번째 연산은 행렬 A의 각 원소에 5를 곱한다. 두 번째 연산은 원래 A 행렬의 행과 열과 교환하여 전치를 만들어 낸다.

단원을 마무리 짓기 위해, 숫자와 행렬의 곱이 아니라 두 행렬의 곱셈을 살펴볼 것이다. 이를 이용하면 어떤 규모의 연립일차방정식도 하나의 행렬 방정식으로 변환할 수 있다.

정의 – 벡터의 내적

$1 \times n$ 행벡터 a와 b의 내적(dot product)은 다음과 같이 정의된다.

$$\mathrm{a} \bullet \mathrm{b} = \mathrm{ab}^T = [a_1 \ a_2 \cdots \ a_n]\begin{bmatrix} b_1 \\ b_2 \\ \vdots \\ b_n \end{bmatrix} = \sum_{j=1}^{n} a_j b_j = a_1 b_1 + a_2 b_2 + \cdots + a_n b_n$$

다시 말해서, a의 첫 번째 숫자에 b의 첫 번째 숫자를 곱하고, a의 두 번째 숫자에 b의 두 번째 숫자를 곱하고, 이를 마지막 숫자까지 계속하여 곱셈 결과를 모두 합산한다[3].

일반적으로 더 큰 행렬 간 곱셈은 첫 번째 행렬의 행들과 두 번째 행렬의 열들 사이의 내적을 계산한다[4].

정의 – 행렬 곱셈

A를 $n \times m$ 행렬, B를 $m \times p$ 행렬이라 하면 다음과 같이 나타낼 수 있다:

$$\mathrm{A} = \begin{bmatrix} \mathrm{a}_1 \\ \mathrm{a}_2 \\ \vdots \\ \mathrm{a}_n \end{bmatrix}, \quad \mathrm{B} = [\mathrm{b}_1^T \ \mathrm{b}_2^T \ \cdots \ \mathrm{b}_p^T]$$

3 여기에서는 벡터 내적을 행렬 곱셈의 원천 계산이라는 관점에서 정의하였지만 기하학적으로는 한 벡터를 다른 벡터에 정사영(projection)하고 나서 두 벡터의 길이를 곱한 값을 의미하며, 두 벡터가 얼마나 닮았는지 또는 상관관계가 높은지를 나타낸다. 12장에서는 벡터 내적을 기하학적으로 다룬다.

4 정확하게 정의하자면, 벡터 내적은 두 행벡터(또는 열벡터) 간의 연산이다. 다만 실제 계산할 때 행벡터와 열벡터간의 곱으로 구하기 때문에, 원저자는 편의상 행(벡터)와 열(벡터)의 내적이라는 표현도 같이 사용하고 있다.

여기서 각 a_i와 b_j는 $1 \times m$ 행벡터이다. 따라서, 행렬 A는 행 $a_1, a_2, \ldots, a_n$을 쌓아 표현하였고, 행렬 B는 열을 옆으로 쌓아 표현하였다.

두 행렬의 곱은 AB로 표시되며, AB의 i번째 행 j번째 열의 원소는 A의 i번째 행과 B의 j번째 열의 내적이다:

$$\mathrm{AB} = \begin{bmatrix} \mathbf{a}_1\mathbf{b}_1^T & \mathbf{a}_1\mathbf{b}_2^T & \cdots & \mathbf{a}_1\mathbf{b}_p^T \\ \mathbf{a}_2\mathbf{b}_1^T & \mathbf{a}_2\mathbf{b}_2^T & \cdots & \mathbf{a}_2\mathbf{b}_p^T \\ \vdots & \vdots & \ddots & \vdots \\ \mathbf{a}_n\mathbf{b}_1^T & \mathbf{a}_n\mathbf{b}_2^T & \cdots & \mathbf{a}_n\mathbf{b}_p^T \end{bmatrix}$$

간단히 말해서, 행렬 곱셈은 A의 각 행벡터와 B의 각 열벡터의 내적을 계산한다.

주의할 점

행렬 곱셈 AB는 A의 열의 개수가 B의 행의 개수와 같을 때만 정의되고 AB의 행과 열의 개수는 각각 A의 행의 개수와 B의 열의 개수와 같다. 따라서, $n \times m$ 행렬과 $m \times p$ 행렬을 곱할 수 있으며 그 결과는 $n \times p$ 행렬이다.

이 정의를 조금 어렵게 느낄 수 있으므로 두 행렬을 손으로 곱하는 예제를 차근차근 다뤄본 다음, 이를 파이썬을 이용하여 계산해 보자.

예제 – 손으로 행렬 곱셈하기와 NumPy를 이용하여 행렬 곱셈하기

두 행렬을 아래와 같이 정의하면

$$\mathrm{A} = \begin{bmatrix} 1 & 3 & 1 \\ 2 & 3 & 0 \end{bmatrix}, \quad \mathrm{B} = \begin{bmatrix} 3 & 5 \\ 1 & 0 \\ 2 & 2 \end{bmatrix}$$

행렬의 곱셈은 다음과 같다:

$$\mathrm{AB} = \begin{bmatrix} 1 & 3 & 1 \\ 2 & 3 & 0 \end{bmatrix} \begin{bmatrix} 3 & 5 \\ 1 & 0 \\ 2 & 2 \end{bmatrix}$$

행렬 곱셈의 정의에 따르면, 그 결과는 A의 각 행과 B의 각 열의 내적으로 구성

된 행렬이다:

$$AB = \begin{bmatrix} a_1b_1^T & a_1b_2^T \\ a_2b_1^T & a_2b_2^T \end{bmatrix}$$

네 개의 내적을 계산하기 위해, 행의 첫 번째 항에 열의 첫 번째 항을, 행의 두 번째 항에 열의 두 번째 항을, 마지막으로 행의 세 번째 항에 열의 세 번째 항을 곱하여 다음과 같이 합산한다:

$$AB = \begin{bmatrix} (1)(3)+(3)(1)+(1)(2) & (1)(5)+(3)(0)+(1)(2) \\ (2)(3)+(3)(1)+(0)(2) & (2)(5)+(3)(0)+(0)(2) \end{bmatrix}$$

계산을 정리하면

$$AB = \begin{bmatrix} 8 & 7 \\ 9 & 10 \end{bmatrix}$$

반대로, BA를 곱한다고 가정해 보자. B가 3×2이고 A가 2×3이므로 가능한 곱셈이며, 그 결과로 BA는 3×3 행렬이 될 것이다. 일반적인 곱셈과 달리 행렬 곱셈에서는 $AB \neq BA$인 경우가 있다. 수학적으로, 이는 행렬 곱셈이 교환법칙이 성립하는 연산이 아니라는 것을 의미한다: 곱셈에 사용되는 행렬의 순서가 중요하다.

소규모 행렬에 대한 행렬 곱셈은 수작업으로도 충분할 만큼 쉽다는 사실을 확인하였지만, 행렬이 훨씬 더 크면 계산 과정이 길어져서 손으로 푸는 방식은 비효율적일 수밖에 없으므로 대개는 코드 사용을 선호한다. 다음 코드와 같이 NumPy를 이용하여 행렬을 곱할 수 있다. 이 또한, 이 단원의 이전 코드부터 계속 이어지는 코드이다:

```
# 행렬 A와 B를 곱하기
print(numpy.dot(A,B))
```

출력은 다음과 같다.

```
[[19 11 11]
 [ 9  9 21]
 [35 19 13]]
```

> **주의할 점**
>
> NumPy에는 `numpy.multiply`와 `numpy.dot` 함수가 있다.
>
> `numpy.multiply`는 같은 위치의 원소끼리 곱한다.
>
> `numpy.dot`는 앞에서 정의한 행렬 곱셈을 수행한다.

이제 행렬 곱셈에 대해 알게 되었으니, n개의 미지수 $x_1, x_2, \ldots, x_n$을 갖는 n개의 일차방정식으로 구성된 연립일차방정식은 행렬 곱셈의 관점에서 다음과 같이 정의할 수 있다.

$$\begin{bmatrix} a_{11} & a_{12} & \cdots & a_{1n} \\ a_{21} & a_{22} & \cdots & a_{2n} \\ \vdots & \vdots & \ddots & \vdots \\ a_{n1} & a_{n2} & \cdots & a_{nn} \end{bmatrix} \begin{bmatrix} x_1 \\ x_2 \\ \vdots \\ x_n \end{bmatrix} = \begin{bmatrix} b_1 \\ b_2 \\ \vdots \\ b_n \end{bmatrix}$$

이를 훨씬 더 간결하게 $Ax = b$라고 쓸 수 있으며, A의 차원[5]에 맞춰 $n \times n$ 선형 시스템(linear system)[6]이라고 부른다. 이제, 왜 이 식이 참인지 알아보기 위해, 행렬을 곱해서 무슨 일이 일어나는지 확인해 보자. 만약 A의 1행과 벡터 x의 내적을 계산하고 그것을 벡터 b의 맨 위 숫자와 같다고 놓으면, 다음 식을 얻는다

$$a_{11}x_1 + a_{12}x_2 + \cdots + a_{1n}x_n = b_1$$

이것은 정확히 우리 연립방정식의 첫 번째 방정식이다!

5 이처럼 행과 열의 수가 같은 행렬을 정사각행렬(square matrix)이라 한다.

6 linear system을 linear system of equations과 마찬가지로 '연립일차방정식'이라 불러도 무방하다. 이 책에서는 연립일차방정식과 행렬 방정식을 구분하는 의미에서 행렬 방정식에 한하여 선형 시스템이라 부르겠다.

또, A의 2행과 벡터 x의 내적을 계산하고 그것을 벡터 b의 두 번째 숫자와 같다고 놓으면:

$$a_{21}x_1 + a_{22}x_2 + \cdots + a_{2n}x_n = b_2$$

이것은 연립방정식의 두 번째 방정식이다. 이를 각 행에 대해 계속하면 A와 x의 행렬 곱셈이 방정식을 차례대로 하나씩 만들어 낸다. 그래서, 이러한 행렬 방정식이 우리의 연립방정식을 구성하는 총 n개의 방정식과 동등하다는 것을 알 수 있으며 각 행은 방정식 중 하나에 해당한다.

연립방정식을 나타내기 위해 사용할 또 하나의 표현은 소위 첨가행렬(augmented matrix)이다:

$$[\mathrm{A} \mid \mathrm{b}] = \left[\begin{array}{cccc|c} a_{11} & a_{12} & \cdots & a_{1n} & b_1 \\ a_{21} & a_{22} & \cdots & a_{2n} & b_2 \\ \vdots & \vdots & \ddots & \vdots & \vdots \\ a_{n1} & a_{n2} & \cdots & a_{nn} & b_n \end{array}\right]$$

첨가행렬 $[A \mid b]$의 각 행은 하나의 방정식에 해당한다. $[A \mid b]$의 i번째 행은 연립방정식의 i번째 방정식에 대응한다:

$$a_{i1}x_1 + a_{i2}x_2 + \cdots + a_{in}x_n = b_i$$

다음으로, 이러한 선형 시스템을 해결하기 위한 기법인 가우스 소거법을 살펴보고 코드로 구현하는 방법을 배운다.

가우스 소거법을 이용한 소규모 선형 시스템 풀기

이 단원에서는 유일한 해를 갖는 $n \times n$ 선형 시스템 $Ax = b$를 푸는 **가우스 소거법**(Gaussian elimination)을 배우고 작은 크기의 문제를 손으로 풀어본다. 다음 단원에서는 이를 파이썬으로 구현한다.

3×3 선형 시스템의 예를 가지고 설명할 예정이다. 대규모 선형 시스템에도 사용할 수 있을 만큼 명확해야 하므로 단원의 마지막 부분에서 형식을 갖춰 정리할

것이며 당연히 코드를 사용한 해결을 선호하게 될 것이다.

우선, 선형 시스템의 방정식에 다음과 같은 조작을 하더라도 해는 변함이 없다:

- 방정식의 순서를 바꾸어도 되므로, 행렬 $[A \mid b]$의 두 행을 서로 바꾼다.
- 방정식의 양변에 같은 수를 곱해도 되므로, 행렬 $[A \mid b]$의 한 행에 상수를 곱한다.
- 한 방정식의 배수를 다른 방정식에 더해도 되므로, 행렬 $[A \mid b]$의 한 행을 실수 배하여 다른 행에 더한다.

이러한 각각의 조작을 첨가행렬에 가하는 걸 기본 행 연산(elementary row operation)이라고 한다. 가우스 소거법은 일련의 기본 행 연산을 사용하여 선형 시스템을 매우 간단한 꼴로 변형함으로써, 즉시 풀 수 있게 하거나 그렇지 않으면 해를 갖지 않는지 또는 종속적인지 드러내 주는 방법이다. 그러한 꼴을 아래에서 설명한다.

정의 – 선행 계수(피벗)

행렬의 각 행(모든 성분이 0인 행은 제외)에 대해, 행의 선행 계수(또는 피벗)[7]는 행에서 0이 아닌 첫 번째 숫자이다.

예를 들어, 다음 행렬을 생각해 보자.

$$\begin{bmatrix} 2 & 3 & 0 \\ 0 & 1 & 2 \\ 0 & 5 & 4 \end{bmatrix}$$

이 행렬의 피벗은 첫 번째 행에서는 2, 두 번째 행에서는 1, 세 번째 행에서는 5이다.

7 선행성분 또는 선두성분이라고도 하며, 영어로는 leading coefficient 또는 pivot이라 한다.

정의 – 기약행 사다리꼴(RREF)

다음 조건을 만족하는 행렬은 **기약행 사다리꼴**(reduced row echelon form, RREF)이다:

- 0으로만 이루어진 행은 행렬의 가장 아래에 놓인다[8].
- 0이 아닌 성분을 포함하는 행의 피벗은 1이며 직전 행 피벗의 오른쪽에 위치한다.
- 피벗 1이 있는 열에서 피벗을 제외한 모든 성분이 0이다.

예제 – 해를 갖는 연립방정식의 RREF

예를 들어, 다음 행렬은 RREF이다:

$$\left[\begin{array}{ccc|c} 1 & 0 & 0 & 2 \\ 0 & 1 & 0 & 3 \\ 0 & 0 & 1 & 1 \end{array}\right]$$

해당 연립일차방정식은 다음과 같다:

$$\begin{aligned} 1x_1 + 0x_2 + 0x_3 &= 2 \\ 0x_1 + 1x_2 + 0x_3 &= 3 \\ 0x_1 + 0x_2 + 1x_3 &= 1 \end{aligned}$$

즉, 모든 행에 피벗이 있으므로 해가 존재한다. 이 경우, RREF 꼴의 첨가행렬을 보면 선형 시스템의 해인 $(2, 3, 1)$을 즉각적으로 알 수 있다. 대개는, 처음에 더 복잡한 첨가행렬에서 출발하여 기본 행 연산을 통해 이러한 형태로 변환된다.

예제 – 해를 갖지 않는 연립방정식의 RREF

선형 시스템이 다음과 같은 RREF 꼴의 첨가행렬로 표현된다고 가정하자:

8 그런 행이 여럿이라면 맨 아래쪽에 그 행들이 쌓인다.

$$\left[\begin{array}{ccc|c} 1 & 0 & 0 & 4 \\ 0 & 1 & 1 & 1 \\ 0 & 0 & 0 & 2 \end{array}\right]$$

세 번째 열에는 피벗 1이 없으므로 해당 열에 0이 아닌 숫자가 여러 개 있어도 상관없다. 대응하는 연립방정식은 다음과 같다.

$$1x_1 + 0x_2 + 0x_3 = 4$$

$$0x_1 + 1x_2 + 1x_3 = 1$$

$$0x_1 + 0x_2 + 0x_3 = 2$$

그러나 세 번째 행은 모순되는 명제인 $0 = 2$라는 결과를 낳는다. 이는 두 개의 연립일차방정식 경우와 마찬가지로, 해를 갖지 않음을 뜻한다. 2D에서는 두 직선이 평행하다는 뜻이지만, 3D에서는 방정식이 평면을 나타내므로 적어도 두 평면이 평행하다는 뜻이다.

예제 – 종속 연립방정식의 RREF

마지막으로, 다음과 같은 RREF 꼴의 첨가행렬을 생각해 보자:

$$\left[\begin{array}{ccc|c} 1 & 0 & 1 & 1 \\ 0 & 1 & 2 & 6 \\ 0 & 0 & 0 & 0 \end{array}\right]$$

만약 이 RREF를 방정식 형태로 다시 변환한다면 다음과 같다:

$$1x_1 + 0x_2 + 1x_3 = 1$$

$$0x_1 + 1x_2 + 2x_3 = 6$$

$$0x_1 + 0x_2 + 0x_3 = 0$$

마지막 방정식은 참이지만 x_3에 대해서는 어떤 것도 알려주지 않는다. 이는 2D 사례와 마찬가지로 연립방정식이 종속이라는 걸 의미한다. 이 상황에서는 x_3가 어떤 값을 갖더라도 해가 되는 점의 좌표를 알아낼 수 있기 때문에 x_3는 자유 변수라고 불린다.

x_3가 주어졌을 때, $x_1 = 1 - x_3$, $x_2 = 6 - 2x_3$임을 알고 있으므로, 세 개의 일차방정식에 대한 해집합은 $\{(1-x_3, 6-2x_3, x_3) \mid x_3 \in R\}$이다. 따라서, 이를 만족하는 어떤 순서쌍도 해가 된다.

지금까지, 허용이 가능한 행 연산을 세 가지 배웠고, 만약 선형 시스템의 첨가행렬을 RREF로 변환한다면 선형 시스템의 해를 쉽게 결정할 수 있음을 배웠다. 따라서, 문제는 단순해졌다: 주어진 첨가행렬을 RREF로 변환하려면 어떤 행 연산을 수행해야 하는가?

가우스 소거법은 이 변환을 실행하는 데 절대로 실패하지 않을 일련의 행 연산을 제공함으로써 이 질문에 답한다. 지금부터 가우스 소거법을 정의해 보자.

알고리즘 – 가우스 소거법

이 방법을 구체적으로 구현하는 방식이 다양하며 계산을 최적화하기 위해 약간의 변경이 있을 수 있지만, 다음 의사 코드는 가장 단도직입적인 알고리즘이다:

1단계: $[A \mid b]$의 행을 재정렬하여 모든 피벗이 같은 열에 있거나 이전 행의 피벗 오른쪽에 있도록 만든다.

2단계: $i = 1$로 설정한다.

3단계: i행을 그 행의 피벗으로 나눈다.

4단계: i행의 피벗 아래에 있는 숫자가 모두 0이 되도록 i행의 배수를 각 행에 더한다.

5단계: i에 1을 더한다.

6단계: $[A \mid b]$에서 모든 성분이 0인 행을 전부 맨 아래로 이동한다. m을 그러한 행의 개수로 설정한다.

7단계: $i < n - m$이면 3단계로 돌아간다. 그렇지 않으면 $i = n - m$으로 하고 8단계로 진행한다.

8단계: i행에 피벗이 있다면, i행의 피벗 위의 숫자가 모두 0이 되도록 i행의 배수를 모든 위 행에 더한다. 그렇지 않으면 바로 9단계로 진행한다.

9단계: i에서 1을 뺀다.

10단계: $i=1$이면 종료한다. 그렇지 않으면 8단계로 돌아간다.

가우스 소거법의 첫 번째 주기(1~6단계)는 행렬의 모든 피벗을 1로 설정하고 각 피벗 아래를 모두 0으로 설정한다. 두 번째 주기(8~10단계)는 행렬이 RREF 꼴로 변환되도록 모든 피벗 위를 0으로 설정한다. 첨가행렬은 원래 $[A \mid b]$와 동등한 선형 시스템을 나타내게 될 것이다.

예제 – 3×3 선형 시스템

다음 연립일차방정식을 생각해 보자:

$$2x_1 - 6x_2 + 6x_3 = -8$$
$$2x_1 + 3x_2 - x_3 = 15$$
$$4x_1 - 3x_2 - x_3 = 19$$

이 연립방정식을 다음과 같은 첨가행렬로 나타낼 수 있다:

$$\left[\begin{array}{ccc|c} 2 & -6 & 6 & -8 \\ 2 & 3 & -1 & 15 \\ 4 & -3 & -1 & 19 \end{array}\right]$$

먼저 1행을 2로 나누면 다음과 같은 결과를 얻는다:

$$\left[\begin{array}{ccc|c} 2 & -6 & 6 & -8 \\ 2 & 3 & -1 & 15 \\ 4 & -3 & -1 & 19 \end{array}\right] \xrightarrow{\frac{1}{2}(\text{행 }1)} \left[\begin{array}{ccc|c} 1 & -3 & 3 & -4 \\ 2 & 3 & -1 & 15 \\ 4 & -3 & -1 & 19 \end{array}\right]$$

그런 다음, 첫 번째 행의 -2배를 2행에 더하고 첫 번째 행의 -4배를 3행에 더하여 첫 번째 피벗 아래를 0으로 채운다:

$$\left[\begin{array}{ccc|c} 1 & -3 & 3 & -4 \\ 2 & 3 & -1 & 15 \\ 4 & -3 & -1 & 19 \end{array}\right] \xrightarrow{\text{행 }2+(-2)(\text{행 }1)} \left[\begin{array}{ccc|c} 1 & -3 & 3 & -4 \\ 0 & 9 & -7 & 23 \\ 4 & -3 & -1 & 19 \end{array}\right] \xrightarrow{\text{행 }3+(-4)(\text{행 }1)} \left[\begin{array}{ccc|c} 1 & -3 & 3 & -4 \\ 0 & 9 & -7 & 23 \\ 0 & 9 & -13 & 35 \end{array}\right]$$

그런 다음, 2행의 피벗이 1이 되도록 2행을 9로 나눈다:

$$\left[\begin{array}{ccc|c} 1 & -3 & 3 & -4 \\ 0 & 9 & -7 & 23 \\ 0 & 9 & -13 & 35 \end{array}\right] \xrightarrow{\frac{1}{9}(\text{행 } 2)} \left[\begin{array}{ccc|c} 1 & -3 & 3 & -4 \\ 0 & 1 & -\frac{7}{9} & \frac{23}{9} \\ 0 & 9 & -13 & 35 \end{array}\right]$$

2행에 −9를 곱하여 3행에 더한다:

$$\left[\begin{array}{ccc|c} 1 & -3 & 3 & -4 \\ 0 & 1 & -\frac{7}{9} & \frac{23}{9} \\ 0 & 9 & -13 & 35 \end{array}\right] \xrightarrow{\text{행 } 3+(-9)(\text{행 } 2)} \left[\begin{array}{ccc|c} 1 & -3 & 3 & -4 \\ 0 & 1 & -\frac{7}{9} & \frac{23}{9} \\ 0 & 0 & -6 & 12 \end{array}\right]$$

3행을 -6으로 나누면 가우스 소거법의 첫 번째 주기가 끝난다:

$$\left[\begin{array}{ccc|c} 1 & -3 & 3 & -4 \\ 0 & 1 & -\frac{7}{9} & \frac{23}{9} \\ 0 & 0 & -6 & 12 \end{array}\right] \xrightarrow{-\frac{1}{6}(\text{행 } 3)} \left[\begin{array}{ccc|c} 1 & -3 & 3 & -4 \\ 0 & 1 & -\frac{7}{9} & \frac{23}{9} \\ 0 & 0 & 1 & -2 \end{array}\right]$$

나머지 단계는 가우스 소거법의 두 번째 주기를 구성하게 된다. 마지막 피벗 위에 0을 채우려면 3행에 7/9을 곱하여 2행에 더하고 3행에 −3을 곱하여 1행에 더한다:

$$\left[\begin{array}{ccc|c} 1 & -3 & 3 & -4 \\ 0 & 1 & -\frac{7}{9} & \frac{23}{9} \\ 0 & 0 & 1 & -2 \end{array}\right] \xrightarrow{\text{행 } 2+\frac{7}{9}(\text{행 } 3)} \left[\begin{array}{ccc|c} 1 & -3 & 3 & -4 \\ 0 & 1 & 0 & 1 \\ 0 & 0 & 1 & -2 \end{array}\right] \xrightarrow{\text{행 } 1+(-3)(\text{행 } 3)} \left[\begin{array}{ccc|c} 1 & -3 & 0 & 2 \\ 0 & 1 & 0 & 1 \\ 0 & 0 & 1 & -2 \end{array}\right]$$

마지막으로 1행에 2행의 3배를 더하면 RREF가 완성된다:

$$\left[\begin{array}{ccc|c} 1 & -3 & 0 & 2 \\ 0 & 1 & 0 & 1 \\ 0 & 0 & 1 & -2 \end{array}\right] \xrightarrow{\text{행 } 1+(3)(\text{행 } 2)} \left[\begin{array}{ccc|c} 1 & 0 & 0 & 5 \\ 0 & 1 & 0 & 1 \\ 0 & 0 & 1 & -2 \end{array}\right]$$

이 RREF 꼴은 이 연립방정식이 해를 가진다는 사실과 맨 오른쪽 열의 숫자가 해 $(5,\ 1,\ -2)$라는 걸 나타낸다.

이 단원에서는 이전 단원에서 소개한 연립일차방정식에 해당하는 기약행 사다리꼴(RREF)의 행렬을 소개했다. RREF는 해가 존재하면 해를 쉽게 드러내고, 해가 없으면 해가 없음을 쉽게 드러낸다. 그리고 $n \times n$ 선형 시스템에 해당하는 행렬을 RREF로 변환하여 해가 존재하면 이를 알려주는 가우스 소거법 알고리즘을 다뤘다. 마지막으로, 작은 규모의 3×3 선형 시스템에 대해 수작업으로 알고리즘을 적용했다.

이제 가우스 소거법이 어떤 문제를 해결하는지 그리고 어떻게 작동하는지 이해했으니, NumPy로 알고리즘을 구현하는 방법을 계속 학습하기로 한다.

NumPy를 이용한 대규모 선형 시스템 풀기

직전의 마지막 예제는 가우스 소거법을 사용하면 어떤 선형 시스템도 RREF 꼴로 변환 가능하다는 점을 분명히 했지만, 이 3-방정식, 3-변수 시스템은 상당한 양의 노력이 필요했고, 더 큰 시스템에서는 상황이 더 복잡해질 것이기 때문에 이미 있는 알고리즘을 사용하는 것이 더 실용적이다. 이 단원에서는 이 작업을 수행하기 위해 NumPy를 이용하는 방법을 배울 것이다.

선형 시스템 $Ax = b$를 해결하는 파이썬 함수는 `numpy.linalg.solve`이며, 해를 갖는 연립방정식에 사용할 수 있다. 즉, 고유한 해를 갖는 모든 선형 시스템에 대해 그 해를 찾아준다.

일반적으로, 이 함수는 우리의 수작업과 같은 방식으로 가우스 소거법을 사용하지만, 매우 똑똑한 함수이다. 첫째, 속도를 최적화하기 위해 계산 순서를 신중하게 선택한다. 둘째, 행렬 A가 특별한 구조(예를 들어, 대칭 행렬, 대각 행렬, 띠 행렬[9])를 가지고 있음을 감지하면, 지름길을 택하고 변형된 가우스 소거법과 다른 방법들을 이용하여 훨씬 더 빨리 실행시킨다!

선형대수학에 대한 심층 학습이 필요하므로 이러한 다른 방법에 대해 자세히 설명하지는 않겠지만, 무엇을 해내는가의 측면에서 함수를 생각하기로 하고 세부

9 모든 0이 아닌 성분이 주대각선 주변에 집중된 희소 행렬로, band matrix라고 하는데 숫자들이 비스듬한 띠로 보인다는 점에 착안한 이름이다. 대각 행렬, 상삼각행렬, 하삼각행렬 등은 특별한 띠 행렬이다.

내용은 피하도록 한다. 아무튼 속도 향상이라는 혜택을 본다.

그럼 한 번 해보자!

예제 - 3×3 선형 시스템(NumPy)

NumPy 함수를 써도 같은 답이 나오는지 확인하기 위해 이미 손으로 풀어본 선형 시스템을 가지고 시작하기로 한다. 따라서, 다음 첨가행렬로 나타낸 선형 시스템 $Ax = b$를 고려해 보자:

$$[\,\mathrm{A} \mid \mathrm{b}\,] = \left[\begin{array}{ccc|c} 2 & -6 & 6 & -8 \\ 2 & 3 & -1 & 15 \\ 4 & -3 & -1 & 19 \end{array}\right]$$

이를 해결하려면 두 개의 NumPy 행렬을 만들어야 한다. 하나는 A를 위해, 다른 하나는 b를 위해 필요한데, 이를 `numpy.linalg.solve` 함수에 입력으로 주고 실행한다:

```
import numpy

# 행렬 A와 b 만들기
A = numpy.array([[2, -6, 6], [2, 3, -1], [4, -3, -1]])
b = numpy.array([-8, 15, 19])

# Ax = b 풀기
numpy.linalg.solve(A,b)
```

`numpy.linalg.solve(A,b)` 줄에서 최적화된 버전의 가우스 소거법을 실행하며, 다음을 반환한다:

```
array([ 5.,  1., -2.])
```

다시 말해, 코드는 손으로 찾은 해와 같은 (5, 1, −2)를 답하지만, 이번에는 거의 즉각적으로 답을 얻는다!

예제 - 해를 갖지 않는 선형 시스템과 종속 선형 시스템(NumPy)

앞에서 `numpy.linalg.solve`가 해를 갖는 선형 시스템에 대해 사용할 수 있다고 이야기했다. 그러나, 매우 당연하게도, 해를 갖지 않거나 종속 선형 시스템에 해당하는 행렬 A와 b를 입력으로 주면 어떻게 되는지 궁금증이 생길 수밖에 없다. 따라서, 이 장의 첫 번째 예에서 다룬, 해를 갖지 않는 연립방정식과 종속 연립방정식을 대상으로 시도해 보자.

다음 코드에서는 이전 예제에서 했던 방식을 그대로 수행하는데, 이번에는 이전에 풀었던 해가 없는 문제와 종속 문제를 풀어본다:

```
import numpy

# 해를 갖지 않는 선형 시스템
A = numpy.array([[2, 1], [6, 3]])
b = numpy.array([3, 3])

print(numpy.linalg.solve(A,b))

# 종속 선형 시스템
A = numpy.array([[2, 1], [6, 3]])
b = numpy.array([1, 3])

print(numpy.linalg.solve(A,b))
```

두 코드의 출력은 모두 다음과 같다:

```
...
LinAlgError: Singular matrix
```

해를 갖지 않는 선형 시스템과 종속 선형 시스템의 경우, 행렬 A는 특이행렬(singular matrix)이라는 에러를 출력한다[10]. 특이행렬은 역행렬이 존재하지 않는 행렬이며 선형 시스템의 해가 유일하지 않음을 말해준다.

이 예제에서 중요한 점은 계수 행렬 A를 주의 깊게 검사하여 가려낸 후에 `numpy.linalg.solve`를 사용해야 한다는 거다.

A를 어떻게 검증할 수 있을까? 이를 위해 필요한 이론은 이 책의 범위를 벗어나지만, 결론만 이야기하면, 임의의 정사각행렬에 대해 행렬식(determinant)이라는 수를 계산할 수 있으며, 가역행렬 정리(Invertible Matrix Theorem)에 따르면 A의 행렬식이 0이 아니면 선형 시스템은 항상 해를 갖는다. 따라서 해를 구하기 전에 `numpy.linalg.det` 함수를 사용하여 A의 행렬식이 0이 아님을 확인하는 게 좋다. 다음 코드에서는 NumPy 배열 A를 생성하고, 행렬식을 계산한 후 출력한다:

```
A = numpy.array([[2, 1], [6, 3]])
print(numpy.linalg.det(A))
```

그러면 다음과 같이 출력된다:

```
0.0
```

행렬식이 0이며, `numpy.linalg.solve`를 사용하지 않아야 함을 나타낸다. 실제

10 원서와 번역서의 출력 결과가 다른데, 사용한 파이썬 버전이 다르기 때문이다.

로 구현한다면 먼저 행렬식을 확인하고, 행렬식이 0이면 에러를 출력하면 될 것이다.

`numpy.linalg.solve` 방법이 실질적으로 빛나는 곳은 더 큰 연립일차방정식을 풀어야 할 경우로, 이를 손으로 푸는 건 전혀 현실적이지 않다. 3×3 선형 시스템을 가우스 소거법으로 푸는 데 2페이지가 꼬박 걸렸다. 10, 20, 100개의 방정식을 손으로 푸는 건 거의 생각할 수 없다! 그러나 NumPy에게는 전혀 어려운 일이 아니다.

예제 – 10×10 선형 시스템(NumPy)

10×10 연립일차방정식을 적는 일조차 번거로울 것이기 때문에 앞으로 $Ax=b$라고 짧게 표현하기로 한다. 그런데, 어떤 방정식을 풀면 좋을까? 문제를 만드는 수고를 덜기 위해, 균등한 확률로 난수를 추출하여 행렬 A와 b를 생성한다고 가정하자.

이 책의 범위를 넘어서는 깊은 수준의 수학이 필요하지만, 이렇게 만든 선형 시스템이 해를 가질 확률이 1이라는 사실을 증명할 수 있다. 따라서, `numpy.linalg.solve()`를 사용하기 위한 전제 조건을 만족할 가능성이 매우 높다:

다음 코드는 세 가지 주요 작업을 수행한다:

- A와 b를 각각 10×10 및 10×1 행렬로 생성하는데, `numpy.random.rand`를 사용하여 $[-5, 5]$ 구간에서 균등한 확률로 선택된 난수를 행렬의 성분으로 만든다.
- `numpy.linalg.solve`를 사용하여 선형 시스템의 해답인 10×1 행렬 x을 찾은 다음, 행렬 곱셈을 처리하는 `numpy.dot`을 사용하여 $Ax-b$를 계산한다.
- 해를 올바르게 구했는지 확인하기 위해서, 10×1 행렬 $Ax-b$의 절댓값을 합하여 그 결과가 거의 0인지 검증한다. 반올림으로 인해 약간의 오차가 발생할 수도 있다:

```
import numpy

numpy.random.seed(1)

# 행렬 A와 b를 무작위로 만들기
A = 10*numpy.random.rand(10,10)-5
b = 10*numpy.random.rand(10)-5

# Ax = b 풀기
solution = numpy.linalg.solve(A,b)
print(solution)

# 해답을 검증하기 위해 Ax - b가 0에 근접한 값인지 보이기
sum(abs(numpy.dot(A,solution) - b))
```

이 코드는 다음을 출력한다:

```
[ 0.09118027 -1.51451319 -2.48186344 -2.94076307
  0.07912968  2.76425416 2.48851394 -0.30974375
   -1.97943716  0.75619575]
2.375877272697835e-14
```

보시다시피, `numpy.linalg.solve(A,b)`는 이 10×10 선형 시스템에 대한 해가 대략 $(0.09, -1.51, -2.48, -2.94, 0.08, 2.76, 2.49, -0.31, -1.98, 0.76)$임을 찾아내었다.

`abs`와 `sum`은 각각 행렬 성분의 절댓값을 알아내고, 합산하는 파이썬 함수이다. 코드의 마지막 줄은 $Ax-b$의 절댓값을 합하여 거의 0에 가까운 숫자를 얻었다. 이는 $Ax-b$가 소수점 이하 14자리까지 대략 0이라는 걸 알려주기 때문에 해가 정확하다는 것을 확인할 수 있다.

> **주의할 점**
>
> `numpy.random.seed(1)` 명령어는 독자를 위해 단순히 코드의 실행 결과를 반복적으로 재현하는 목적으로 사용되었다.
>
> 그 줄을 제거하면 `numpy.random.rand()`를 호출할 때마다 서로 다른 난수를 생성하므로 서로 다른 10×10 선형 시스템을 생성하고 푼다.
>
> 이렇게 하면 무작위로 코드를 테스트할 수 있다.

다시 한번 말하지만, 이 코드는 손으로 계산하는 표준 방법에 따라 꽤 큰 규모의 시스템을 해결함에도 불구하고, 일반적인 노트북에서 거의 즉시 실행된다. 사실, 이 함수의 성능은 정말 놀랍다. 10×10 시스템을 $1{,}000 \times 1{,}000$ 시스템으로 교체하더라도 거의 즉각적으로 실행된다. 실제로, 1,000개의 변수와 1,000개의 방정식으로 이루어진 선형 시스템을 절댓값 오차의 합 10^{-10}이내로 거의 순식간에 해결한다!

요약

이 장에서 정말 많은 분야를 다루었다! 두 변수의 일차방정식이라는 친숙한 개념을 다루는 것부터 시작했고 방정식을 만족시키는 점들의 집합이 정확히 직선을 형성한다는 것을 증명했다. 그리고, 기하학적으로 두 직선을 나타내는, 두 변수 두 방정식으로 구성된 연립일차방정식으로 확장했다. 이 연립방정식에 대한 하나의 해는 한 방정식이 아닌 두 방정식을 모두 만족시키는 점이며, 기하학적으로 하나의 해가 존재한다면 두 직선의 교차점이 유일하다는 것을 의미한다. 기본 기하학에서 배운 바와 같이, 두 직선은 평행하거나 교차하거나 완전히 일치한다. 이는 해에 대한 세 가지 가능한 결론으로 정리된다: 연립방정식은 해가 없거나(평행인 경우), 유일한 해를 갖거나(교차할 경우), 무한히 많은 해를 가져야 한다(일치할 경우).

그런 다음, 다수의 미지수와 방정식으로 구성된 연립일차방정식을 소개하면서 진정한 재미가 시작되었는데, 그것은 기하학적 관점에서 쉽게 해석할 수는 없지만, 0, 하나 또는 무한히 많은 해가 있어야 한다는 똑같은 특성을 공유한다.

이렇게 큰 문제를 기본적인 대수학으로 풀기에는 매우 번거롭다는 것을 확인했고, 그래서 이 문제를 더 효율적으로 다루기 위해 새로운 수학적 구조인 행렬을 도입했다. 우리는 행렬이 직사각형 형태의 수치 배열과 유사하게 동작한다는 것을 배웠는데, 행렬 곱셈이라는 특별한 개념이 있어서, 규모가 큰 연립일차방정식도 효율적인 계산이 가능하도록 압축적인 직사각형 형태로 표현할 수 있다.

NumPy 함수를 사용하여 행렬 연산을 수행하는 방법을 배운 후, 대규모 연립일차방정식을 해결하고자 하였다. 이러한 선형 시스템을 효율적으로 해결하는 가우스 소거법을 배웠고, 세 변수 세 방정식으로 구성된 연립일차방정식 예제를 해결한 다음, 최적화된 가우스 소거법을 파이썬 NumPy로 구현하는 방법을 배웠다.

선형대수학은 트리 및 네트워크, 암호화, 회귀분석에서부터 이미지 처리와 주성분 분석에 이르기까지 광범위한 응용문제에 매우 중요하기 때문에, 나머지 장을 진행하면서 이러한 방법을 매우 자주 사용하게 될 것이다.

CHAPTER 7
알고리즘의 계산 복잡도

컴퓨터 과학의 중심부에는 유용한 문제를 해결해 주는 알고리즘이 자리 잡고 있다. 그러나, 어떤 알고리즘의 실제 동작 여부만 입증하는 것으로는 충분하지 않다. 가지고 있는 컴퓨팅 자원을 이용하여 실행하기엔 시간이 너무 오래 걸릴 수도 있고 가용 자원이 모자랄 정도로 대규모 데이터를 저장해야 할지도 모른다. 이 장에서는 알고리즘을 실행하는 데 필요한 시간과 공간의 양, 즉 알고리즘의 계산 복잡도(computational complexity)를 알아내는 데 집중한다. 기본 제어 구조의 복잡도와 널리 알려진 본보기 알고리즘의 복잡도에 초점을 맞춘다. 파이썬을 사용하여 다양한 알고리즘을 구현하고, 계산 복잡도를 기준으로 알고리즘 유형을 분류한다. 이 장을 마칠 때까지 다양한 알고리즘 및 그들의 계산 복잡도, 소요 시간, 소요 공간을 배우게 된다.

이 장에서는 다음 주제를 다룬다:

- 알고리즘의 계산 복잡도
- 기본 제어 구조로 구성된 알고리즘의 복잡도
- 일반적인 탐색 알고리즘의 복잡도

- 계산 복잡도 클래스

> **주의할 점**
> 이 장의 컬러 이미지를 참조하려면 머리글에서 소개한 링크를 따라 이동하십시오.

알고리즘의 계산 복잡도

이 단원에서는 알고리즘의 정의, 알고리즘의 복잡도, 시간과 공간 관점에서 복잡도의 의미, Big-O 표기법(알고리즘에 필요한 시간과 공간을 분류하기 위해 사용하는 간편한 표기법)에 대해 알아본다. 이 단원을 마치면 알고리즘이 무엇인지 그리고 예컨대 복잡도 등의 알고리즘 특징이 무엇인지 잘 이해하게 되고 Big-O 표기법으로 알고리즘의 복잡도를 결정할 수 있게 된다.

알고리즘(algorithm)은 문제를 해결하거나 원하는 출력을 얻기 위한 단계별 절차/명령으로, 어떤 프로그래밍 언어로도 구현될 수 있다. 데이터 구조 관점에서 볼 때, 중요한 유형의 알고리즘은 다음과 같다:

- **탐색**[1]: 데이터 구조의 특정 데이터 항목을 찾는 데 사용
- **정렬**: 필요로 하는 순서로 데이터 항목 집합을 재배열하는 데 사용
- **삽입**: 데이터 구조에 새로운 데이터 항목을 추가하는 데 사용
- **갱신**: 데이터 구조의 기존 데이터 항목을 변경하는 데 사용
- **삭제**: 데이터 구조의 기존 데이터 항목을 제거하는 데 사용

파이썬으로 이 알고리즘 중 몇 가지를 시도해 보자. 다음과 같은 작업을 수행할 것이다:

1단계: 사용자에게 좋아하는 과일의 이름을 입력하도록 요청한다.

2단계: 사용자가 입력한 과일 이름을 기존의 과일 이름 리스트에 추가한다.

---

1 검색이라고도 한다.

3단계: 리스트를 갱신하고 새 리스트를 표시한다.

4단계: 삭제할 과일의 이름을 사용자가 입력하면 해당 원소를 리스트에서 삭제한다(주의: 대소문자를 구분한다).

5단계: 리스트를 갱신하고 새 리스트를 표시한다:

```
# 알고리즘 - 기존의 리스트에 새 원소 추가하기

fruit_name = ["Jackfruit", "Honeydew", "Grapes"]
user_input1 = input("Please enter a fruit name: ")
fruit_name.append(user_input1)
print('The updated list is: ' + str(fruit_name))

# 알고리즘 - 리스트에서 원소 삭제하기

user_input2 = input("Please enter the name of the fruit you want
to delete: ")
fruit_name.remove(user_input2)
print('The updated list is: ' + str(fruit_name))
```

출력:

```
Please enter a fruit name:  Apple
The updated list is: ['Jackfruit', 'Honeydew', 'Grapes', 'Apple']
Please enter the name of the fruit you want to delete:  Apple
The updated list is: ['Jackfruit', 'Honeydew', 'Grapes']
```

앞의 예제에서는 알고리즘을 작성하고 원하는 결과를 표시하는 방법을 배웠다. 먼저 `fruit_name` 리스트에 과일의 이름을 추가한 다음, 같은 리스트에서 과일 이름 중 하나를 삭제했다.

알고리즘이 알고리즘이라고 불리기 위해서는 다음과 같은 기준을 충족해야 한다:

- **입력**(input): 잘 정의된 입력을 0개 이상 가져야 한다.
- **출력**(output): 잘 정의된 출력을 하나 이상 가져야 한다. 대체로 이 출력이 알고리즘에 바라는 최종 산물이다.
- **유한성**(finiteness): 유한한 단계를 거친 후에 종료되어야 한다. 루프를 사용하는 경우, 알고리즘은 특정 횟수의 단계 후에 종료되거나 (특정 횟수의 단계에 이르기 전) 원하는 출력이 나올 때 종료되도록 보장해야 한다.
- **실현 가능성**(feasibility)[2]: 현재 이용할 수 있는 컴퓨팅 자원으로 실행할 수 있어야 한다.
- **명확성**(unambiguous): 명령문은 명확해야 하며 분명하게 정의된 입출력에 대해 오직 하나의 의미만 가져야 한다.

다음 다이어그램은 하나의 문제가 여러 알고리즘을 사용하여 해결 가능하다는 것을 보여준다. 그러나 문제를 해결하는 이상적인 방법은 가장 효율적인 알고리즘을 선택하는 것이다:

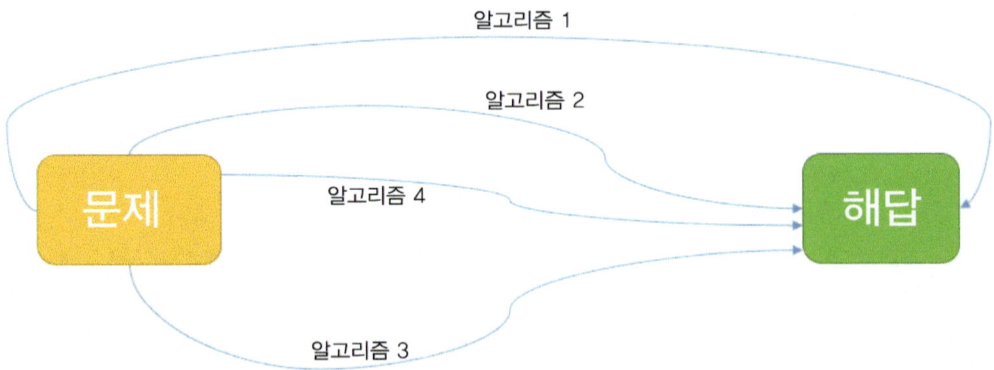

그림 7.1 한 문제를 해결하기 위한 여러 알고리즘

2 유효성(effectiveness)이라고도 한다.

문제를 해결하기 위한 여러 알고리즘이 있더라도, 우리의 목표는 동일 작업을 수행하기 위한 가장 효율적인 방법(시간과 공간 측면에서 더 적게 요구)을 찾는 것이다:

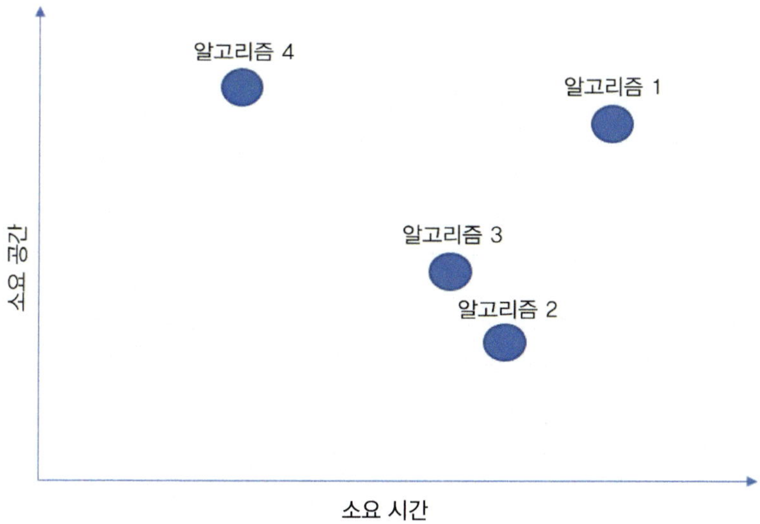

그림 7.2 다양한 알고리즘에 대한 시간과 공간 복잡도 비교

대개는 하나의 문제를 해결하는 여러 방법이 있다. 하지만, 해답을 얻기 위한 가장 효율적인 방법을 찾을 필요가 있다. 이를 위해, 다양한 알고리즘의 성능을 정량화하고 가장 좋은 알고리즘을 선택할 수 있어야 한다. 알고리즘의 성능 비교에 있어 두 가지 중요한 요인이 있다:

- **소요 시간**: 알고리즘을 완료할 때까지 필요한 실행 시간을 입력 크기에 대한 함수로 정량화한다. 소요 시간은 함수 $F(n)$으로 정의할 수 있다. 여기서 $F(n)$은 단계 수로 측정되며 모든 단계가 같은 시간을 소비한다고 가정한다. 두 비트를 더하는 데 c초 걸린다고 하자. n비트 정수 둘을 더한다면 $F(n) = n^*c$ 초가 걸릴 것이다. 따라서, 입력의 크기가 증가함에 따라 $F(n)$은 선형적으로 증가한다고 결론을 내릴 수 있다.
- **소요 공간**: 알고리즘의 시작에서 종료까지 필요한 메모리 공간의 양을 정

량화한다. 이 소요 메모리 공간은 다음과 같은 두 가지 요소로 구성된다:

- **고정 공간**: 해결하려는 문제의 크기에 상관없이 데이터와 변수를 저장하는 데 필요한 공간이다. 여기에는 미리 정의된 변수, 상수, 프로그램 코드 등이 포함된다.
- **가변 공간**: 문제의 크기에 따라 달라지는 변수를 저장하는 데 필요한 공간이다. 예를 들어, 동적으로 할당된 메모리 그리고 재귀 스택 공간이 이에 해당한다.

시간과 공간 복잡도는 모두 입력 크기에 대한 함수이다. 더 단순하게 말하면, 알고리즘을 실행할 때, 입력 크기가 더 크면 입력 크기가 더 작을 때보다 더 오래 걸리고 메모리가 더 많이 필요하다. 물론 하드웨어, 프로세서 및 운영 체제와 같은 다른 요소들도 시간과 공간 복잡도를 결정하는 데 중요한 역할을 한다는 것을 명심해야 한다. 하지만, 우리는 논의의 범위를 좁혀 알고리즘의 실행 시간(execution time)만 고려하여 복잡도를 분석하기로 한다.

예제를 통해 실행 시간을 이해해 보자.

이 예에서는 사용자가 수를 입력하면 알고리즘은 미리 만들어 놓은 리스트와 비교하여 그에 맞춰서 출력한다:

1단계: 사용자에게 수를 입력하도록 요청한다.

2단계: 입력한 수를 미리 만들어 놓은 리스트의 수와 비교한다.

3단계: 입력한 수가 리스트에 있는 수와 일치하면 `Yes` 그렇지 않으면 `No`를 출력한다. 이 알고리즘은 일치하는 수를 리스트에서 차례대로 찾는다. 즉, 입력한 수를 리스트의 첫 번째 수와 비교한 다음, 두 번째 수와 비교하고, 이 과정은 계속된다.

4단계: 알고리즘이 실행되는 데 걸린 시간을 표시한다:

```
# a는 숫자 리스트이다.
# 사용자가 입력한 수와 이 리스트에 있는 수를 비교한다.

import timeit
tic=timeit.default_timer()

a=[1,2,3,4,5,6,7,8]
INPUT = input("Please input a number of your choice: ")
number = int(INPUT)

for i in range(len(a)):
    if a[i]== number:
        print("Yes", end=' ')
    else:
        print("No", end=' ')
print()

toc=timeit.default_timer()
time_elapsed = toc - tic
print("The time elapsed for this computation is: " + str(time_
elapsed) + "seconds")
```

출력:

```
Please input a number of your choice:  1
Yes No No No No No No No
The time elapsed for this computation is: 2.30355410004763seconds
```

코드를 실행하여 원하는 수를 입력하면 알고리즘의 실행 시간을 확인할 수 있다. 알고리즘의 실행 시간을 측정하기 위해 `timeit`이라는 파이썬 라이브러리를 가져왔다. `timeit` 라이브러리에 대한 문서는 `https://docs.python.org/3/library/timeit.html`에서 찾을 수 있다.

명심해야 할 사항은 사용자 입력을 배열의 정수와 비교하기 전에 정수로 변환해야 한다는 점이다. 만약 이렇게 하지 않으면, 알고리즘은 문자열(입력 숫자)을 정수(리스트)와 비교하기 때문에 언제나 `No`만 출력하게 된다.

Big-O 표기법 이해하기

다음은 **Big-O 표기법**에 대해 알아보자. 이 표기법은 알고리즘의 성능/복잡도를 나타내는 데 사용되므로 반드시 학습해야 한다. 이 표기법은 알고리즘의 입력과 알고리즘 실행에 필요한 단계 사이의 관계를 설정하는 데 사용될 수 있다.

표기법: O("n"으로 표기되는 알고리즘 입력과 단계 사이의 관계).

예를 들어, 알고리즘의 입력과 단계 사이에 선형 관계가 있다면, Big-O 표기법은 $O(n)$이 될 것이다. 마찬가지로, 상수 관계의 경우에는 $O(\text{상수})$라 표기한다.

가장 자주 사용되는 Big-O 표기법은 다음과 같다:

입력크기와 알고리즘 단계 사이의 관계	Big-O 표기법
상수(Constant)	O(상수)
선형(Linear)	O(n)
이차(Quadratic)	$O(n^2)$
삼차(Cubic)	$O(n^3)$
지수(Exponential)	$O(2^n)$
로그(Logarithmic)	O(log(n))
로그 선형(Log Linear)	O(n*log(n))

그림 7.3 다양한 유형의 알고리즘에 대한 Big-O 표기법

지금부터, 앞의 표에서 언급한 몇 가지 복잡도에 대해 알아본다:

- **상수 복잡도 O(상수)**:
  입력의 크기에 상관없이 알고리즘 실행에 필요한 단계가 일정하다면 알고

리즘의 복잡도가 상수라고 한다.

파이썬 예제를 통해 상수 복잡도를 이해해 보자. 다음과 같은 일을 하는 알고리즘을 만들자:

1단계: 리스트를 입력한다.

2단계: 리스트에서 두 번째 항목의 세제곱을 계산한다:

```
# 상수 복잡도 함수

def constant_complexity(list):
    output = list[1]* list[1]* list[1]
    print("The end result after running the algorithm is: " +
    str(output))

constant_complexity([1,2,3,4,5,6,7])
```

출력:

```
The end result after running the algorithm is: 8
```

위의 예에서, 알고리즘에 입력된 리스트의 길이가 얼마인지 상관없이, 두 번째 데이터 항목의 세제곱을 계산하는 한 가지 작업만 수행한다는 것을 알 수 있다(파이썬에서 인덱스는 0부터 시작). 따라서 알고리즘은 입력의 크기에 상관없이 한 단계로 끝나기 때문에 알고리즘의 복잡도는 $O(1)$이다.

- **선형 복잡도 O(n)**:

  알고리즘 실행에 필요한 단계가 입력 크기에 따라 일차적으로 증가한다면 알고리즘의 복잡도가 선형이라고 한다.

  파이썬 예제를 통해 선형 복잡도를 이해해 보자. 다음과 같은 일을 하는 알고리즘을 만들자:

  1단계: 리스트를 입력한다.

2단계: 전체 리스트를 통과하는 데 걸리는 반복 횟수를 센다:

```
# 선형 복잡도

def linear_complexity(list):
    for i in list:
        print("Iteration number " + str(i))

linear_complexity([1,2,3,4,5,6,7])
```

출력:

```
Iteration number 1
Iteration number 2
Iteration number 3
Iteration number 4
Iteration number 5
Iteration number 6
Iteration number 7
```

위의 예에서, 알고리즘이 입력 리스트에 있는 수를 하나씩 통과하기 때문에 입력 길이가 증가함에 따라 반복 횟수가 증가함을 알 수 있다. 이것이 바로 선형 관계로, $O(n)$이라고 나타낼 수 있으며, 여기서 n은 알고리즘이 수행되는 단계의 횟수를 나타낸다.

- **이차 복잡도 $O(n^2)$**:

알고리즘 실행에 필요한 단계가 입력 크기의 제곱에 비례하여 증가한다면 알고리즘의 복잡도가 이차라고 한다. 다음과 같은 일을 하는 알고리즘을 만들자:

1단계: 리스트를 입력한다.

2단계: 2개의 `for` 루프를 통과한다:

```
# 이차 복잡도

def quadratic_complexity(list):
    count = 0
    for i in list:
        for j in list:
            count += 1
            print(str(count) + "\t|First for loop iteration:
                " + str(i),
                '\t|', "Second for loop iteration: " + str(j))

quadratic_complexity([1,2,3,4])
```

출력:

```
1   |First for loop iteration: 1     | Second for loop iteration: 1
2   |First for loop iteration: 1     | Second for loop iteration: 2
3   |First for loop iteration: 1     | Second for loop iteration: 3
4   |First for loop iteration: 1     | Second for loop iteration: 4
5   |First for loop iteration: 2     | Second for loop iteration: 1
6   |First for loop iteration: 2     | Second for loop iteration: 2
7   |First for loop iteration: 2     | Second for loop iteration: 3
8   |First for loop iteration: 2     | Second for loop iteration: 4
9   |First for loop iteration: 3     | Second for loop iteration: 1
10  |First for loop iteration: 3     | Second for loop iteration: 2
11  |First for loop iteration: 3     | Second for loop iteration: 3
12  |First for loop iteration: 3     | Second for loop iteration: 4
13  |First for loop iteration: 4     | Second for loop iteration: 1
14  |First for loop iteration: 4     | Second for loop iteration: 2
15  |First for loop iteration: 4     | Second for loop iteration: 3
16  |First for loop iteration: 4     | Second for loop iteration: 4
```

for 루프가 시작되면 최초의 프로그램 제어는 외부 for 루프에 놓인다. 리스트의 첫 번째 원소는 1이다. 이후, 프로그램 제어는 실행을 위해 내부 루프로 이동한다. 여기에서, 리스트의 각 값([1,2,3,4])에 대하여 한 번에 하나씩 리스트의 마지막에 이를 때까지 반복된다. j의 값은 내부 for 루프의 첫 번째 반복에서 1이 되고, 반복 횟수를 출력(First for loop iteration: 1 | Second for loop iteration: 1)한 다음에 리스트의 두 번째 원소(2)로 이동한다. 내부 루프의 실행이 완료되면 프로그램 제어는 외부 루프로 다시 이동한다. 이 과정은 내부 루프와 외부 루프가 모두 완전히 실행될 때까지 반복된다.

입력 리스트의 항목 개수를 n이라 하면, 수행된 단계는 모두 $n*n$번(이 예의 경우 16번)이다.

입력의 길이가 증가함에 따라 반복 횟수도 같이 증가하지만, 제곱에 비례하는 방식으로 증가한다. 이것이 바로 이차 관계로, $O(n^2)$이라고 나타낼 수 있으며, 여기서 n^2은 알고리즘이 수행된 단계의 횟수를 나타낸다.

- **복합적인 함수의 복잡도**:

  다음으로, 여러 가지 일을 하는 알고리즘을 살펴보고 그 Big-O 표기법을 알아내려고 한다. 다음과 같은 일을 하는 알고리즘을 만들자:

  1단계: "Hello World!"를 6회 출력한다. 이 부분은 알고리즘에 의해 6단계만큼 수행되기 때문에 $O(6)$이다.

  2단계: for 루프를 사용하여 리스트 원소를 차례대로 출력한다. 이 부분은 선형 복잡도이며 수행되는 단계는 리스트의 원소 개수에 비례하여 달라지기 때문에 $O(n)$이다.

  3단계: 또 다른 for 루프를 사용하여 리스트 원소를 차례대로 출력한다. 이 부분도 선형 복잡도이며 수행되는 단계는 리스트의 원소 개수에 비례하여 달라지기 때문에 $O(n)$이다.

  알고리즘의 전체 복잡도는 $O(6)+O(n)+O(n)=O(2n)+O(6)$이다:

```
# 복합적인 함수 복잡도

def complex_func (list):
    count = 0
    for i in range(6):
        count += 1
        print("Step: " + str(count) + " \t Hello World!")

    for j in list:
        count += 1
        print("Step: " + str(count) + " \t " + str(j))

    for k in list:
        count += 1
        print("Step: " + str(count) + " \t " + str(k))

complex_func([1,2,3,4])
```

출력:

```
Step: 1      Hello World!
Step: 2      Hello World!
Step: 3      Hello World!
Step: 4      Hello World!
Step: 5      Hello World!
Step: 6      Hello World!
Step: 7      1
Step: 8      2
Step: 9      3
Step: 10     4
Step: 11     1
Step: 12     2
Step: 13     3
Step: 14     4
```

보다시피 알고리즘은 3가지 작업을 완료하기 위해 14단계를 거쳤다. 알고리즘의 복잡도는 $O(2n)+O(6)$으로 나타났다. 그러나 입력 리스트의 크기가 아주 커지면 상수가 중요하지 않게 된다. 무한대의 두 배 또는 절반은 여전히 무한대이기 때문이다. 상수를 무시할 수 있으니 입력 리스트가 극도로 커지면 이 알고리즘의 차수는 $O(n)$이 될 것이다. 간단히 말해서, 지배적이지 않은 항과 계수를 제외한다.

언제 상수가 중요한가?

위의 예제와 관련하여, 알고리즘의 차수가 $O(n)$이라는 결론에 도달했고 상수항($O(6)$)을 제외했다[3]. 이는 문제의 크기가 충분히 커질 때 적용가능하며, 상수항은 중요하지 않게 된다. 하지만 그 결과, 두 알고리즘이 같은 Big-O 시간 복잡도를 가질 수 있다. 한 알고리즘이 항상 다른 알고리즘보다 빠르더라도 말이다. 예를 들어 알고리즘 1에 n^2 시간이 필요하고 알고리즘 2에 $5*n^2+n$ 시간이 필요하다고 가정하자. 알고리즘 1이 알고리즘 2보다 빠르지만, 상수와 낮은 차수의 항을 무시하면 두 알고리즘의 Big-O 표기법은 양쪽 모두 $O(n^2)$이다. 이 경우, 어떤 알고리즘이 더 빠른가를 판단해야 한다면 상수 그리고 낮은 차수의 항이 **중요하다**.

그러나, 알고리즘이 어떤 "배율"을 따르는지, 즉 문제의 크기가 두 배나 세 배가 될 때 알고리즘의 실행 시간이 어떻게 변하는지라는 질문에는 상수가 **중요하지 않다**. n^2 시간이 필요한 알고리즘은 항상 $10*n^2$이 필요한 알고리즘보다 빠르지만, 두 알고리즘 모두 문제의 크기가 두 배가 되면 실제 시간은 네 배가 된다.

두 알고리즘이 서로 다른 Big-O 시간 복잡도를 가질 때, 상수와 낮은 차수의 항은 문제 크기가 작을 때만 중요하다. 값이 큰 상수가 있더라도 문제 크기가 커지면 선형 시간 알고리즘은 이차 시간 알고리즘보다 빠를 것이다:

3 일차항의 상수 계수 2도 제외했다.

n	100 * n	n^2/100
10^2	10^4	10^2
10^3	10^5	10^4
10^4	10^6	10^6
10^5	10^7	10^8
10^6	10^8	10^{10}
10^7	10^9	10^{12}

그림 7.4 서로 다른 입력 크기에 대한 선형 및 이차 복잡도

위의 표는 여러 n의 값에 대하여 $100*n$(n에 대해 선형)와 $n^2/100$(n에 대해 이차)의 값을 보여준다. n이 10^4보다 작은 경우에는 이차 시간 복잡도가 선형 시간 복잡도보다 작은 값을 갖는다. 그러나 n이 10^4을 초과하면 이차 시간 복잡도가 선형 시간 복잡도보다 큰 값을 갖는다.

이제, 어떻게 알고리즘에 대한 Big-O 표기법을 알아내는지 학습했으니, 이 표기법을 그래프로 표현하여 더 명확하게 나타내보자:

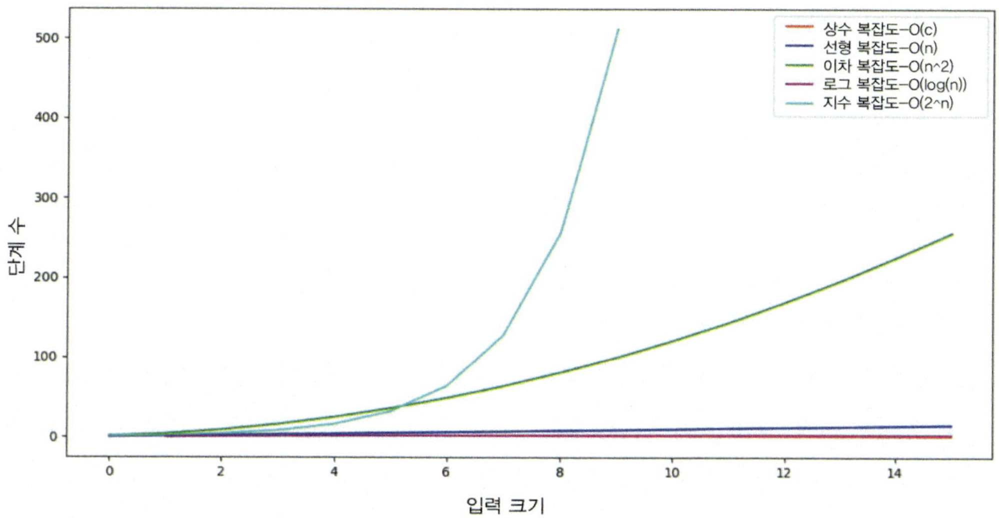

그림 7.5 서로 다른 복잡도에 따른 입력 크기 vs. 알고리즘이 수행하는 단계 수

앞의 그래프에서, 서로 다른 유형의 시간 복잡도에 따라, 알고리즘이 수행하는 단계의 수와 입력의 크기가 어떤 관련성이 있는지 알 수 있다.

이 단원에서는 Big-O 표기법을 살펴보았고 다양한 복잡도를 계산하는 방법에 대해 배웠다. 다음 단원에서는 기본 제어 구조로 구성된 알고리즘의 복잡도에 대해 배우는 과정을 통해 논의를 계속하려 한다.

기본 제어 구조를 포함하는 알고리즘의 복잡도

이 단원에서는 제어 구조라고 하는 중요한 개념에 대해 알아본다. 이 장을 마치면 제어 구조의 개념, 유형, 작동 방식, 계산 복잡도에 대한 기초 지식을 습득하게 될 것이다.

제어 구조(control structure)는 프로그램에서 흐름의 방향을 규정하는데, 매개변수 또는 조건을 기반으로 프로그램이 흘러가는 방향을 분석하여 선택하는 데 사용된다. 간단히 말해서, 제어 구조는 단지 컴퓨터가 내리는 의사 결정이다. 기본 제어 구조에는 세 가지 유형이 있다:

- 순차 흐름
- 선택 흐름
- 반복 흐름

차례로 이들을 이해해 보자.

순차 흐름

이 흐름에서는 알고리즘이 컴퓨터에 주어진 일련의 명령에 따라 흘러가며, 명백한 순서를 따라서 단계가 실행된다. 그 순서는 단계에 번호를 매겨 명시적으로 드러낼 수도 있다. 또한, 나열된 단계 순서를 암묵적으로 따른다. 대부분의 처리 과정은 일반적으로 이 근본적인 흐름의 패턴을 따르게 된다:

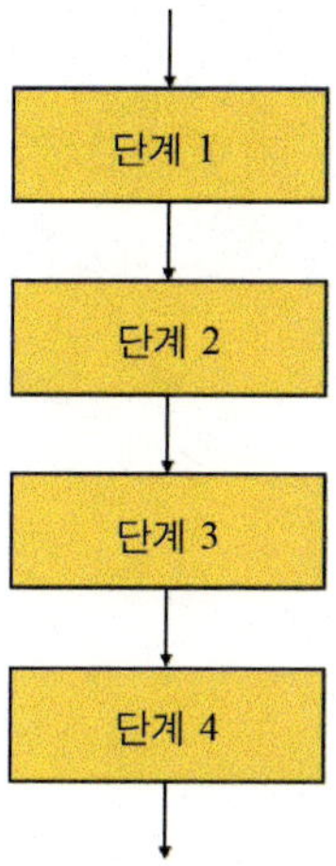

그림 7.6 순차 흐름

알고리즘의 단계 수가 복잡도를 결정하므로, 이러한 순차 흐름의 복잡도는 **상수**이다.

선택 흐름

이러한 유형의 흐름은 여러 조건이나 매개변수를 포함하는데 이들은 복수의 단계 중 하나를 결정한다. 이러한 유형의 논리를 사용하는 구조를 조건부 구조라고 한다:

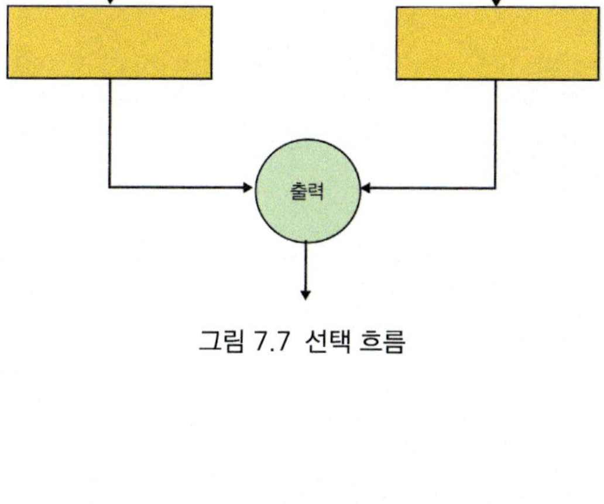

그림 7.7 선택 흐름

파이썬에서 선택 흐름에 사용되는 일반적인 조건부 구조는 `if-elif-else`이다.

수학에서 사용되는 논리적 조건을 기억해 보자. 파이썬 프로그래밍 언어는 다음과 같은 일부 논리적 조건을 지원한다:

- **같음**: `a == b`
- **같지 않음**: `a != b`
- **작음**: `a < b`
- **작거나 같음**: `a <= b`
- **큼**: `a > b`
- **크거나 같음**: `a >= b`

이제 기본 논리적 조건을 확인했으므로, 이를 적용하여 `if-elif-else` 조건을 좀 더 확실히 이해해 보자.

- if-elif-else:
  특정 조건이 충족될 때 코드의 특정 부분이 실행되길 원하는 경우, 이를 지원하는 의사 결정 구조가 필요하다. 파이썬에서는 의사 결정을 위해 `if-elif-else` 문을 사용한다.

  예를 들어 이 조건문이 어떻게 동작하는지 알아보자. 이 예제에서는 다음을 수행한다:

  1단계: 'a'와 'b'라는 두 변수를 정의하고 각 변수에 값을 할당한다.

  2단계: `b > a`라면, 알고리즘은 b가 a보다 크다고 출력한다.

  3단계: `b < a`라면, 알고리즘은 b가 a보다 작다고 출력한다.

  4단계: `a == b`라면, 알고리즘은 두 수가 같다고 출력한다:

```
# if-elif-else 문의 복잡도

a = 10
```

```
b = 5
if b > a:
    print("b is greater than a")
elif b < a:
    print("b is less than a")
else:
    print("a and b are equal")
```

출력:

```
b is less than a
```

`if-elif-else` 조건 구조에 대한 Big-O 표기법은 $O(3)$이다. 최악의 경우, 3개의 단계를 모두 거쳐야 하기 때문이다. 만약 2단계가 참이면 한 단계만에 종료하지만 2단계와 3단계가 모두 거짓이면 알고리즘은 모든 조건문을 실행한 후에 종료한다.

반복 흐름

이 유형의 흐름은 루프에 사용된다. 즉, 원하는 횟수만큼 또는 지정된 조건을 만족할 때까지 코드의 특정 부분을 실행하고 싶은 경우에 사용된다. 반복 흐름에는 두 가지 유형이 있다. 여기서 이에 대해 자세히 설명한다:

- Repeat-For 구조 – For 루프:
  `for` 루프는 리스트, 튜플, 사전, 집합, 문자열 등 나열이 가능한 개체를 대상으로 반복하는 데 사용된다. 이 루프를 사용하면 리스트, 튜플, 배열 등에 저장된 항목마다 한 번씩 일련의 문장들을 실행할 수 있다:

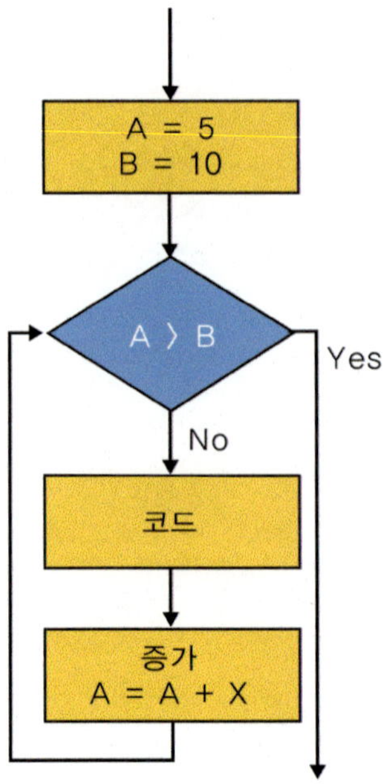

그림 7.8 반복 흐름(for 루프)

앞의 다이어그램에서 두 변수 A와 B는 어떤 값을 갖도록 설정되어 있다. for 루프는 A가 B보다 커지기 전까지 실행되고, 조건 A > B가 참이 되면 루프를 종료한다. 루프를 한 번 반복할 때마다 A의 값은 X만큼 증가한다.

파이썬 예제를 통해 루프를 좀 더 이해해 보자. 이 예제에서는 다음과 같은 단계를 수행한다:

1단계: 과일 이름의 리스트를 출력한다:

```
# For 루프

fruits = ["apple", "mango", "orange", "banana", "pomegranate"]
for x in fruits:
    print(x)
```

출력:

```
apple
mango
orange
banana
pomegranate
```

for 루프에서, 과일 리스트에서 과일 이름을 나타내기 위해 x를 사용하고 있다[4]. 반복할 때마다 리스트의 각 과일 이름이 차례로 x에 저장된다. 여기에서는, 과일 리스트의 첫 번째 원소 apple을 출력하고, 리스트의 두 번째 원소 mango를 출력하는 식으로 진행된다. 리스트에 저장된 원소 수가 n이라면, for 루프의 복잡도는 $O(n)$이다. 루프는 n번 실행되므로 일련의 문장도 n번 실행된다. 그 일련의 문장이 $O(1)$이므로 루프 실행에 걸리는 전체 시간은 $n*O(1)=O(n)$이다.

이제 for 루프에 대해 알아보았으니 중첩 for 루프와 그 복잡도에 대해 알아보자. 중첩 루프(nested loop)란 무엇일까? 중첩 루프는 루프 내부에 루프가 있는 구조이다. 내부 루프는 외부 루프가 반복될 때마다 실행된다.

앞의 예제에서는 과일의 이름만 출력했다. 이제, 중첩 for 루프를 활용하여 과일 이름에 몇 가지 형용사를 추가해 보자.

for 루프가 시작되면 프로그램 제어는 먼저 외부 for 루프에 놓이게 된다. adjectives 리스트의 첫 번째 형용사인 tasty를 y의 값으로 설정하고 나서, 이후 프로그램 제어는 내부 루프로 이동한다. 여기에서, fruits 리스트의 마지막에 이를 때까지 리스트의 각 원소에 대하여 한 번에 하나씩 반복된다. x는 내부 for 루프의 첫 번째 반복에서 apple이 되고 print(y, x)를 실행하여 tasty apple을 출력한 다음에, fruits 리스트의 다음 값으로

---

4 x를 반복 변수라 한다.

이동한다. 내부 루프의 실행을 완료하면 프로그램의 제어는 다시 외부 루프로 이동하게 되는데, 여기서 adjectives 리스트의 다음 값을 y 값으로 설정하고 내부 루프를 다시 실행하여 아래 보이는 것처럼 출력한다:

```
# 중첩 for 루프

fruits = ["apple", "mango", "orange", "banana", "pomegranate"]
adjectives = ["tasty", "juicy", "fresh"]

for y in adjectives:
    for x in fruits:
        print(y, x)
```

출력:

```
tasty apple
tasty mango
tasty orange
tasty banana
tasty pomegranate
juicy apple
juicy mango
juicy orange
juicy banana
juicy pomegranate
fresh apple
fresh mango
fresh orange
fresh banana
fresh pomegranate
```

중첩 루프의 경우, 외부 for 루프의 복잡도는 $O(n)$이고 내부 루프의 복잡도는 $O(m)$이라면, 복잡도는 $O(n^*m)$이라고 말할 수 있다.

- **Repeat-While 구조 - While 루프:**
  while 루프를 사용하면 특정 조건이 참인 경우, 그 조건이 거짓이 될 때까지 일련의 문장을 실행할 수 있다:

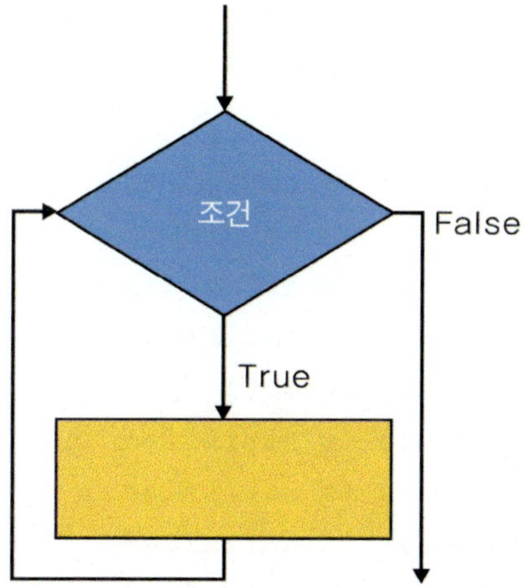

그림 7.9 반복 흐름(while 루프)

파이썬에서 while 루프를 구현하는 방법을 이해해 보자. 이 예에서는 다음과 같은 단계를 수행한다:

1단계: 인덱스를 임의의 상수로 설정한다.

2단계: 특정 기준이 충족될 때까지 인덱스를 출력한다.

3단계: 인덱스를 증가시킨다:

```
# While 루프

i = 1
while i < 10:
    print("Step: " + str(i) + " The condition is satisfied")
    i += 1
```

출력:

```
Step: 1 The condition is satisfied
Step: 2 The condition is satisfied
Step: 3 The condition is satisfied
Step: 4 The condition is satisfied
Step: 5 The condition is satisfied
Step: 6 The condition is satisfied
Step: 7 The condition is satisfied
Step: 8 The condition is satisfied
Step: 9 The condition is satisfied
```

이 예에서는, 인덱스 $i=1$로 설정하고 `while` 루프를 사용하여 단계 번호와 조건 $i<10$의 충족 여부를 알려주는 문장을 출력한다. 보는 바와 같이 $i=10$일 때 루프가 종료되므로 알고리즘은 10단계에서 멈춘다.

`while` 루프의 복잡도는 $O(n)$이다. 그 이유는, 루프 내부의 문장이 실행되는 횟수가 루프 제어 변수(이 예에서는 `i`)의 동작에 따라 달라지므로, `while` 루프의 복잡도가 이 변수와 이 변수의 변화 방식에 따라 결정되기 때문이다. 위의 예에서, 인덱스 `i`는 선형으로 증가한다. 다시 말해, `i`의 값은 알고리즘이 수행하는 단계마다 1씩 증가한다.

일반적인 제어 구조의 복잡도 및 복잡도 계산 방법에 대해 알아보았으므로 다음 단원에서는 널리 사용되는 탐색 알고리즘에 대한 복잡도를 학습하도록 하겠다.

일반적인 탐색 알고리즘의 복잡도

탐색은 설정된 기준에 따라 데이터세트의 특정 부분을 선택하는 기술이다. 우리는 매일 같이 탐색 알고리즘을 사용한다. 예를 들어, 우리가 선택한 특정 단어나 구문을 충족하는 무언가를 웹에서 찾는다. 따라서, 필요한 데이터를 데이터 구조에서 탐색할 수 있는 능력은 다양한 종류의 응용 프로그램을 개발하는 데 있어 매우 중요하다.

이 단원에서는 파이썬에서 사용되는 두 가지 탐색 알고리즘을 설명한다:

- 선형 탐색 알고리즘(linear search algorithm)[5]
- 이진 탐색 알고리즘(binary search algorithm)

선형 탐색 알고리즘

이것은 순차적으로 찾는 문제를 해결하는 가장 간단한 탐색 알고리즘이다. 원하는 항목을 찾을 때까지 단지 차례대로 항목을 확인하면 된다. 이러한 유형의 탐색 알고리즘은 (알고리즘의 실행 시간을 계산하는) 이 장의 두 번째 예제를 통해 이미 설명하였다. 이를 보강하기 위해 유사한 예를 살펴보자, 그러나 이번에는 선형 탐색을 수행하는 함수를 만들어서 사용하기로 한다.

파이썬 함수란 무엇인가?

함수는 호출될 때만 실행되는 코드 뭉치이다. 사용자가 매개변수라고 부르는 입력을 함수에 전달할 수 있으며, 함수가 실행되면 결과를 반환한다.

이 예제에서는 다음을 수행한다:

1단계: 미리 정의된 숫자 리스트를 내부에 포함하고 있는 탐색 함수를 작성한다.

5 순차 탐색이라고도 한다.

2단계: 입력(리스트와 비교할 수)을 이 함수에 전달한다.

3단계: 결과를 다음과 같이 출력한다.

입력과 리스트 원소가 일치하면 True를 출력한다.

입력과 리스트 원소가 일치하지 않으면 False를 출력한다:

```
def linear_search(input):
    lists = [1, 2, 3, 4, 5, 6, 7, 8]
    number = int(input)

    for i in range(len(lists)):
        if lists[i] == number:
            print("True", end='  ')
            return
        else:
            print("False", end='  ')
    print()

INPUT = input("Please input a number of your choice: ")
linear_search(INPUT)
```

출력:

```
Please input a number of your choice:  5
False  False  False  False  True
```

이제 선형 탐색 알고리즘이 어떻게 동작하는지 알았으므로 최상인 경우의 시나리오, 최악인 경우의 시나리오 및 평균인 경우의 시나리오를 생각해 보자:

- **최상의 경우**: 최소의 단계 수로 실행되는 경우이다. 선형 탐색에서 가장 좋은 시나리오는 목푯값(찾는 값)이 첫 번째 인덱스(0)에 있을 때 일어난다. 이 시나리오에서 실행되는 단계는 오직 하나이므로 시간 복잡도는 상

수이고 Big-O 표기법은 $O(1)$이다.

- **최악의 경우**: 최대의 단계 수로 실행되므로 최대의 시간이 걸리는 경우이다. 이 시나리오는 선형 탐색 알고리즘이 마지막 인덱스(n이라고 하자)에 존재하는 원소를 탐색할 때 일어난다. 알고리즘이 종료하기 전까지 (일차적으로 증가하는) n단계를 수행해야 하므로 이 경우의 시간 복잡도는 $O(n)$이 될 것이다.
- **평균의 경우**: 평균의 경우에 대한 시간은 가능한 모든 경우의 시간을 경우의 수로 나누어 확인할 수 있다. 따라서 선형 탐색의 평균 시간 복잡도는 $O((n+1)/2)$이다[6].

이제 선형 탐색 알고리즘에 대한 최상인 경우의 시나리오, 평균인 경우의 시나리오, 최악인 경우의 시나리오를 알아보았으므로, 이러한 시나리오가 이진 탐색 알고리즘에 대해서는 어떨지 알아본다.

이진 탐색 알고리즘

이 탐색 알고리즘은 리스트가 정렬되어 있음을 전제로 하며 분할 정복(divide and conquer) 철학에 기반한다. 원하는 값보다 큰 모든 값 또는 작은 모든 값에 해당하는 리스트 절반을 반복적으로 제외하면서 리스트 중간에 있는 값을 확인한다. 목푯값이 중간지점에 있으면 알고리즘은 즉시 `true`를 반환한다. 그렇지 않다면, 목푯값이 중간지점의 원소보다 작은지 또는 큰지를 결정하게 되는데, 만약 목푯값이 작으면 상단 경계를 중간지점보다 하나 작게 조정하고, 만약 목푯값이 크면 하단 경계를 중간지점보다 하나 크도록 조정한다. 루프의 그 다음 반복에서, 탐색에서 고려할 대상은 하단 경계와 상단 경계 사이의 원소이다. 이 과정은 목푯값을 찾을 때까지 반복된다. 만약 목푯값이 정렬 리스트에 존재하지 않을 경우는 하단 경계가 상단 경계보다 커지게 되며 알고리즘은 종료하게 된다.

6 모든 원소의 탐색 확률이 같고 언제나 목푯값이 리스트에 존재한다고 가정하면 $(1+2+\cdots+n)/n$

이 알고리즘을 좀 더 명확하게 이해하기 위해 예제를 살펴보기로 한다. 다음과 같은 알고리즘 구성 단계를 수행한다:

$list = [10, 20, 30, 40, 50, 60, 70, 80, 90, 100]$

이진 탐색을 수행하기 전에 리스트를 정렬해야 함을 기억하자:

1단계: 목푯값을 리스트의 중간 원소와 비교한다.

2단계: 목푯값이 리스트의 중간 원소와 일치하면 중간 원소의 인덱스를 반환한다.

3단계: 목푯값이 리스트의 중간 원소보다 클 경우, 목푯값은 중간 원소의 오른쪽 서브 리스트에만 존재 가능하다.

4단계: 그렇지 않으면(목푯값이 중간 원소보다 작은 경우), 중간 원소의 왼쪽 서브 리스트에서 일치하는 항목을 찾는다:

```
# 목푯값이 리스트에 있으면 목푯값의 인덱스를 반환
def binary_search(list, l, r, target_value):
    # 재귀 알고리즘의 기초 단계 검사
    if r >= l:

        mid_index = l + (r - l) // 2

        # 목푯값이 리스트의 중간-원소와 매칭
        if list[mid_index] == target_value:
            return mid_index

        # 목푯값이 중간-원소보다 작으면, 왼쪽 서브리스트에 있음
        elif list[mid_index] > target_value:
            return binary_search(list, l, mid_index - 1,
                target_value)
```

```
        # 그렇지 않으면, 목푯값이 오른쪽 서브리스트에 있음
        else:
            return binary_search(list, mid_index + 1, r,
                target_value)

    else:
        # 목푯값이 리스트에 없음
        return -1


# 테스트용 리스트
list = [10, 20, 30, 40, 50, 60, 70, 80, 90, 100]
target_value = 100

# 함수 호출
result = binary_search(list, 0, len(list) - 1, target_value)

if result != -1:
    print("Target element is present at index " +
        str(result) + " of the list")
else:
    print("Target element is not present in list")
```

출력:

```
Target element is present at index 9 of the list
```

이제 이진 탐색 알고리즘이 어떻게 동작하는지 알았으므로 최상인 경우의 시나리오, 최악인 경우의 시나리오 및 평균인 경우의 시나리오를 생각해 보자:

- **최상의 경우**: 최소의 단계 수로 실행되는 경우이다. 이진 탐색에서 가장 좋은 시나리오는 목푯값(찾는 값)이 리스트의 한가운데 인덱스에 있을 때

일어난다. 시간 복잡도는 상수이고 Big-O 표기법은 $O(1)$이다.

- **최악의 경우**: 최대의 단계 수로 실행되므로 최대의 시간이 걸리는 경우이다. 이 시나리오는 알고리즘이 리스트에 없는 목푯값을 탐색할 때 일어난다. 반복할 때마다 리스트를 절반으로 나누기 때문에 이 경우의 시간 복잡도는 $O(\log n)$이 된다. 원하는 인덱스를 찾을 때까지 최대 몇 번이나 서브리스트를 2로 나누어야 할까? 이를 수학적으로 풀면 다음과 같다:

$$\frac{n}{2^k} = 1$$

$$n = 2^k$$

  여기서, n은 리스트에 있는 원소의 수이고, k는 서브 리스트가 더 작은 서브 리스트로 분할된 횟수이다.

  양변에 로그를 취하면 $k = \log(n)/\log(2)$을 얻는다.

- **평균의 경우**: 평균의 경우에 대한 시간은 가능한 모든 경우의 시간을 경우의 수로 나누어 확인할 수 있다. 따라서 이진 탐색의 평균 시간 복잡도는 $O(\log n)$이다[7].

탐색 유형	최상의 경우	최악의 경우	평균의 경우
선형 탐색	O(1)	O(n)	O((n+1)/2)
이진 탐색	O(1)	O(log n)	O(log n)

그림 7.10 선형 및 이진 탐색에 대한 최선, 최악, 평균의 경우 비교

7 이진 탐색의 평균 시간 복잡도는 어떤 가정을 하느냐에 따라 달라지며 계산 과정도 상대적으로 복잡하다. 모든 원소의 탐색 확률이 같고 언제나 목푯값이 리스트에 존재한다고 가정하면 본문의 복잡도를 구할 수 있으며 여기에서는 결과만 인용하기로 한다. 이렇게 알고리즘의 평균 복잡도를 구하는 방식이 까다롭고 여러 가정에 따라 영향을 받으므로, 보통은 최선과 최악의 경우 복잡도를 사용한다.

이진 탐색의 장점은 목푯값이 리스트에 없어도 즉, 최악인 경우에도 모든 항목을 조사해야 하는 건 아니라는 점이다. 리스트가 이미 정렬된 상태에서 이진 탐색을 진행하므로 루프를 반복할 때마다 절반을 제거할 수 있다. 이러한 방식덕분에 입력의 크기(비교에 사용되는 리스트의 크기)는 루프가 반복될 때마다 절반으로 줄어든다.

이진 탐색 알고리즘은 최악의 경우 시간 복잡도가 $O(\log n)$이므로 선형 탐색의 최악의 경우 시간 복잡도 $O(n)$에 비하여 효율적이다.

이 단원에서는 파이썬으로 구현한 두 가지 유형의 탐색 알고리즘, 즉 선형 탐색 및 이진 탐색 알고리즘의 계산 복잡도에 대해 배웠다. 또한 최고, 최악, 평균인 경우의 시간 복잡도를 비교했다.

계산 복잡도 클래스

이전 단원에서는 상수, 선형, 이차 복잡도 등으로 복잡도를 분류하였다. 이 단원에서는 다른 관점의 계산 복잡도 클래스에 대해 알아보기로 한다[8].

> *"컴퓨터 과학 분야 밖의 모든 사람은 프로그램이 너무 느리게 실행되면 더 빠른 기계가 필요하다고 생각합니다."*
>
> *– 로드 다우니 그리고 마이크 펠로우(Rod Downey and Mike Fellows)*

그러나 이는 사실이 아니다. 왜냐하면 브루트 포스 기법으로 해를 찾아야 하는 문제 중에는 가능한 경우의 수가 너무 많아서 문제 해결에 필요한 단계 수를 기하급수적으로 증가시키는 사례가 종종 있기 때문이다. 풀 수 있는 문제에는 **풀기**

8 이전 단원의 복잡도는 문제를 해결하는 개별 알고리즘의 복잡도이고, 이번 단원의 복잡도는 문제 자체의 복잡도이다. 모든 문제는 컴퓨터로 풀 수 있는(solvable) 문제와 풀 수 없는(unsolvable) 문제로 나눌 수 있는데 이 단원은 풀 수 있는 문제에 관한 이야기이다.

쉬운(tractable) 문제와 **풀기 어려운**(intractable) 문제가 있는데 다음과 같은 중요한 차이가 있다:

- **풀기 쉬운** 문제는 **다항 시간**(polynomial time, **P**)이 걸리는 알고리즘을 사용하여 해결되는 문제이다. 시간 복잡도는 $O(n^c)$이며, 여기서 c는 양의 상수이다.

  좀 더 이론적으로 말하면, **빨리 풀 수 있는**(feasibly decidable) 유형의 문제란 결정론적 튜링 기계(deterministic Turing machine)[9]를 이용하여 입력 크기에 대한 다항 함수에 비례하는 단계 수를 거쳐 해결할 수 있는 문제이다. 이러한 문제의 부류를 **P** 클래스라고 한다[10].
- **풀기 어려운** 문제는 지수 시간(exponential time) 또는 그 이상이 걸리는 알고리즘을 사용해야 해결된다고 판명된 문제이다. $O(2^n)$ 또는 이와 비슷한 시간 복잡도를 갖는다.

이러한 이론적인 차이가 실제로 어떤 문제가 더 빨리 해결될 수 있는지와 항상 맞아떨어지는 건 아니다. 예를 들어, n^{1000} 단계 수로 실행되는 다항 시간 알고리즘보다 $2^n/100$ 단계 수로 실행되는 지수 시간 알고리즘이 더 나을지도 모른다. n이 작을 때는 지수 시간 알고리즘이 더 빠를 수도 있다. 그러나, n이 매우 클 때는 다항 시간 알고리즘이 더 빠를 것이다. *그림 7.4*로 돌아가서 보면 다항 시간 알고리즘에 비해 지수 시간 알고리즘의 단계 수(그리고 당연히 시간 복잡도)가 매우 빠르게 증가한다는 것을 알 수 있다.

---

9 결정론적 튜링 기계는 컴퓨터의 아버지라 불리는 앨런 튜링이 고안한 이론적 알고리즘 실행 모델 중 하나다. 하나의 결정론적 튜링 기계는 하나의 알고리즘을 처리하는 컴퓨터라 생각할 수 있으며 어떤 상태에서 다음 행동이 미리 결정되어 있다. 따라서, 매번 정해진 방식의 선택을 통해 문제를 해결하며 시행착오를 겪을 가능성이 높다. 예를 들어, 수도쿠 문제를 푸는 결정론적 튜링 기계는 빈칸마다 정해진 순서(예를 들어, 1부터 9까지)에 따라 차례대로 숫자를 대입해 보면서 해답을 찾는다.

10 빨리 풀 수 있는(feasibly decidable) 문제=풀기 쉬운(tractable) 문제=P 클래스 문제

전체적인 관점에서 초당 10^{10}의 단계 수를 처리하는 컴퓨터를 기준으로, 다양한 크기의 입력에 따른 다항 시간 복잡도와 지수 시간 복잡도의 실행 시간을 비교해 보자:

n	n^2 단계	2^n 단계
2	0.00000002 msec	0.00000002 msec
5	0.00000015 msec	0.00000019 msec
10	0.00001 msec	0.0001 msec
20	0.0004 msec	0.10 msec
50	0.00025 msec	31.3 hours
100	0.001 msec	9.4×10^{11} years
1000	0.100 msec	7.9×10^{282} years

그림 7.11 여러 크기의 단계에 따른 서로 다른 알고리즘의 소요 시간

위 두 유형 외에, 비결정론적 다항 시간이라는 의미의 **NP**(non-deterministic polynomial time) 타입이라고 불리는 세 번째 복잡도 클래스가 존재한다. 이 유형은 비결정론적 튜링 기계(non-deterministic Turing machine)[11]를 이용하여 입력 크기에 대한 다항 함수에 비례하는 단계 수를 거쳐 해결할 수 있는 문제이다. 다시 말해, 이 유형의 클래스는 대답이 주어지면 그것이 해답인지 아닌지 결정론적 튜링 기계를 이용하여 다항 시간에 검증할 수 있는 문제들의 집합이다[12].

11 역시 앨런 튜링이 고안한 이론적 컴퓨터 모델 중 하나로 어떤 상태에서 다음 행동이 1개 이상이다. 따라서, 다음 행동이 미리 결정되어 있지 않으며, 매번 운이 좋은 추측을 통해 문제를 해결한다. 즉, 매번 가장 운이 좋은 추측을 하는 능력을 지닌다. 예를 들어, 수도쿠 문제를 푸는 비결정적 튜링 기계는 빈칸마다 운 좋게 해답에 맞는 숫자를 선택한다.

12 비결정론적 튜링 기계로 빨리 풀 수 있다는 말이나 결정론적 튜링 기계로 빨리 해답을 확인(검산)할 수 있다는 말이 동치라는 뜻이다. 직관적으로 보자면 NP 클래스 문제인 수도쿠의 경우, 시행착오 없이 운이 좋은 추측을 통해 빈칸을 하나씩 채우는 시간과 어떤 답이 해답이 되는지 확인하기 위해 채워진 빈칸을 하나씩 검사하는 시간은 모두 수도쿠 크기에 비례하는 이차 복잡도를 갖는다. 종합해 보면, P 클래스는 빨리 풀 수 있는 문제, NP 클래스는 빨리

많은 사람들이 P는 NP의 진부분집합일 것으로 추측한다. 즉, $P \subset NP$로 추정된다[13]:

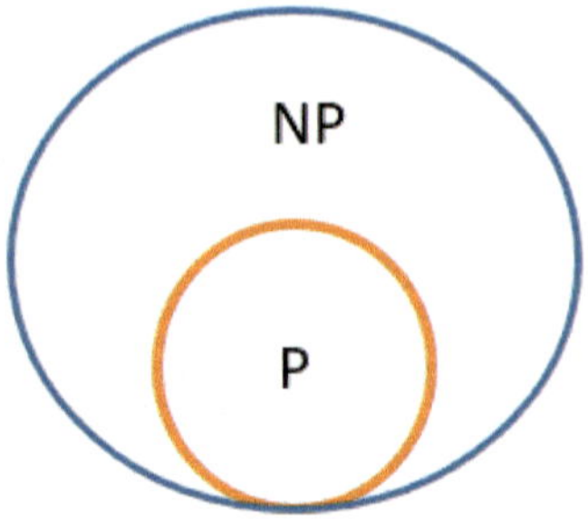

그림 7.12 P는 NP의 진부분집합이다.

이러한 복잡도 클래스의 불일치성을 입증하는 일은 복잡도 이론에서 중요한 미해결 문제로 여전히 남아 있다[14].

이 단원에서는 P와 NP를 포함하는 복잡도 클래스에 대해 배웠다. 또한 풀기 쉬운 문제와 풀기 어려운 문제가 무엇인지, 입력 크기가 증가할 때 지수 시간 복잡도의 문제가 얼마나 비효율적인지 살펴봤다.

답을 확인할 수 있는 문제이다. 수도쿠 문제는 빨리 풀 수는 없지만 주어진 답이 해답인지는 빨리 확인할 수 있으므로 NP 클래스 문제이다. 수도쿠를 빨리 푸는 알고리즘이 발견된다면 수도쿠 문제는 당연히 P 클래스에도 속하게 될 것이다.

13 결정론적 튜링 기계로 빨리 풀 수 있는 문제라면 당연히 비결정론적 튜링 기계로 빨리 풀 수 있다. 반대로 비결정론적 튜링 기계로 빨리 풀 수 있는 문제 중에 결정론적 튜링 기계로 빨리 풀 수 있는 알고리즘이 발견되지 않은 문제가 꽤 존재한다. 그런데 왜 추정이라고 할까? 풀기 어려운 문제와 달리, 그러한 문제를 빨리 풀 수 있는 알고리즘이 존재하는데 아직 발견하지 못했을 수도 있기 때문이다. 누구도 P 클래스에 속하지 않는 NP 클래스 문제가 존재하는지를 증명하지 못하였다. 따라서 전문가들의 추측과는 다르게 P=NP일 가능성도 존재한다.

14 미국의 클레이 수학 연구소(Clay Mathematics Institute)는 2000년 5월부터 $1,000,000의 상금을 걸고 P=NP 또는 P≠NP임을 증명하는 사람을 찾고 있다. 7개의 수학 난제인 '밀레니엄 문제' 중 하나이다.

요약

이 장에서는 컴퓨터 알고리즘과 그 복잡도(시간과 공간)에 대해 배웠다. 또한 입력의 크기에 따라 이러한 복잡도가 어떻게 달라지나 논의했다. 상수, 선형, 이차, 삼차 및 지수를 포함한 다양한 유형의 시간 복잡도를 Big-O 표기법과 함께 조사하였다. 그런 다음, 순차, 선택, 반복이라는 세 가지 기본 제어 구조의 복잡도에 대해 논의하였다. 선형 및 이진 탐색 알고리즘의 복잡도를 최상인 경우, 최악인 경우 그리고 평균적인 경우의 시나리오와 더불어 논의했다. 마지막으로, P 그리고 NP와 같은 또 다른 시간 복잡도 유형에 대해 배웠다.

이 장에서 습득한 지식으로, 특정 문제를 해결하기 위한 적절한 알고리즘을 선택할 수 있는 소양을 갖추게 될 것이다. 다음 장에서는 트리, 그래프, 네트워크에 대한 용어와 표기법, 방향 그래프와 방향 네트워크에 대해 알아본다.

참고문헌

- Computational Complexity Theory (Stanford Encyclopedia of Philosophy): https://plato.stanford.edu/entries/computational-complexity/, Accessed: 2020-05-17.
- Computational Complexity Tutorial, COMSOC 2017, Ronald de Hann, URL: https://staff.science.uva.nl/u.endriss/teaching/comsoc/2017/slides/comsoc-complexity-tutorial-2017.pdf, Accessed: May 17, 2020.

CHAPTER 8
그래프, 트리, 네트워크의 저장과 특성 뽑아내기

이 장에서 배울 구조는 모두 그래프라는 개념에서 비롯된다. 그래프는 노드 집합과 노드를 링크하는 접속 집합의 쌍으로 구성되는데, 노드와 접속을 각각 **꼭짓점**[1](vertex), **모서리**[2](edge)라 한다. 이 장을 포함하여 이후 다룰 여러 장에서 볼 수 있듯이 다양한 유형의 그래프를 사용하면 수많은 실제 상황을 모델링 할 수 있고 컴퓨터 과학 및 데이터 과학의 실제 문제를 해결할 수 있다.

이 장에서는 다음 주제를 다룬다.

- 그래프, 트리, 네트워크에 관한 용어 및 표기법 이해하기
- 그래프와 네트워크 모델을 실제 문제에 사용하는 몇 가지 방법에 대한 개요
- 파이썬에서 그래프와 네트워크를 효율적으로 저장하기
- 파이썬을 사용하여 그래프 또는 네트워크의 특성 추출하기

---

1 '정점'이라고도 한다.

2 '간선'이라고도 한다. 고등학교 교과서에는 '변'이라고 표현하고 있다.

이 장을 마치면 그래프, 트리, 네트워크 및 이에 방향성이 추가된 버전을 구분하고, 각 구조를 실제 문제에 대한 모델로 적용하는 일에 익숙해진다. 또한, 파이썬을 사용하여 이러한 구조를 컴퓨터 메모리에 효율적으로 저장하며, 선형대수를 사용함으로써 각 구조의 특성을 확인할 수 있게 될 것이다.

> **주의할 점**
> 이 장의 컬러 이미지를 참조하려면 머리글에서 소개한 링크를 따라 이동하십시오.

그래프, 트리, 네트워크 이해하기

트리, 네트워크, 방향 그래프에 대한 개념을 본격적으로 다루기 전에, 그래프 및 이와 관련된 사항을 수학적으로 정의하는 일부터 시작해 보자.

정의: 그래프

그래프(graph) G는 두 구성 요소로 이루어진다. 첫째, $V = \{v_1, v_2, \ldots, v_k\}$는 꼭짓점 집합이며, 각 꼭짓점은 노드라고 불린다. 둘째, E는 모서리 집합으로 각 모서리는 두 노드를 잇는다. 그래프는 $G = (V, E)$라 나타낸다.

수학적으로 각 모서리는 그 모서리가 이어주는 두 꼭짓점을 원소로 하는 집합으로 표현된다. 노드 v_i와 v_j를 잇는 모서리가 있다면, 이 모서리를 $e_{ij} = \{v_i, v_j\}$라고 하고 모서리 e_{ij}는 꼭짓점 v_i와 v_j에 결합 또는 부속(incident)되어 있다고 한다.

꼭짓점 집합 $V = \{v_1, v_2, v_3, v_4, v_5, v_6\}$와 모서리 집합 $E = \{e_{12}, e_{13}, e_{15}, e_{23}, e_{24}, e_{26}, e_{34}, e_{35}, e_{45}\}$로 구성된 그래프의 예는 *그림 8.1*과 같다.

예를 들어 꼭짓점 3(v_3)과 꼭짓점 4(v_4)를 잇는 모서리는 e_{34}이다. 대개 그래프 다이어그램에서 모서리 이름을 생략하는 게 일반적이지만, 모서리가 이어주는 두 꼭짓점을 보면 각 모서리의 이름을 쉽게 알아낼 수 있다.

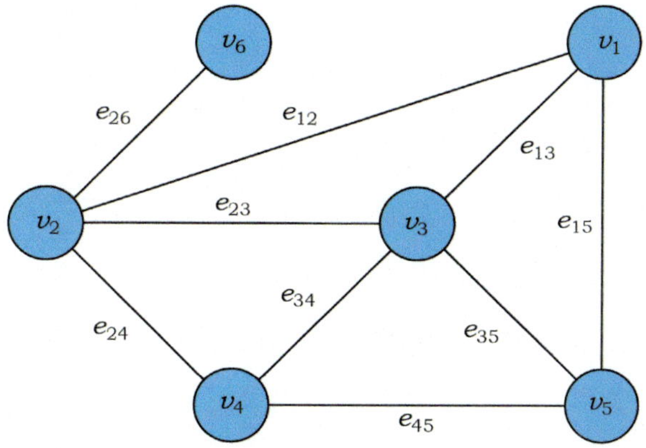

그림 8.1 6개의 꼭짓점 및 이들을 잇는 9개의 모서리가 있는 그래프

정의: 꼭짓점의 차수

꼭짓점 v_i에 n개의 모서리가 결합하는 경우, v_i의 **차수**(degree)는 n이다. 수학적으로 $d(v_i) = n$이라고 나타낸다.

즉, 한 꼭짓점의 차수는 그 꼭짓점에 연결된 모서리의 수이다. 다음 예에서는 *그림 8.1*의 그래프에서 각 꼭짓점의 차수를 세어 본다.

예제: 꼭짓점의 차수

*그림 8.1*의 그래프에서 각 꼭짓점에 연결된 모서리의 수를 세면 꼭짓점의 차수를 쉽게 알 수 있다. 그 결과는 다음과 같다:

$$d(v_1) = 3, \quad d(v_2) = 4, \quad d(v_3) = 4$$
$$d(v_4) = 3, \quad d(v_5) = 3, \quad d(v_6) = 1$$

모든 꼭짓점의 차수를 더하면 $3+4+4+3+3+1=18$이며, 이는 그래프에 존재하는 모서리 수의 두 배가 된다. 이 사실이 참인지 다음과 같이 증명한다.

정리: 차수의 합

그래프 $G = (V, E)$에 존재하는 꼭짓점의 차수를 모두 더하면 G에 있는 모서리

수의 두 배인 $2|E|$이다. 꼭짓점의 수 $|V|=n$이면, 이는 다음을 의미한다.

$$\sum_{i=1}^{n} d(v_i) = d(v_1)+d(v_2)+\cdots+d(v_n) = 2|E|$$

증명: 모서리 e_{ij}는 v_i의 차수를 1 증가시키고 v_j의 차수를 1 증가시킨다. 따라서 각 모서리는 모든 차수의 합을 2 증가시킨다.

이 장의 뒷부분에서 파이썬을 이용하여 그래프를 실제로 저장할 예정인데, 어떤 데이터 구조가 효율적인지 검토할 때 이 증명 결과를 사용하기로 한다.

다음으로는, 움직일 수 있는 단 하나의 길만 존재하는 특별한 그래프인 경로를 살펴본다.

정의: 경로

경로(path)는 $V=\{v_1, \ldots, v_n\}$와 $E=\{e_{12}, e_{23}, \ldots, e_{n-1,n}\}$로 구성된 그래프 $P=(V, E)$이다. 꼭짓점 v_1과 v_n은 경로의 끝점이라고 한다.

다음은 경로의 예인데 *그림 8.1*에 있는 G의 부분그래프이다. 여기서 $V=\{v_1, v_2, v_3, v_4, v_5\}$이고 $E=\{e_{12}, e_{23}, e_{34}, e_{45}\}$이다.

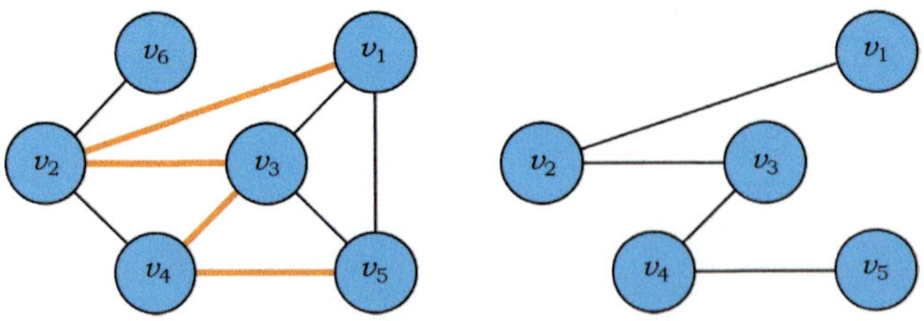

그림 8.2 왼쪽은 그래프 G이고, 오른쪽은 G에서 추출한 경로 P이다.

다음으로, 경로와 밀접한 관련이 있는 개념을 살펴본다. 즉, 시작 꼭짓점과 종료 꼭짓점이 인접하고 있어 순환을 형성하는 그래프이다.

정의: 순환

$P=(V, E)$가 경로일 때, 꼭짓점 집합 V는 같으면서 모서리 집합이 $E \cup \{e_{n1}\}$인 그래프가 **순환**(cycle)[3]이다. 즉, 두 끝점을 잇는 모서리가 하나 추가된 경로이다.

*그림 8.3*은 순환의 예인데 *그림 8.1*에 있는 그래프 G의 부분그래프이다:

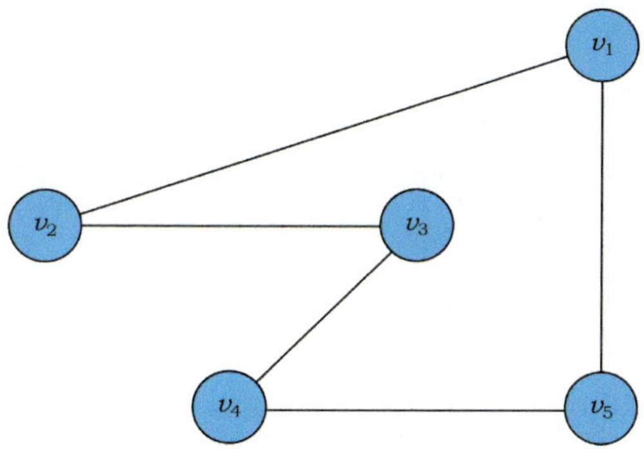

그림 8.3 G의 부분그래프인 순환

앞에서 언급했듯이 순환은 시작점과 끝점이 이어져 있다는 점을 제외하고는 경로와 똑같다. 이 예의 경우, *그림 8.2*의 두 번째 그래프에 꼭짓점 1과 꼭짓점 5를 잇는 모서리 e_{15}를 추가했음을 의미한다.

순환 개념을 응용하면 트리 구조를 정의할 수 있다. 트리는 운영 체제, 그래픽스, 데이터베이스 시스템, 컴퓨터 네트워크 등에서 객체의 계층 구조가 필요할 때 사용된다.

정의: 트리(비순환 그래프)

트리(tree) 또는 **비순환 그래프**(acyclic graph)는 순환이 존재하지 않는 그래프 $G=(V, E)$이다.

3 영어 표현 그대로 '사이클'이라고도 한다.

*그림 8.4*의 그래프는 트리의 예이다.

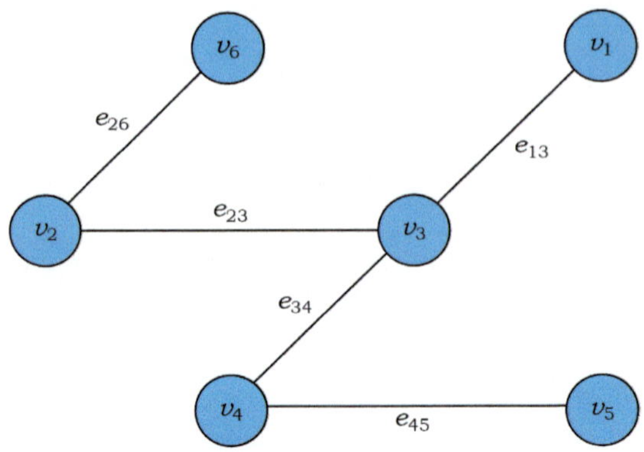

그림 8.4 비순환 그래프(트리)

이 그림에서 한 꼭짓점에서 자기 자신까지의 경로를 형성하려면 반드시 두 번 이상 거치는 모서리가 있어야 한다. 이는 순환이 없다는 뜻이다.

다음으로는, 각 모서리에 가중치가 있는 그래프인 네트워크를 정의한다. 가중치는 구글맵에서 도시 간 거리, 한 꼭짓점에서 다른 꼭짓점으로 이동할 때 드는 연료비, 신경망과 같은 딥 러닝 구조의 가중치 등에 해당할 수 있다. 수학적으로 정의하면 이러한 세부 사항을 신경쓰지 않아도 되므로 근본적인 개념에 집중할 수 있다. 그런 다음, 다양한 문제에 적용하기로 한다.

정의: 네트워크

네트워크[4](network) $N = (V, E, W)$은 세 구성 요소로 이루어진다. 그래프와 마찬가지로, V는 꼭짓점 집합이고 E는 모서리 집합이다. 여기에 추가로, 각 모서리에는 실숫값의 가중치가 있다. 수학적으로 나타낸다면 가중치 집합 $W = \{w_{ij} \in R \mid e_{ij} \in E\}$이며 모서리 e_{ij}의 가중치가 w_{ij}이다.

4 '가중치 그래프'라고도 한다.

다음 그림은 *그림 8.1*의 그래프하고 같은 꼭짓점 집합과 모서리 집합으로 구성되어 있지만 가중치 모서리를 가진 네트워크의 예를 보여준다:

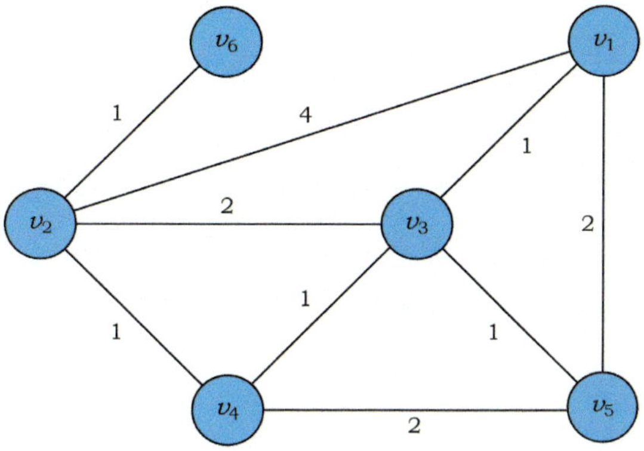

그림 8.5 6개의 꼭짓점과 10개의 가중치 모서리를 가진 네트워크

*그림 8.1*의 그래프와 마찬가지로 이 네트워크는 꼭짓점 집합 $V=\{v_1, v_2, v_3, v_4, v_5, v_6\}$와 모서리 집합 $E=\{e_{12}, e_{13}, e_{15}, e_{23}, e_{24}, e_{26}, e_{34}, e_{35}, e_{45}\}$를 포함할 뿐만 아니라, 그림에 있는 다음과 같은 가중치 집합도 포함한다:

$$W=\{w_{12}, w_{13}, w_{15}, w_{23}, w_{24}, w_{26}, w_{34}, w_{35}, w_{45}\}=\{4, 1, 2, 2, 1, 1, 1, 1, 2\}$$

네트워크의 가중치는 다양한 응용 분야에 따라 서로 다른 의미를 갖지만 몇 가지 일반적인 예를 든다면 꼭짓점 사이의 거리, 꼭짓점 사이에서 트래픽을 전달하는 링크의 용량, 꼭짓점 사이를 연결하는 비용 등이다. 다음 단원에서 이러한 응용 분야에 대해 자세히 설명한다.

다음으로, 모서리가 꼭짓점을 단순히 잇는 게 아니라 한 꼭짓점에서 다른 꼭짓점으로 특정한 방향을 갖는 그래프를 살펴본다.

정의: 방향 그래프

방향 그래프(directed graph, digraph) $G=(V, E)$는 꼭짓점 집합 V와 방향 모서리 집합 E로 구성되며, E는 V와 V의 데카르트 곱의 부분집합이다.

$$E \subset V \times V = \{(v_i, v_j) \mid v_i, v_j \in V\}$$

(방향이 없는) 그래프[5]와 달리, 여기에서 모서리는 집합이 아니라 **순서쌍**이다. 그 이유는 모서리에 방향이 있기 때문이며 이를 **방향 모서리**(directed edge)라고 부른다.

방향 그래프에서는 $e_{12} = (v_1, v_2)$이다. 즉, v_1에서 v_2로 향하는 모서리이지만 반대 방향으로는 성립하지 않는다. v_2에서 v_1로 향하는 모서리는 $e_{21} = (v_2, v_1)$로 나타내어야 한다. 요컨대, 방향 그래프를 고려할 때 $e_{ij} \neq e_{ji}$이다. 방향 그래프의 다이어그램에서는 모서리에 화살표를 사용한다. 예를 들어 다음 그림을 보자:

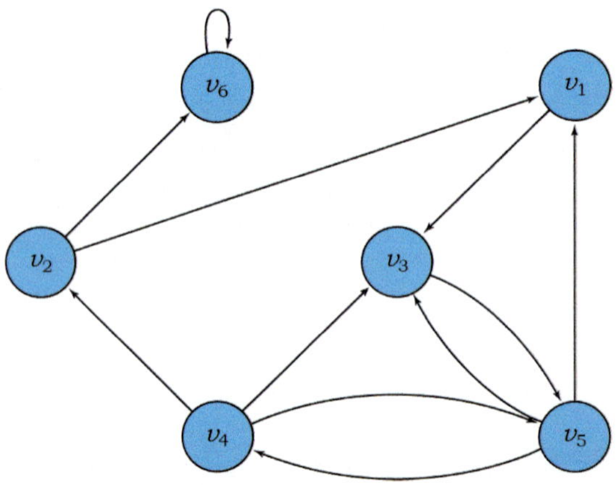

그림 8.6 6개의 꼭짓점과 11개의 방향 모서리가 있는 방향 그래프

이 방향 그래프는 이전 그래프와 마찬가지로 6개의 꼭짓점을 가지며 방향 모서리 집합 $E = \{e_{13}, e_{21}, e_{26}, e_{35}, e_{42}, e_{43}, e_{45}, e_{51}, e_{53}, e_{54}, e_{66}\}$이다.

모서리에 방향이 있으므로 두 꼭짓점 사이에 양방향으로 하나씩 두 개의 모서리, 예를 들어 e_{35}와 e_{53}이 존재할 수도 있다.

지금까지 그래프에 대해 논의하였고 모서리가 방향을 갖도록 허용함으로써 일반

5 '무방향 그래프' 또는 '무향 그래프'라고도 한다.

화했다. 또한, 그래프와 비슷하지만 가중치 모서리를 가진 네트워크에 대하여 설명하였다. 유사한 방식으로, 네트워크의 가중치 모서리가 방향을 갖도록 허용함으로써 소위 방향 네트워크를 생성할 수 있다.

정의: 방향 네트워크

방향 네트워크(directed network) $N = (V, E, W)$은 방향 모서리를 가진 네트워크이다.

예제: 방향 네트워크

이 경우 $|W| = |E|$이고 방향 모서리마다 가중치를 가지므로 모서리 e_{35}의 가중치는 모서리 e_{53}의 가중치와 다를 수 있다. 예를 들어 *그림 8.7*에서 보듯이 꼭짓점 3에서 꼭짓점 5로 향하는 모서리의 가중치 $w_{35} = 2$이지만 꼭짓점 5에서 꼭짓점 3으로 향하는 모서리의 가중치 $w_{53} = 1$이므로 두 방향의 가중치가 같을 필요는 없다:

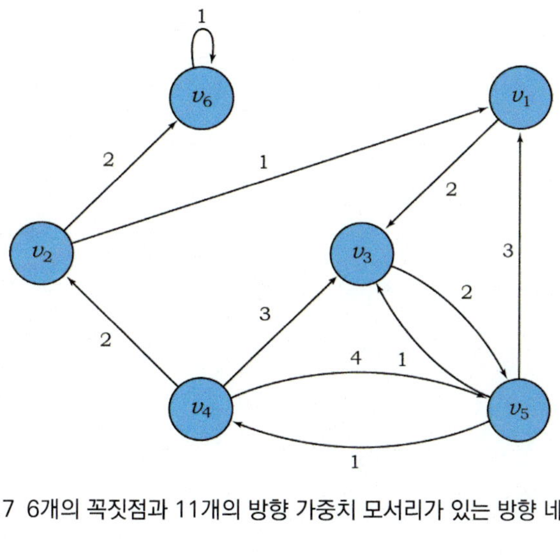

그림 8.7 6개의 꼭짓점과 11개의 방향 가중치 모서리가 있는 방향 네트워크

앞의 그림은 각 방향 모서리에 가중치가 있는 방향 네트워크이다. 꼭짓점과 모서리 집합은 *그림 8.6*과 동일하며, 가중치 집합은 다음과 같다.

$$W = \{w_{13}, w_{21}, w_{26}, w_{35}, w_{42}, w_{43}, w_{45}, w_{51}, w_{53}, w_{54}, w_{66}\} = \{2, 1, 2, 2, 2, 3, 4, 3, 1, 1, 1\}$$

앞으로 다룰 일부 문제에서는 방향 그래프와 방향 네트워크를 고려하겠지만 특별히 언급하지 않는 한, 방향이 없는 그래프와 네트워크의 맥락에서 이야기할 것이다.

이제 그래프, 트리, 네트워크 및 이들에 방향성이 추가된 변형 구조가 무엇인지 정의했으므로 이러한 그래프 기반 모델과 관련된 용어 몇 가지를 다음 두 정의에서 다룬다.

정의: 인접 꼭짓점

그래프 $G = (V, E)$에서 어떤 두 꼭짓점을 잇는 모서리가 존재하면 그 두 꼭짓점은 **인접**(adjacent)한다고 한다. 즉, $e_{ij} \in E$이면 v_i와 v_j가 이어져 있다.

예를 들어, *그림 8.1*에서 꼭짓점 v_3은 v_1, v_2, v_4, v_5에 인접한다. 왜냐하면 v_3을 4개의 꼭짓점 각각에 이어주는 모서리가 존재하기 때문이다. 그러나 v_3과 v_6을 잇는 모서리가 없으므로 v_3은 v_6에 인접하지 않는다.

마지막으로, 연결그래프 및 연결성분에 대한 개념을 다룬다.

정의: 연결그래프와 연결성분

$G = (V, E)$를 그래프라고 하자. V의 어떤 두 꼭짓점을 선택하더라도 둘 사이의 경로가 G에 존재한다면 G를 **연결그래프**(connected graph)라고 한다.

앞의 모든 그림은 연결그래프이다. 임의의 꼭짓점에서 일련의 모서리를 거쳐 다른 모든 꼭짓점으로 이동할 수 있기 때문이다. 이는 모든 두 꼭짓점이 인접한다는 의미는 아니다. 실제로 *그림 8.1*의 꼭짓점 v_4와 v_1은 서로 인접하지 않지만, G에는 둘 사이의 경로(예: v_4에서 v_5를 거쳐 v_1로)가 존재한다.

그래프 G의 부분그래프 $G' = (V', E')$가 연결되어 있고 꼭짓점 중 어느 것도 G' 외부의 꼭짓점과 연결되어 있지 않으면, G'를 그래프 G의 **연결성분**

(connected component)이라고 한다:

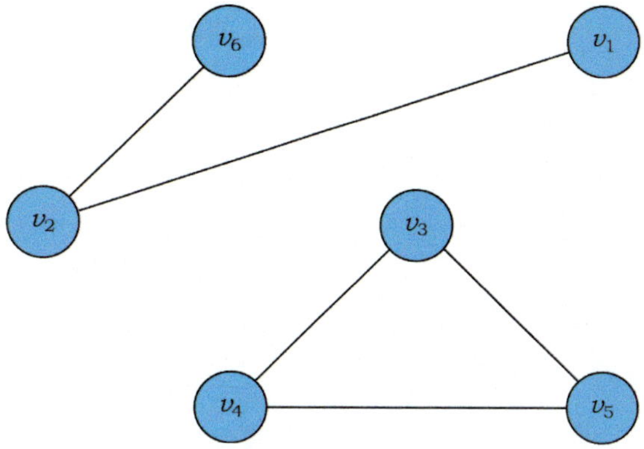

그림 8.8 두 개의 연결성분이 있는 비연결 그래프 G

앞의 그림에서 G의 두 부분그래프를 생각해 보자:

1. $G1 = (\{v_1, v_2, v_6\}, \{e_{12}, e_{26}\})$
2. $G2 = (\{v_3, v_4, v_5\}, \{e_{34}, e_{35}, e_{45}\})$

$G1$에서 꼭짓점을 선택하면 이 꼭짓점과 $G1$을 제외한 나머지 G(즉, $G2$)의 꼭짓점 사이에는 경로가 없다. $G2$의 꼭짓점에서 출발하여 $G1$의 꼭짓점에 도달하는 경로를 찾는 경우도 마찬가지이다. 이는 $G1$과 $G2$가 연결성분임을 의미한다.

$G1$은 트리이지만 $G2$는 순환을 포함하고 있으므로 트리가 아니다.

이러한 연결 및 연결성분에 대한 개념은 네트워크에도 적용된다. 다만 주의할 점이 있는데, 방향 그래프 또는 방향 네트워크가 연결되었다고 하려면 모든 두 꼭짓점 사이에 두 방향의 경로(v_i에서 v_j로, v_j에서 v_i로)가 존재해야 한다.

이 단원에서 새로운 용어와 구조를 여럿 살펴보았는데, 이들 모두의 기반은 그래프이다. 그래프는 단순히 꼭짓점과 모서리의 집합으로 모서리 집합은 일부 꼭짓점을 잇는다. 그런 다음, 트리는 순환이 없는 그래프이고 네트워크는 각 모서리에 가중치가 있는 그래프임을 확인하였다. 마지막으로 특정한 방향이 있는 모서리를 갖는 방향 그래프와 네트워크에 대한 개념을 살펴보았다. 방향 그래프와 방향 네트워크에서는 단순히 꼭짓점 v_2와 꼭짓점 v_3을 잇는 모서리가 아니라 v_2에서 v_3으로 향하거나 v_3에서 v_2로 향하는 방향 모서리가 있다. 그리고 차수, 경로, 순환, 연결그래프에 대한 개념도 접했다.

실제 세계에서 이러한 모든 새로운 개념을 적용해 보자!

그래프, 트리, 네트워크 사용하기

이전 단원에서 소개한 그래프 등의 구조는 다목적 모델링 도구이다. 이 단원에서는 이산수학에서 이러한 구조가 가장 일반적으로 사용되는 분야를 개략적으로 설명한다. 이 주제 중 일부는 다음 장부터 훨씬 더 깊게 다룰 예정이다.

*9장. 데이터 구조 탐색하기와 최단 경로 찾기*에서는 어떤 특징이나 특성을 찾기 위해 그래프(또는 트리)를 탐색하는 방법을 배운다. 이러한 탐색을 적용한 예로 일정 문제를 들 수 있다. 예를 들어 대규모 과업을 완료하기 위해 수행해야 하는 각 작업을 꼭짓점으로 나타내고 작업 A가 작업 B 이전에 먼저 완료되어야 한다는 사실을 작업 A에서 작업 B로의 방향 모서리로 나타낸 방향 그래프를 생각해 보자. 즉, 방향 모서리는 종속성을 나타낸다.

순환이 존재하면 완료해야 할 작업이 무한 루프로 이어질 수 있으므로 분명히 순환이 있으면 안 된다! 이는 방향 그래프가 방향 트리가 되어야 한다는 걸 의미한다. 방향 트리는 보통 **방향 비순환 그래프**(directed acyclic graph, DAG)라고도 불리는데, 이에 관한 별도의 연구 영역이 존재할 정도이다.

방향 트리를 탐색하면 전체 과업을 효율적으로 완료할 수 있는 순서대로 작업을 정렬할 수 있다. 예를 들어 다음 그림은 세차와 관련된 작업과 종속성을 보여주는 방향 그래프이다:

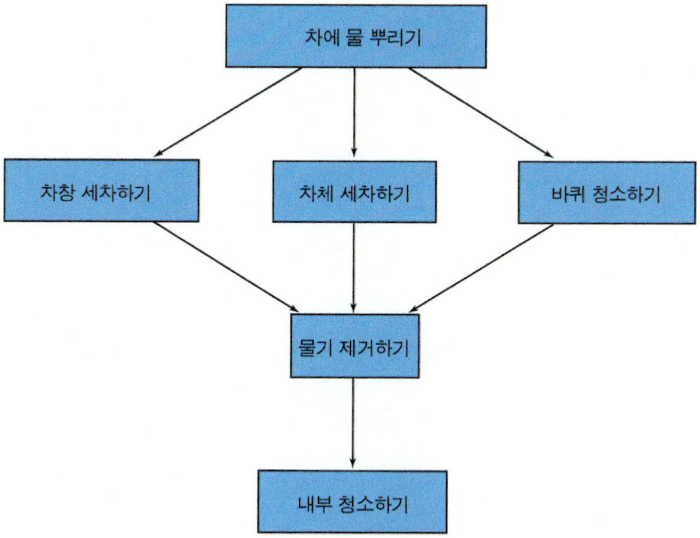

그림 8.9 세차에 대한 방향 그래프

이 그림은 매우 쉽게 판독이 가능한 구조로 작업을 정렬하였기 때문에 과업의 단계를 명확하게 보여준다. 일반적으로 작업의 수는 대단히 많으며, 작업마다 먼저 처리해야 하는 종속 작업이 다수 존재할지도 모른다. 작업이 깔끔하게 정렬되지 않거나 과업이 특별히 복잡한 경우, 작업 일정의 결정은 거의 불가능한 것처럼 보일 수 있다. 이러한 그래프를 탐색하게 되면 작업을 정렬할 수 있으며, 이는 과업 관리에서 매우 유용하다.

*9장. 데이터 구조 탐색하기와 최단 경로 찾기*에서는 다양한 제약 조건에서 네트워크의 꼭짓점 간 최소 가중치 경로를 찾는 문제를 살펴본다. 이는 도시 또는 도로 교차점을 꼭짓점으로 하고 꼭짓점 사이의 거리를 가중치로 나타내는 경우, 두 위치 사이의 최소 거리를 찾는 데 유용하다. 다음 그림에서 v_1에서 v_2까지 최단 경로가 주황색으로 강조 표시되어 있다.

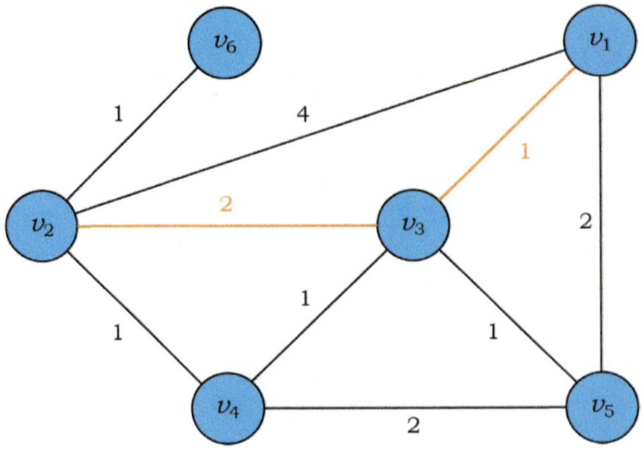

그림 8.10 v_1에서 v_2까지 최단 경로

v_1에서 v_2까지 여러 경로가 가능하다:

- $P_1 = (\{v_1, v_2\}, \{e_{12}\})$, 거리 $= w_{12} = 4$
- $P_2 = (\{v_1, v_2, v_3\}, \{e_{13}, e_{23}\})$, 거리 $= w_{13} + w_{23} = 3$
- $P_3 = (\{v_1, v_2, v_3, v_4, v_5\}, \{e_{13}, e_{24}, e_{35}, e_{45}\})$, 거리 $= w_{13} + w_{24} + w_{35} + w_{45} = 5$

이는 v_1에서 v_2까지 경로 중 일부에 불과하지만 *그림 8.10*에서 주황색으로 강조 표시된 P_2가 최단 경로이며 총거리가 3단위이다.

경로 찾기와 관련된 또 다른 문제는 컴퓨터 네트워크의 트래픽 라우팅이다. 앞에서 본 수학적으로 정의된 네트워크와 컴퓨터 네트워크 간 차이점에 유의하자. 수학적 의미의 네트워크는 때때로 컴퓨터 네트워크를 모델링할 뿐만 아니라, 도시를 연결하는 도로가 표시된 지도라든지 또는 한 지역의 모든 고객을 연결하는 전력망과 같은 걸 모델링할 수도 있다.

이 문제의 응용 예 하나는, 인터넷 서비스 공급자(ISP)가 서비스를 제공하려는 고객을 연결하기 위해 광섬유 케이블을 배치하는 가장 저렴한 방법을 찾는 일이다. 다음 그림에서 **최소 스패닝 트리**(minimum spanning tree, MST)의 예를 볼 수 있다:

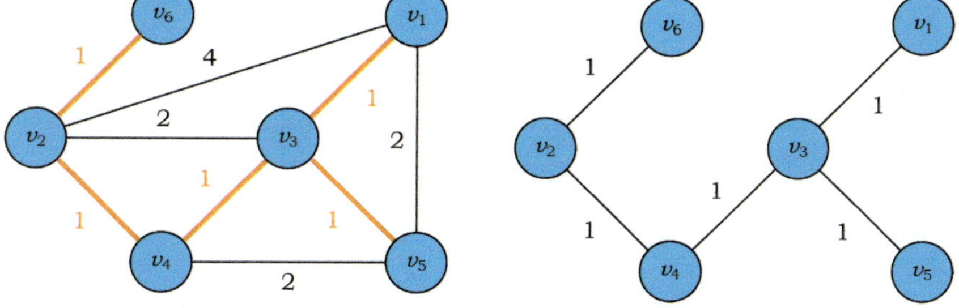

그림 8.11 MST가 강조 표시된 네트워크가 왼쪽에 있고 MST 자체는 오른쪽에 있다.

이 그림에서 MST는 전체 네트워크 N과 동일한 꼭짓점 집합으로 구성되면서 최소 가중치 합을 갖는 연결된 부분네트워크 $N' = (V, E', W')$임을 알 수 있다. 왼쪽 그림의 가중치 합은 15이지만 오른쪽 그림의 가중치 합은 5에 불과하다.

이 단원에서 이미 보았듯이 그래프, 트리, 네트워크는 스케줄링, 라우팅 문제, 최소 스패닝 트리와 관련된 다양한 유형의 문제를 모델링할 수 있다. 위 예는 이러한 수학적 구조의 일반적인 용도를 드러낸 샘플일 뿐이다.

다음 세 장에서 이러한 적용에 대해 자세히 살펴보겠지만, 실제 문제를 모델링한 그래프를 단순히 그림으로만 살펴볼 수는 없다. 이러한 그래프는 수백 또는 수천 개의 꼭짓점과 모서리로 구성될 정도로 매우 규모가 크기 마련이다. 대규모 그래프의 복잡도는 머릿속으로 분석가능할 정도의 수준을 한참 넘어선다. 따라서 유용한 분석을 하려면 그래프, 트리, 네트워크를 NumPy 배열에 저장하는 방법을 배워야 한다. 다음 단원은 이에 대해서 다룬다.

그래프와 네트워크 저장하기

이 단원에서는 그래프 구조를 컴퓨터 메모리에 저장하는 몇 가지 방법인 인접리스트, 인접행렬, 가중치 행렬과 각각의 장단점에 대해 알아본다.

정의: 인접리스트

그래프 $G=(V,E)$에 대하여, **인접리스트**(adjacency list)는 그래프의 모서리를 열거한 것이다. 컴퓨터 메모리에는 꼭짓점 번호 쌍의 리스트로 저장한다.

정의: 인접행렬

그래프 $G=(V,E)$에 대하여, 그래프의 **인접행렬**(adjacency matrix)은 이진 행렬 $A=(a_{ij})$이다. $e_{ij} \in E$이면 행 i, 열 j의 원소 $a_{ij}=1$이고 $e_{ij} \notin E$이면 $a_{ij}=0$이다.

즉, 인접행렬 A의 i번째 행, j번째 열의 값 a_{ij}는 꼭짓점 v_i와 v_j가 인접하면 1이고 그렇지 않으면 0이다.

예제: 인접리스트와 인접행렬

*그림 8.1*의 그래프 G의 경우, 이전에는 모서리를 $E=\{e_{12}, e_{13}, e_{15}, e_{23}, e_{24}, e_{26}, e_{34}, e_{35}, e_{45}\}$로 나열했다. 인접리스트는 모서리 리스트의 각 모서리를 그 모서리가 이어주는 두 꼭짓점으로 나타낸다:

$$L1 = [\ [1,\ 2],\ [1,\ 3],\ [1,\ 5],\ [2,\ 3],\ [2,\ 4],\ [2,\ 6],\ [3,\ 4],\ [3,\ 5],\ [4,\ 5]\ ]$$

이러한 방식은 매우 간결하면서도 전체 그래프를 묘사하기에 충분하다. 유일한 위험성은 차수가 0인 꼭짓점이 인접리스트에 표현되지 않는다는 사실인데, 대부분의 경우에는 이러한 점이 중요하지는 않다. 일반적으로 모서리가 부착되지 않은 꼭짓점은 관심 대상이 아니지만, 해결하려는 문제에서 중요하다면 꼭짓점 리스트를 별도로 저장할 수 있다.

아마도 더 일반적인 그래프 저장 방식은 인접행렬이다. 다음 행렬은 *그림 8.1*의 그래프에 대한 인접행렬이다. $v_1, \dots, v_6$은 행렬의 일부가 아니지만, 여기에서는 행과 열을 식별하기 위해 표시되었다:

$$\mathbf{A}_1 = \begin{array}{c} \\ v_1 \\ v_2 \\ v_3 \\ v_4 \\ v_5 \\ v_6 \end{array} \begin{array}{c} \begin{array}{cccccc} v_1 & v_2 & v_3 & v_4 & v_5 & v_6 \end{array} \\ \begin{bmatrix} 0 & 1 & 1 & 0 & 1 & 0 \\ 1 & 0 & 1 & 1 & 0 & 1 \\ 1 & 1 & 0 & 1 & 1 & 0 \\ 0 & 1 & 1 & 0 & 1 & 0 \\ 1 & 0 & 1 & 1 & 0 & 0 \\ 0 & 1 & 0 & 0 & 0 & 0 \end{bmatrix} \end{array}$$

그림 8.12 그림 8.1의 그래프에 대한 인접행렬

예를 들어 4번째 행, 5번째 열의 숫자는 1이며 이는 v_4가 v_5에 인접함을 의미한다. 이와 동일한 논리를 사용하여 행렬의 나머지 부분을 채우면 되는데, 그래프에서 꼭짓점 v_i가 꼭짓점 v_j에 인접한다면 i행 j열에 1을 배치한다. 행렬의 나머지 숫자는 모두 0이 될 것이다.

인접행렬에 관한 다음과 같은 몇 가지 특성을 주목해 보자:

- 3번째 행 $[1\,1\,0\,1\,1\,0]$은 이전 그래프의 그림에서 볼 수 있듯이 v_3이 v_1, v_2, v_4, v_5에 인접함을 의미한다. 3번째 열 $[1\,1\,0\,1\,1\,0]^T$는 3번째 행의 전치와 같은데, 3번째 열도 3번째 행과 마찬가지로 v_3이 v_1, v_2, v_4, v_5에 인접해 있다는 것을 나타내기 때문이다.
- 이러한 전치 관계는 모든 i번째 행과 i번째 열에 대해 참이다.
- 어떤 꼭짓점도 자기 자신과 인접하지 않기 때문에 대각선은 0으로 채워진다. 자체 연결 모서리를 고리(loop)[6]라고 한다. 그러나, 이 그래프에는 고리가 없으므로 G는 고리를 가지지 않는다고 말할 수 있다.
- 5번째 행의 합 $1+0+1+1+0+0=3$은 v_5의 차수가 3 즉, $d(v_5)=3$임을 나타낸다. 일반적으로 임의의 행 또는 열의 합은 해당 꼭짓점의 차수를 나타낸다.

6 '루프'라고도 하지만 반복문의 '루프'와 구분하기 위해 '고리'라고 부르기로 한다.

각 행과 열에는 이러한 속성이 있으므로 A_1의 전치는 A_1과 같다. 수학적으로 $A_1^T = A_1$라고 쓰면 된다. 즉, 각 i와 j에 대해 $a_{ij} = a_{ji}$이다. 이러한 행렬을 **대칭행렬**(symmetric matrix)이라고 한다. 모든 무방향 그래프의 인접행렬은 대칭이다.

예제: 비연결 그래프의 인접행렬

*그림 8.8*의 그래프 G에 대한 인접행렬을 다음과 같이 작성할 수 있다:

$$\mathbf{A}_2 = \begin{bmatrix} 0 & 1 & 0 & 0 & 0 & 0 \\ 1 & 0 & 0 & 0 & 0 & 1 \\ 0 & 0 & 0 & 1 & 1 & 0 \\ 0 & 0 & 1 & 0 & 1 & 0 \\ 0 & 0 & 1 & 1 & 0 & 0 \\ 0 & 1 & 0 & 0 & 0 & 0 \end{bmatrix}$$

그림 8.13 그림 8.8의 그래프에 대한 인접행렬

다시 한번, 인접행렬이 대칭행렬임을 확인할 수 있다. 여기에서 행의 합을 계산하기만 하면 각 꼭짓점의 차수를 빠르게 구할 수 있다:

$$d(v_1) = 1, \quad d(v_2) = 2, \quad d(v_3) = 2$$
$$d(v_4) = 2, \quad d(v_5) = 2, \quad d(v_6) = 1$$

단순히 행렬만 보고 인접행렬 A_2가 비연결 그래프에 해당하는지 판단할 수는 없지만, 다음 단원에서 A_2를 사용하여 판단하는 방법을 보게 될 것이다.

정의: 방향 그래프의 인접행렬

방향 그래프 $G = (V, E)$에 대하여, 인접행렬 $A = (a_{ij})$는 꼭짓점 v_i에서 꼭짓점 v_j로 향하는 방향 모서리가 존재하는 경우 즉, $e_{ij} \in E$인 경우에 $a_{ij} = 1$인 이진 행렬이다. A의 그 외 모든 성분은 0이다.

방향 그래프에서는 $e_{ij} \in E$라고 해서 $e_{ji} \in E$를 뜻하지는 않으므로 (무방향) 그래프의 인접행렬에서와 같이 $a_{ij} = a_{ji}$라고 생각할 이유가 없다. 방향 그래프의 인접행렬은 일반적으로 대칭이 아니다.

> **주의할 점**
> 일부 책에서는 방향 그래프에 대한 인접행렬을 다르게 정의하기도 한다. 위에서 사용한 규칙과는 다르게 v_j에서 v_i로 향하는 모서리가 있으면 $a_{ij} = 1$로 설정한다.

다음 예제에서는 방향 그래프에 대한 인접행렬을 구해 볼 것이다.

예제: 방향 그래프의 인접행렬

다음 행렬은 *그림 8.6*의 방향 그래프 G에 대한 인접행렬이다:

$$\mathbf{A}_3 = \begin{bmatrix} 0 & 0 & 1 & 0 & 0 & 0 \\ 1 & 0 & 0 & 0 & 0 & 1 \\ 0 & 0 & 0 & 0 & 1 & 0 \\ 0 & 1 & 1 & 0 & 1 & 0 \\ 1 & 0 & 1 & 1 & 0 & 0 \\ 0 & 0 & 0 & 0 & 0 & 1 \end{bmatrix}$$

그림 8.14 그림 8.6의 그래프에 대한 인접행렬

이 인접행렬의 몇 가지 특징을 알 수 있다:

- 세 번째 행 $[000010]$은 그래프에서 확인할 수 있듯이 v_3에서 v_5로 향하는 방향 모서리가 있음을 뜻한다. 행의 합은 v_3에서 나가는 모서리의 수이다.
- 세 번째 열 $[100110]^T$은 v_1, v_4, v_5에서 v_3으로 향하는 방향 모서리가 있음을 뜻한다. 열의 합은 v_3으로 들어오는 모서리의 수이다.
- 대각선의 $a_{66} = 1$은 v_6에서 자기 자신으로 향하는 고리가 있기 때문이다.

이전에 살펴본 무방향 그래프의 인접행렬과 달리, 이 방향 그래프의 인접행렬은 방향 모서리를 갖기 때문에 대칭이 아니다.

다음 단원에서는 이 예제로 다시 돌아와서 이 인접행렬을 사용하여 해당 방향 그래프의 일부 특성을 확인해 보기로 한다.

예제: 파이썬에서 인접행렬 저장하기

파이썬에서 인접행렬을 저장하려면 *6장. 선형대수의 계산 알고리즘*에서 다뤄본 NumPy 배열을 사용하는 게 좋다. 다음 코드는 *그림 8.1*과 *그림 8.8*의 그래프와 *그림 8.6*의 방향 그래프에 대한 인접행렬을 저장한다:

```
import numpy

# 그림 8.1의 그래프에 해당하는 인접행렬을 생성
A1 = numpy.array([[0, 1, 1, 0, 1, 0], [1, 0, 1, 1, 0, 1],
                  [1, 1, 0, 1, 1, 0], [0, 1, 1, 0, 1, 0],
                  [1, 0, 1, 1, 0, 0], [0, 1, 0, 0, 0, 0]])

# 그림 8.8의 그래프에 해당하는 인접행렬을 생성
A2 = numpy.array([[0, 1, 0, 0, 0, 0], [1, 0, 0, 0, 0, 1],
                  [0, 0, 0, 1, 1, 0], [0, 0, 1, 0, 1, 0],
                  [0, 0, 1, 1, 0, 0], [0, 1, 0, 0, 0, 0]])

# 그림 8.6의 방향 그래프에 해당하는 인접행렬을 생성
A3 = numpy.array([[0, 0, 1, 0, 0, 0], [1, 0, 0, 0, 0, 1],
                  [0, 0, 0, 0, 1, 0], [0, 1, 1, 0, 1, 0],
                  [1, 0, 1, 1, 0, 0], [0, 0, 0, 0, 0, 1]])

# 인접행렬을 출력
print("A1 =", A1)
print("\n A2 =", A2)
print("\n A3 =", A3)
```

이 코드는 이전에 수학적으로 표현했던 행렬 A_1, A_2, A_3을 출력한다:

```
A1 = [[0 1 1 0 1 0]
 [1 0 1 1 0 1]
 [1 1 0 1 1 0]
 [0 1 1 0 1 0]
 [1 0 1 1 0 0]
 [0 1 0 0 0 0]]

 A2 = [[0 1 0 0 0 0]
 [1 0 0 0 0 1]
 [0 0 0 1 1 0]
 [0 0 1 0 1 0]
 [0 0 1 1 0 0]
 [0 1 0 0 0 0]]

 A3 = [[0 0 1 0 0 0]
 [1 0 0 0 0 1]
 [0 0 0 0 1 0]
 [0 1 1 0 1 0]
 [1 0 1 1 0 0]
 [0 0 0 0 0 1]]
```

보다시피 출력은 이전 예제에서 보았던 바로 그 인접행렬이지만 이제는 NumPy 배열을 이용하여 컴퓨터 메모리에 저장되어 있다.

마지막 단원에서는 위 예제들을 다시 방문하여 *그림 8.1*, *그림 8.8* 그리고 *그림 8.6*의 그래프에서 몇 가지 의미 있는 특성을 찾아볼 것이다.

인접 데이터의 효율적인 저장

무방향 그래프의 인접행렬은 꽤 중복되므로 필요 이상으로 많은 메모리를 차지하게된다. 개발자가 이러한 비효율성을 처리하는 몇 가지 방법이 있다.

인접행렬은 항상 대칭이므로 행렬의 주대각선 $(a_{11}, a_{22}, \ldots, a_{nn})$과 대각선 아래

성분($j \leq i$인 a_{ij})만 저장하도록 코드를 작성할 수 있다. 예를 들어 a_{24}와 같이 대각선 위의 성분이 필요한 경우에는 대칭성을 이용하여 이 성분이 대각선 아래에 있는 a_{42}와 같음을 알 수 있다. 비효율성이 심각한 경우에 이 방식을 사용한다면 a_{24}를 포함하여 대각선 위의 어떤 다른 성분도 저장할 필요가 없다. 그래프에 고리가 없으면 모두 0인 대각선도 저장할 필요가 없다.

사용되는 메모리양이 적으면 이러한 문제는 대수롭지 않지만 Reddit[7]과 같은 대규모 웹 사이트의 웹 페이지(꼭짓점)와 링크 구조(모서리)처럼 매우 큰 그래프의 경우, 아주 거대한 메모리가 필요하다. 따라서 저장 공간을 절반으로 줄이는 건 매우 중요하다.

게다가, 모서리보다 꼭짓점이 훨씬 더 많은 그래프의 경우 즉, $|V| \gg |E|$인 경우, 인접행렬은 대부분 0으로 채워진다. 구체적으로 살펴보면 행렬의 크기는 $|V|^2$이고 행렬에는 1이 $2|E|$개만큼 존재할 것이다. 따라서 행렬에는 0이 $|V|^2 - 2|E|$개 저장되는데 $|V| \gg |E|$인 경우 이는 매우 큰 숫자이다. 이러한 0을 모두 저장하면 메모리는 많이 사용하지만, 보통은 그다지 큰 이점을 얻지 못한다. 이러한 상황에서는 때때로 인접리스트가 선호되는데 각 모서리의 두 끝점만 필요하므로 단지 $2|E|$개의 값만 저장하면 된다.

다음으로, 네트워크를 대상으로 같은 주제를 살펴보자.

정의: 네트워크의 가중치 행렬

네트워크 $N = (V, E, W)$에 대한 비용 행렬은 행렬 $W = (w_{ij})$이다. 여기에서, 꼭짓점 v_i와 v_j를 잇는 모서리가 존재하면, i행 j열의 값은 해당 모서리의 가중치 w_{ij}이다. v_i와 v_j사이에 모서리가 없으면 행렬에서 $w_{ij} = 0$으로 설정한다.

7 우리나라의 디시인사이드와 유사한 미국의 커뮤니티 기반 초대형 소셜 뉴스 웹 사이트.

주의할 점

무엇을 모델링하기 위해 네트워크를 사용하고 있는가에 따라 가중치 행렬을 거리 행렬, 비용 행렬 또는 단순히 인접행렬과 같이 다양하게 부른다. 우리는 가중치 행렬이라는 용어 하나만 사용할 것이다.

다음 예제에서는 주어진 네트워크의 가중치 행렬의 예를 다룬다.

예제: 네트워크의 가중치 행렬

*그림 8.5*의 네트워크에 대한 가중치 행렬은 다음과 같다:

$$\mathbf{W}_1 = \begin{bmatrix} 0 & 4 & 1 & 0 & 2 & 0 \\ 4 & 0 & 2 & 1 & 0 & 1 \\ 1 & 2 & 0 & 1 & 1 & 0 \\ 0 & 1 & 1 & 0 & 2 & 0 \\ 2 & 0 & 1 & 2 & 0 & 0 \\ 0 & 1 & 0 & 0 & 0 & 0 \end{bmatrix}$$

그림 8.15 그림 8.5의 네트워크에 대한 가중치 행렬

예를 들어, v_1과 v_2를 잇는 모서리의 가중치가 4이므로 $w_{12} = w_{21} = 4$로 설정하였고, 같은 방식으로 나머지 값들을 채워 행렬을 구성했다.

(무방향) 네트워크의 가중치 행렬은 인접행렬과 일부 특성이 같은데, 대칭행렬이라는 점 그리고 인접하지 않은 두 꼭짓점에 해당하는 행렬 성분은 0이 된다는 점이다.

정의: 방향 네트워크의 가중치 행렬

네트워크 $N = (V, E, W)$에 대한 비용 행렬은 행렬 $W = (w_{ij})$이다. 여기에서, 꼭짓점 v_i에서 v_j로 향하는 모서리가 존재하면, i행 j열의 값은 해당 모서리의 가중치 w_{ij}이다. v_i에서 v_j로 향하는 모서리가 없으면 행렬에서 $w_{ij} = 0$으로 설정한다.

꼭짓점 v_i에서 v_j로 향하는 모서리의 가중치가 꼭짓점 v_j에서 v_i로 향하는 모서리

의 가중치와 같지 않을 수 있다(또는 후자의 모서리가 존재하지 않을 수도 있다!). 따라서 (무방향) 네트워크의 가중치 행렬에서와 같이 $w_{ij} = w_{ji}$를 가정할 이유가 없으므로 방향 네트워크에 대한 가중치 행렬은 일반적으로 대칭이 아니다.

개념을 더 명확히 하기 위해 이전 단원에서 다룬 방향 네트워크의 예를 생각해 보자.

예제: 방향 네트워크의 가중치 행렬

*그림 8.7*에 나타낸 네트워크의 가중치 행렬을 구해 보자:

$$\mathbf{W}_2 = \begin{bmatrix} 0 & 0 & 2 & 0 & 0 & 0 \\ 1 & 0 & 0 & 0 & 0 & 2 \\ 0 & 0 & 0 & 0 & 2 & 0 \\ 0 & 2 & 3 & 0 & 4 & 0 \\ 3 & 0 & 1 & 1 & 0 & 0 \\ 0 & 0 & 0 & 0 & 0 & 1 \end{bmatrix}$$

그림 8.16 그림 8.7의 네트워크에 대한 가중치 행렬

예를 들어, v_1에서 v_3으로 향하는 모서리의 가중치가 2이므로 $w_{13} = 2$로 설정하고 같은 방식으로 나머지 값들을 채워 행렬을 구성했다. 무방향 네트워크 비용 행렬과 달리 이 행렬은 대칭이 아니다. 예를 들어 v_3에서 v_1로 향하는 모서리가 없으므로 $w_{31} = 0 \neq w_{13}$이다.

예제: 파이썬에서 가중치 행렬 저장하기

파이썬에서 가중치 행렬을 저장하려면 *6장. 선형대수의 계산 알고리즘*에서 다뤄 본 NumPy 배열을 사용하는 게 좋다. 다음 코드는 *그림 8.5*의 네트워크와 *그림 8.7*의 방향 네트워크에 대한 가중치 행렬을 저장한다:

```
import numpy

# 그림 8.5의 네트워크에 해당하는 가중치 행렬을 생성
```

```
W1 = numpy.array([[0, 4, 1, 0, 2, 0], [4, 0, 2, 1, 0, 1],
                  [1, 2, 0, 1, 1, 0], [0, 1, 1, 0, 2, 0],
                  [2, 0, 1, 2, 0, 0], [0, 1, 0, 0, 0, 0]])

# 그림 8.7의 방향 네트워크에 해당하는 가중치 행렬을 생성
W2 = numpy.array([[0, 0, 2, 0, 0, 0], [1, 0, 0, 0, 0, 2],
                  [0, 0, 0, 0, 2, 0], [0, 2, 3, 0, 4, 0],
                  [3, 0, 1, 1, 0, 0], [0, 0, 0, 0, 0, 1]])

# 가중치 행렬을 출력
print("W1 =", W1)
print("\n W2 =", W2)
```

출력은 다음과 같다:

```
W1 = [[0 4 1 0 2 0]
      [4 0 2 1 0 1]
      [1 2 0 1 1 0]
      [0 1 1 0 2 0]
      [2 0 1 2 0 0]
      [0 1 0 0 0 0]]

W2 = [[0 0 2 0 0 0]
      [1 0 0 0 0 2]
      [0 0 0 0 2 0]
      [0 2 3 0 4 0]
      [3 0 1 1 0 0]
      [0 0 0 0 0 1]]
```

보다시피 가중치 행렬은 컴퓨터 메모리에 파이썬 NumPy 배열로 저장되었다. 드디어 파이썬을 가지고 분석할 준비가 된 것이다.

그래프를 인접행렬로 저장하고 네트워크를 가중치 행렬로 저장하는 방법을 배웠으므로 파이썬을 사용하여 그래프와 네트워크에서 특성을 추출하는 방법을 살펴볼 준비가 되었다.

그래프의 특성 추출

이 단원에서는 *6장. 선형대수의 계산 알고리즘*에서 학습한 선형대수학의 몇 가지 방법, 특히 행렬 덧셈과 행렬 곱셈을 사용하여 인접행렬에서 그래프의 특성을 알아내는 방법을 배운다. 꼭짓점의 차수를 구하는 방법, 꼭짓점 간 특정 길이의 경로 개수를 세는 방법, 꼭짓점 간 최단 경로를 찾는 방법을 공부하자.

그래프의 꼭짓점 차수

이번 소단원에서는 파이썬을 이용하여 꼭짓점의 차수를 구하는 방법을 배운다. 이전 단원에서 언급했듯이 인접행렬의 행(또는 열)의 합을 구하면 각 꼭짓점의 차수를 얻을 수 있다.

파이썬에서 이 계산을 해보자:

```
# 그림 8.1의 그래프에서 각 꼭짓점의 차수를 구하기

# 열의 합을 사용하기
print(numpy.sum(A1, axis=0))

# 행의 합을 사용하기
print(numpy.sum(A1, axis=1))
```

NumPy의 `sum()` 함수를 사용하는데, 여기서 첫 번째 인자는 *그림 8.1*에 있는 그래프의 인접행렬 A_1이고 두 번째 인자는 행을 합산할지 아니면 열을 합산할지를 지정하는 축이다. 첫 번째 출력에서는 `axis=0`을 사용하므로 열의 합을 계산한

다. 두 번째 출력에서는 axis=1을 사용하므로 행의 합을 계산한다. 출력 결과는 다음과 같다:

```
[3 4 4 3 3 1]
[3 4 4 3 3 1]
```

당연히, 무방향 그래프의 경우에는 인접행렬이 대칭이므로 두 출력 결과는 같다. 그리고 이 값은 그래프를 눈으로 보면서 구한 꼭짓점 차수와 일치한다. 물론 실제 대규모 그래프의 모든 꼭짓점에 대해 수작업으로 일일이 계산하는 건 현실성이 없다.

방향 그래프의 경우에는 인접행렬이 다르게 구성된다는 사실을 알아채야 한다. i행 j열의 1은 꼭짓점 v_i에서 꼭짓점 v_j로 향하는 방향 모서리가 있음을 의미한다. 따라서 행 i의 모든 값을 더하면 v_i에서 나가는 모서리의 개수가 되며 이를 v_i의 진출 차수(out-degree)[8]라고 한다. 실제로, 행의 합을 계산하면 각 꼭짓점에 대한 진출 차수를 구할 수 있다.

반대로, v_j에 진입하는 모서리의 개수를 구하려면 열 j를 모두 더해야 한다. 이를 v_j의 진입 차수(in-degree)[9]라고 하며, 일반적으로 꼭짓점의 진입 차수를 얻으려면 열의 합을 계산하면 된다.

파이썬을 이용하여 *그림 8.6*의 방향 그래프에 해당하는 인접행렬 A_3에 대해 두 가지 차수를 구하는 작업을 구현해 보자:

```
# 그림 8.6의 방향 그래프에서 각 꼭짓점의 진출 차수를 구하기
outdegrees = numpy.sum(A3, axis=1)
print(outdegrees)
```

8 '외차수' 또는 '출력 차수'라고도 한다.

9 '내차수' 또는 '입력 차수'라고도 한다.

```
# 그림 8.6의 방향 그래프에서 각 꼭짓점의 진입 차수를 구하기
indegrees = numpy.sum(A3, axis=0)
print(indegrees)
print(numpy.sum(outdegrees))
print(numpy.sum(indegrees))
```

이 코드는 모든 꼭짓점에 대한 진출 차수와 진입 차수를 제공한다:

```
[1 2 1 3 3 1]
[2 1 3 1 2 2]
11
11
```

앞의 무방향 그래프와 마찬가지로 행과 열의 합을 계산했지만 방향 그래프의 경우에 추가로 생각해야 할 부분이 있다. 일반적으로 각 꼭짓점의 진입 차수와 진출 차수는 서로 다른데, 이는 한 꼭짓점에 들어오고 나가는 모서리의 수가 다를 수 있기 때문이다. 그러나 모든 진출 모서리는 어떤 꼭짓점에 진입해야 하므로 진입 차수의 총합 11은 진출 차수의 총합과 같다. 이 수는 정확히 방향 그래프에 존재하는 모서리 수이다.

다음에 살펴볼 몇 가지 아이디어는 꼭짓점 사이의 경로 수를 세는 것과 관련이 있다.

꼭짓점 간 특정 길이의 경로 수

*그림 8.1*의 그래프에 대한 인접행렬 A_1을 생각해 보자. 행렬의 각 성분 a_{ij}는 꼭짓점 v_i와 꼭짓점 v_j를 잇는 모서리가 있으면 1이고 그렇지 않으면 0이다. 즉, 행렬의 성분은 두 꼭짓점 사이에 길이가 1인 경로가 있으면 1이고 그렇지 않으면 0이다.

인접행렬을 여러 번 곱하면 특히 큰 그래프의 경우, 눈으로는 확인하기가 쉽지 않을 몇몇 특성이 드러난다. 예를 들어 인접행렬을 그 자신과 곱한다고 가정하자:

$$\mathrm{A}_1^2 = \mathrm{A}_1\mathrm{A}_1$$

A_1A_1 행렬의 i행 j열의 성분은 첫 번째 A_1의 i행과 두 번째 A_1의 j열의 내적을 계산한 결과이다. 예를 들어, $i=2$이고 $j=3$이면 다음을 얻는다.

$$a_{21}a_{13} + a_{22}a_{23} + a_{23}a_{33} + a_{24}a_{43} + a_{25}a_{53} + a_{26}a_{63} =$$
$$(1)(1)+(0)(1)+(1)(0)+(1)(1)+(0)(1)+(1)(0)=2$$

인접행렬의 성분은 이진값이므로 $a_{2j}a_{j3}=1$이면 v_2와 v_j사이에 모서리가 있고 v_j와 v_3사이에도 모서리가 있다. 즉 v_2에서 v_j를 거쳐 v_3까지 경로가 있음을 의미한다. 반면 $a_{2j}a_{j3}=0$이면 두 모서리 중 적어도 하나가 없으므로 경로가 존재하지 않는다.

따라서 위의 계산 결과에서 보듯이 모든 j에 대한 이들의 합은 v_2와 v_3사이에 두 개의 모서리가 있는 경로의 수이다. A_1A_1의 다른 성분들도 같은 방식으로 구할 수 있으므로 각 성분은 다음과 같이 각 노드 쌍 사이의 2-모서리 경로 수가 된다:

$$\mathbf{A}_1^2 = \begin{bmatrix} 3 & 1 & 2 & 3 & 1 & 1 \\ 1 & 4 & 2 & 1 & 3 & 0 \\ 2 & 2 & 4 & 2 & 2 & 1 \\ 3 & 1 & 2 & 3 & 1 & 1 \\ 1 & 3 & 2 & 1 & 3 & 0 \\ 1 & 0 & 1 & 1 & 0 & 1 \end{bmatrix}$$

그림 8.17 그림 8.1의 그래프에 대한 인접행렬을 자기 자신과 곱하기

제곱한 인접행렬에는 그래프의 특성이라 볼만한 몇 가지 세부 정보가 있다:

- 행렬은 대칭이다. 예를 들어 v_2에서 v_3까지 경로 수가 v_3에서 v_2까지 경로 수와 같다.

- 대각선 성분은 꼭짓점의 차수와 같다. 예를 들어, 3행 3열은 v_3의 차수인 4인데 한 모서리를 두 번 이동하면[10] v_3에서 자기 자신으로 돌아오는 2-모서리 경로를 구성하기 때문이다.

인접행렬을 더 많이 거듭제곱하면 경로 수의 패턴도 계속 이어진다. A_1을 세 번 곱하면 각 꼭짓점 쌍 사이의 3-모서리 경로 수를 얻게 된다. 다음 정리를 살펴보자.

정리: 인접행렬의 거듭제곱

그래프 $G=(V,E)$의 인접행렬 A에 대하여, 행렬 A^n의 i행 j열 값은 꼭짓점 v_i와 꼭짓점 v_j사이에 n개의 모서리로 이루어진 경로의 수이다.

파이썬의 행렬 거듭제곱

*6장. 선형대수의 계산 알고리즘*에서 파이썬 함수 `numpy.dot()`를 이용하여 행렬을 곱하는 방법을 학습하였다. 반복적으로 행렬을 곱하기 위해 루프 내에서 이 함수를 여러 번 사용할 수도 있지만 여기서는 더 나은 방법을 배울 텐데 NumPy의 `numpy.linalg.matrix_power` 함수를 사용하는 것이다.

예를 들어, *그림 8.1*의 그래프를 대상으로 모든 꼭짓점 쌍 사이의 2-모서리 경로 수를 계산하는 작업을 파이썬으로 구현하고, 인접행렬 A_1의 세제곱을 취하여 각 꼭짓점 쌍 사이의 3-모서리 경로 수를 구해 보자:

```
# 인접행렬 A1의 제곱 구하기
print(numpy.linalg.matrix_power(A1,2))

# 인접행렬 A1의 세제곱 구하기
print("\n", numpy.linalg.matrix_power(A1,3))
```

10 한 모서리를 왕복하면

그러면 출력은 다음과 같다:

```
[[3 1 2 3 1 1]
 [1 4 2 1 3 0]
 [2 2 4 2 2 1]
 [3 1 2 3 1 1]
 [1 3 2 1 3 0]
 [1 0 1 1 0 1]]

 [[4 9 8 4 8 1]
 [9 4 9 9 4 4]
 [8 9 8 8 8 2]
 [4 9 8 4 8 1]
 [8 4 8 8 4 3]
 [1 4 2 1 3 0]]
```

이 코드는 인접행렬의 제곱과 세제곱을 계산해서 출력한다.

일반적으로 대부분의 꼭짓점 쌍 사이에는 2-모서리 경로보다 3-모서리 경로가 더 많으므로 세제곱에서 더 큰 값을 갖는 경향이 있다.

한 가지 주목할 만한 예외는 v_6에서 자기 자신으로의 3-모서리 경로가 없기 때문에 6행 6열의 성분이 0이라는 사실이다. 어떤 경로든지 모서리 e_{62}로 시작하여 모서리 e_{26}으로 끝나야 하는데 v_2에는 자체 연결(고리)이 없으므로 어떤 모서리를 하나 추가하더라도 v_6으로 되돌아오는 3-모서리 경로를 형성할 수 없다.

이 아이디어를 사용하여 다음과 같이 두 꼭짓점 사이의 최단 경로를 결정할 수 있다.

정리: V_i와 V_j 사이의 최소-모서리 경로

"행렬 A^n의 i행 j열 성분이 양수"라는 조건을 만족하는 최솟값 n이 v_i에서 v_j까지 최소-모서리 경로의 모서리 수이다. 즉, n은 v_i에서 v_j까지 최단 거리이다.

이 정리는 이전 정리로부터 자명하다. A^1, A^2, A^3, ... 의 i행 j열 성분은 v_i에서 출발하여 v_j까지 1개 모서리, 2개 모서리, 3개 모서리를 거쳐 도착하는 경로 수를 나타낸다. 따라서 성분의 값이 0이 아닌 첫 번째 거듭제곱의 지수는 해당 꼭짓점 사이 최단 경로의 길이가 된다.

예제: 그림 8.8의 노드 간 경로

*그림 8.8*의 그래프를 보자. 파이썬을 사용하여 일부 노드 쌍을 대상으로 서로 다른 길이의 경로 수를 구해 본다. $n = 1$에서 $n = 6$까지 행렬의 거듭제곱을 계산하는 루프를 작성하고 주어진 꼭짓점 쌍에 대하여 각 길이로 이루어진 경로 수를 출력한다. 다음 코드를 참조하라:

```
# v1에서 v6까지 길이 1 ~ 6의 경로 개수를 출력
for counter in range(1,7):
    A2counter = numpy.linalg.matrix_power(A2,counter)
    print("There are", A2counter[0,5], "paths of length",
      counter, "from v1 to v6")

# v2에서 v3까지 길이 1 ~ 6의 경로 개수를 출력
for counter in range(1,7):
    A2counter = numpy.linalg.matrix_power(A2,counter)
    print("There are", A2counter[1,2], "paths of length",
      counter, "from v2 to v3")
```

출력은 다음과 같다:

```
There are 0 paths of length 1 from v1 to v6
There are 1 paths of length 2 from v1 to v6
There are 0 paths of length 3 from v1 to v6
There are 2 paths of length 4 from v1 to v6
There are 0 paths of length 5 from v1 to v6
```

```
There are 4 paths of length 6 from v1 to v6
There are 0 paths of length 1 from v2 to v3
There are 0 paths of length 2 from v2 to v3
There are 0 paths of length 3 from v2 to v3
There are 0 paths of length 4 from v2 to v3
There are 0 paths of length 5 from v2 to v3
There are 0 paths of length 6 from v2 to v3
```

첫 번째 루프에서 v_1에서 v_6까지 최단 경로는 2이고 두 꼭짓점 사이에는 짝수 길이의 경로들만 존재한다. 왜냐하면 2-모서리 경로 v_1-v_2-v_6을 따라 이동하는 횟수는 짝수이기 때문이다. 반대로 v_2와 v_3사이에는 길이 6 이하인 경로가 없다. 이는 눈으로 확인할 수 있는 사실인 v_2와 v_3사이에는 경로가 없다는 점과 부합한다.

파이썬을 사용하여 그래프에서 차수, 노드 간 경로 수, 최단 경로를 추출하는 방법을 배웠으므로 이제 단원을 마치도록 한다.

요약

이 장은 그래프, 방향 그래프, 네트워크 및 방향 네트워크에 대한 개념 및 이들을 설명하는 데 필요한 공통된 용어를 소개하는 내용으로 시작하였다. 다음으로, 이러한 구조가 실제 문제를 모델링할 때 어떻게 사용되는지 소개했으며, 다음 장부터 더 깊이 탐구할 예정이다.

이후에는, 파이썬을 사용하여 그래프와 네트워크를 컴퓨터 메모리에 저장하는 방법을 알아보았다. 그래프에 대한 인접행렬과 인접리스트, 네트워크에 대한 가중치 행렬이 특히 주로 쓰인다. 마지막 단원에서는 꼭짓점의 차수, 꼭짓점 쌍 사이의 경로 수, 꼭짓점 사이의 최소-모서리 경로의 길이와 같은 그래프 특성을 인접행렬로부터 보여주었다.

전체적으로 이 장에서는 그래프, 트리, 네트워크 및 이들의 방향 유형을 정의하였고 공통 용어를 설정했으며 몇 가지 실제 응용을 숙지하였고 컴퓨터 메모리에 저장하는 방법(대부분 인접행렬 또는 비용 행렬의 형태를 이용)과 NumPy와 파이썬 코드를 사용하여 행렬에서 그래프의 특성을 추출하는 방법을 보여주었다.

이러한 새로운 기술은 그래프, 트리 및 네트워크를 사용하여 실제 문제를 매우 효과적으로 모델링하는 방법에 대한 길을 열어줄 것이다. *9장. 데이터 구조 탐색하기와 최단 경로 찾기*에서는 그래프의 더 복잡한 특성을 알아내기 위해 그래프 및 트리를 순회하는 알고리즘에 중점을 둔다. 이 알고리즘은 구글의 웹 크롤링, MapQuest[11]에서 운전 경로 찾기, BitTorrent[12]와 같은 P2P[13] 네트워크에서 파일 원본 찾기, Facebook에서 사용자에게 친구 추천하기 등 수많은 실용적인 응용 분야와 관련 있다.

11 전 세계적으로 인터넷 지도를 처음 시작한 사이트

12 인터넷을 통해 세계 곳곳의 사용자와 파일을 공유할 수 있는 프로그램

13 peer-to-peer

CHAPTER 9
데이터 구조 탐색하기와 최단 경로 찾기

이 장에서는 그래프, 트리 그리고 네트워크 데이터 구조의 탐색 기술을 설명하고 그래프 탐색을 실제로 적용해 본다. 이 분야와 관련된 문제를 대상으로 널리 사용되는 두 알고리즘을 소개하고 분석할 것이다. 바로 그래프 탐색을 위한 **깊이 우선 탐색**(depth-first search, **DFS**)과 네트워크에서 꼭짓점 사이의 최단 경로를 찾는 다익스트라(Dijkstra) 알고리즘이다. 두 알고리즘 모두 직관적으로 이해할 수 있도록 소규모 그래프를 대상으로 소개하며, 실제 문제까지 확장할 수 있도록 파이썬 코드로 구현한다.

이 장에서는, 다음 주제를 다룬다:

- 그래프와 트리 데이터 구조의 탐색
- 깊이 우선 탐색 알고리즘
- 최단 경로 문제와 이의 변형
- 브루트 포스 방식으로 최단 경로 찾기
- 최단 경로를 찾기 위한 다익스트라 알고리즘
- 파이썬으로 다익스트라 알고리즘 구현

이 장을 마치면, 탐색의 목적을 설명하고 DFS 방법을 구현하며 최단 경로 문제를 이해하고 최단 경로를 찾는 다익스트라 알고리즘을 구현할 수 있게 될 것이다.

> **주의할 점**
> 이 장의 컬러 이미지를 참조하려면 머리글에서 소개한 링크를 따라 이동하십시오.

그래프와 트리 데이터 구조의 탐색

이전 장에서는 그래프와 트리에 대해 배웠다. 이 장을 진행하면서 그래프를 언급할 때마다 트리도 포함된다는 점을 명심하기를 바란다. 왜냐하면 단순하게 보면 트리는 순환을 포함하지 않는 그래프이기 때문이다. 이 단원의 주제는 그래프 탐색으로, 단순히 그래프의 모서리를 따라 이동하여 도착 꼭짓점까지 경로를 찾는 일을 의미한다. 이는 간단한 작업처럼 보이지만, 상당수의 실제 그래프는 그 규모가 매우 크므로 가능한 한 효율적으로 수행하기를 원한다.

꼭짓점을 찾으려고 그래프를 순회하는 알고리즘이 필요한 이유는 여러 가지다. 예를 들어, 여러분이 5개의 도시에 살고 있는 5명의 친구에게 인터넷을 통해 메시지를 보내려 한다고 가정해 보자. 당연히 여러분의 장비와 친구의 장비는 직접 연결되어 있지 않기 때문에 메시지는 네트워크에 연결된 장비를 통해 꼭짓점에서 꼭짓점으로 여러 경로를 따라가야 한다. 네트워크에 연결된 장비는 때때로 서로 접속되거나 접속이 해제되므로 네트워크를 나타내는 영속적인 그래프를 저장하는 건 불가능하다. 즉, 메시지를 보내고 싶을 때 경로를 구상해야 한다. 이것이 바로 그래프 탐색으로 할 수 있는 일이다.

그런데, 어떤 경로를 따라 메시지를 보낼지 결정하는 작업은 또 다른 문제이다. 그래프 탐색을 통해 경로를 구상할 때, 메시지를 전달하는 데 가장 시간이 적게 걸리는 경로 혹은 혼잡하지 않는 연결부를 통과하는 경로를 선택하고자 할 수 있다. 이 장의 뒷부분에서 최단 경로 찾기에 대해 알아보겠지만, 현재로선 그래프 탐색이 이러한 문제를 해결하는 데 있어 중요한 부분이라고 이야기하는 걸로 충분하다.

그래프 탐색은 일상적이다. 그래프 탐색 그 자체로는 아주 많은 걸 해내지는 않지만, 최단 경로와 최소 스패닝 트리 찾기, 그래프의 연결성분 탐지, 네트워크 흐름 분석, 서로 다른 그룹 사이에 꼭짓점 매칭, 복잡한 연관성을 갖는 작업 사이의 대규모 스케줄링 문제 등과 같은 다양한 문제를 해결하는 복잡한 알고리즘에서 서브루틴으로 사용되는 경향이 있다.

다음 단원에서는 가장 일반적인 그래프 탐색 알고리즘 중 하나인 DFS에 대하여 설명한다.

깊이 우선 탐색(DFS)

간단히 말하자면, 그래프 탐색은 그래프를 따라 이동하면서 그래프의 구조를 그려 보는 일이다. 이 단원에서는 이러한 탐색을 수행하기 위한 알고리즘에 대해 알아본다. 그래프의 구조를 그려 보는 것 자체가 중요할 수 있지만, 앞서 설명한 바와 같이 이는 더 큰 문제를 해결하기 위해 알고리즘이 해결해야 하는 하위 문제이다. DFS 알고리즘은 아마도 그래프 탐색에 있어 가장 일반적인 접근 방법이다. 이 알고리즘은 효율적이며, 더 복잡한 알고리즘의 서브루틴으로 사용된다.

DFS는 출발 꼭짓점에서 시작하여, 첫 번째 모서리를 따라 다른 꼭짓점으로 이동하는 동작을, 아직 방문하지 않은 꼭짓점으로 이어지는 모서리가 없을 때까지 즉, 가능한 한 깊이 전진할 수 있을 때까지 반복한다. 더 이상 전진하지 못할 경우, 방문하지 않은 인접 꼭짓점을 가진 직전 꼭짓점으로 되돌아가서, 방문하지 않은 꼭짓점을 가능하면 많이 방문하는 또 다른 여행을 떠나고 이는 다른 막다른 길에 도달할 때까지 이어진다. 그런 다음, 출발점에 연결된 모든 꼭짓점을 방문할 때까지, 되돌아가서 방문하지 않은 꼭짓점을 향해 여행하는 과정을 몇 번이고 반복한다.

이 아이디어를 잘 이해할 수 있도록 다음 소규모 그래프를 대상으로 탐색 과정을 따라가 보자. v_1에서 출발하고, DFS를 사용하여 그래프를 탐험하기로 한다.

경로 선택 방법이 지정되지 않았으므로 여러 대안이 있을 때는 번호가 가장 낮은 꼭짓점으로 이동하기로 한다. 현재 경로 내의 꼭짓점과 모서리를 주황색으로 색칠하고 이전에 방문한 꼭짓점과 이전에 지나간 모서리를 녹색으로 표시할 것이다:

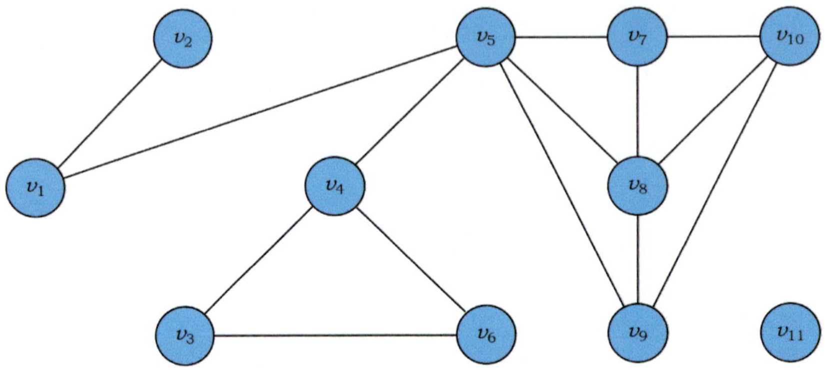

그림 9.1 예제 그래프

1단계: 첫 번째 단계에는 v_2로 이동한다. 그런데 이 꼭짓점은 아직 방문하지 않은 어떤 꼭짓점에도 인접하지 않기 때문에 여기에서 멈춘다:

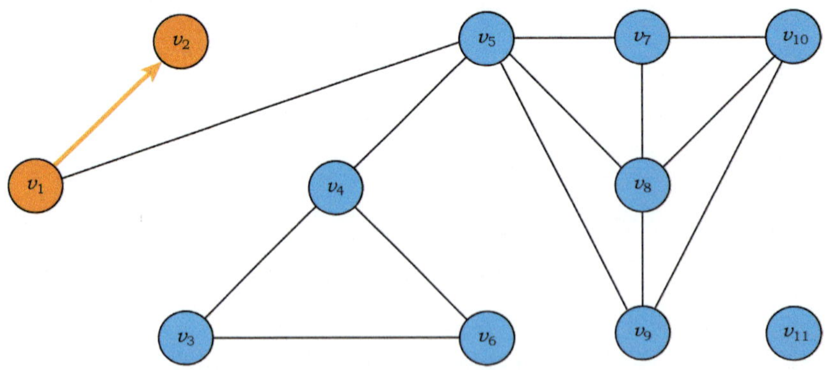

그림 9.2 DFS의 1단계

2단계: 노드 v_1로 되돌아가서 다시 막다른 길에 도달할 때까지 경로를 따라간다.

그러면 v_1에서 v_5, v_4, v_3을 차례로 거쳐 v_6으로 이동하며 v_6은 방문하지 않은 인접 꼭짓점이 없으므로 여기에서 멈춘다:

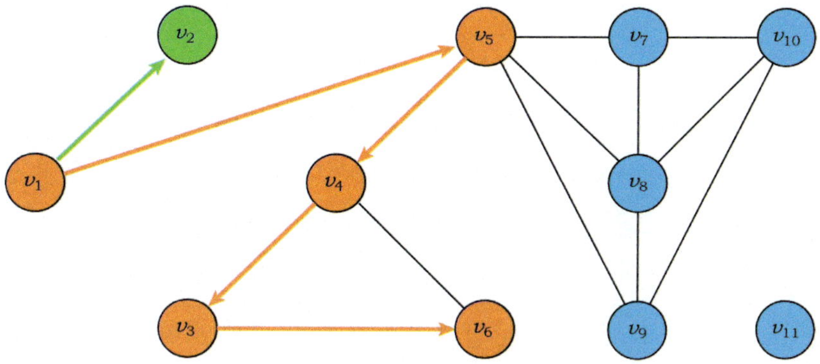

그림 9.3 DFS의 2단계

3단계: 주황색 경로를 따라 방문하지 않은 인접 꼭짓점을 갖는 직전 꼭짓점까지 되돌아가면 v_5에 도착한다. 여기에서 v_7, v_8, v_9를 차례로 거쳐 v_{10}에 이르는 경로를 따라 이동하여 멈춘다:

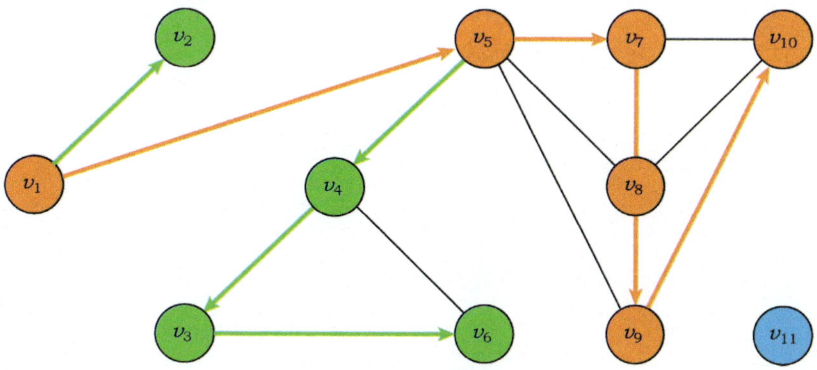

그림 9.4 DFS의 3단계

드디어 출발 꼭짓점 v_1에 연결된 모든 꼭짓점이 방문을 나타내는 색으로 표시되었으므로 그래프 탐색이 완료된다.

이 DFS가 생성하는 꼭짓점 리스트는 다음과 같다:

$$v_1, v_2, v_5, v_4, v_3, v_6, v_7, v_8, v_9, v_{10}$$

꼭짓점 v_{11}은 출발 꼭짓점에 연결되어 있지 않기 때문에 방문 되지 않는다. 일반적으로 DFS는 출발 꼭짓점의 연결성분을 벗어나지 않는다. 여러 개의 연결성분으로 이루어진 그래프의 경우 모든 꼭짓점을 방문하려면 연결성분마다 DFS를 한 번씩 실행해야 한다.

이제 파이썬으로 구현하는 DFS 알고리즘에 대해 알아보자.

DFS의 파이썬 구현

당연히, 규모가 큰 실제 문제에 대해서는 알고리즘을 단순히 수작업으로 적용할 수 없다! 대신 파이썬으로 DFS 알고리즘을 구현해 보자.

그래프의 인접행렬을 입력받아서 경로를 따라 출발점과 연결된 모든 꼭짓점을 반환해 주는 DFS 함수를 작성하려 한다. 이 함수를 몇 부분으로 나눠 설명하면서 진행한다. 먼저, 이 함수가 하는 일과 입출력 개요를 담은 주석이다:

```
# DFS(Depth First Search)
#
# INPUTS
# A - 인접행렬로 정사각행렬, 대칭행렬, 이진행렬이어야 함
# source - 출발점(자연수)
#
# OUTPUTS
# vertexList - 탐색 과정에서 발견되는 꼭짓점들의 순서 리스트
```

다음으로, 인접행렬과 출발점을 입력으로 하는 함수를 정의한다. 파이썬에서 인덱스는 0부터 시작하므로 출발점에서 1을 감소시키고, 그래프의 꼭짓점 개수를 알아내고[1], 방문한 꼭짓점을 저장하기 위한 이진 배열, 알고리즘이 사용할 스택[2], 알고리즘이 채워나갈 꼭짓점 리스트 등 여러 데이터 구조를 초기화한다:

```
def DFS(A, source):
    # 1-오차 에러를 피하기 위해 출발점을 1 감소
    source -= 1

    # 꼭짓점의 개수를 확인
    n = A.shape[0]

    # 모든 꼭짓점을 방문하지 않음으로 초기화
    unvisited = [1] * n

    # 스택에 출발점을 저장하여 초기화
    stack = [source]

    # 꼭짓점 리스트를 초기화
    vertexList = []
```

그런 다음, 스택의 마지막 꼭짓점을 가져와서 아직 방문하지 않은 꼭짓점일 경우 꼭짓점 리스트에 추가하고 방문하지 않은 이웃 꼭짓점을 모두 스택 끝에 추가한다. 스택이 비워질 때까지 이 작업을 반복한다. 그리고, 마지막으로 꼭짓점 리스트를 반환한다:

1 배열 함수 shape는 배열의 차원과 크기(모양)을 확인하는 데 사용한다. shape는 행과 열의 개수를, shape[0]은 행의 개수를, shape[1]은 열의 개수를 반환한다.

2 스택(stack) 데이터 구조는 후입선출(Last In First Out) 규칙에 따라 데이터를 입출력하는 특별한 리스트이다. 파이썬에서는 리스트([])의 append/pop 함수를 사용하여 삽입/삭제를 처리하는 방식으로 구현하면 된다. 코드를 참고하길 바란다.

```
    # 빈 스택이 될 때까지
    while stack:
        # 방금 방문한 꼭짓점을 스택에서 제거하고 v에 저장
        v = stack.pop()

        # v가 방문하지 않은 꼭짓점이면 리스트에 추가하고 v를 방문했다고 표시
        if unvisited[v]:
            # 새로 방문한 꼭짓점을 저장
            vertexList.append(v)

            # 꼭짓점을 방문했다고 표시
            unvisited[v] = 0

        # 꼭짓점들을 대상으로 반복
        for u in range(n - 1, 0, -1):
            # 방문하지 않은 이웃 꼭짓점을 스택에 추가
            if A[v,u] == 1 and unvisited[u] == 1:
                stack.append(u)

    return vertexList
```

이제 코드가 작성되었으므로 이전에 수작업으로 다뤘던 예제를 대상으로 테스트하여 의도한 대로 작동하는지 확인해 보자. 먼저 인접행렬을 저장해야 한다:

```
# 그림 9.1의 그래프에 해당하는 인접행렬을 저장
A = numpy.array([[0, 1, 0, 0, 1, 0, 0, 0, 0, 0, 0],
                 [1, 0, 0, 0, 0, 0, 0, 0, 0, 0, 0],
                 [0, 0, 0, 1, 0, 1, 0, 0, 0, 0, 0],
                 [0, 0, 1, 0, 1, 1, 0, 0, 0, 0, 0],
                 [1, 0, 0, 1, 0, 0, 1, 1, 1, 0, 0],
                 [0, 0, 1, 1, 0, 0, 0, 0, 0, 0, 0],
                 [0, 0, 0, 0, 1, 0, 0, 1, 0, 1, 0],
```

```
              [0, 0, 0, 0, 1, 0, 1, 0, 1, 1, 0],
              [0, 0, 0, 0, 1, 0, 0, 1, 0, 1, 0],
              [0, 0, 0, 0, 0, 0, 1, 1, 1, 0, 0],
              [0, 0, 0, 0, 0, 0, 0, 0, 0, 0, 0]])
```

다음으로, 이전 수작업과 마찬가지로 출발점 1을 사용하여 DFS 알고리즘을 실행해 보자. 파이썬과는 다르게 꼭짓점은 1부터 시작하기 때문에 꼭짓점 리스트의 각 숫자에 1을 더해야 할 것이다:

```
# 인접행렬 A와 출발점 1을 이용하여 DFS를 실행
vertexList = DFS(A,1)

# 꼭짓점에 1을 더하기
[x + 1 for x in vertexList]
```

출력은 다음과 같다:

```
[1, 2, 5, 4, 3, 6, 7, 8, 9, 10]
```

알고리즘을 수동으로 적용했을 때, 같은 리스트가 같은 순서로 표시되었던 사실을 주목하길 바란다. 명백히, 수작업으로 했던 일을 코드가 그대로 되풀이하며, 게다가 거의 즉시 실행되므로 DFS 구현은 매우 성공적이다!

이 단원에서는 DFS 알고리즘이 무엇인지 학습하였고, 응용 분야를 설명하였고, 예제에 수작업으로 적용하였고, 파이썬으로 구현하였으며, 코드의 출력이 예제의 결과와 일치함을 보였다. 이 장의 나머지 부분에서는 매우 실용적인 문제인 네트워크(가중치 그래프)의 두 꼭짓점 사이 최단 경로 찾기에 초점을 맞춘다.

최단 경로 문제와 이의 변형

이 단원에서는 또 다른 그래프 관련 문제인 네트워크에서 꼭짓점 사이의 최단 경로를 찾는 문제에 촛점을 맞춘다. 차차 설명하겠지만, 이 주제는 차로 목적지까지 이동하는 가장 짧은 노선 찾기 또는 컴퓨터 네트워크를 통해 메시지를 전달하는 가장 빠른 길 찾기 등 라우팅 문제에 있어 매우 중요하다. 최단 경로 문제는 별들의 이미지를 포착하는 공동 작업을 수행하는 소규모 심우주 연구 위성단이 최소한의 연료를 써서 매우 정밀한 위치로 이동하려면 반동 추진 엔진을 어떻게 사용해야 하는가를 결정하는 데까지 사용되고 있다.

가중치가 없는 모서리를 가진 그래프에 대해서는 이미 이 문제를 해결했다. 이러한 좀 더 단순한 문제의 해결책을 간단히 살펴보고 나서 일반적인 네트워크(가중치 그래프) 문제로 넘어가자. *8장. 그래프, 트리, 네트워크의 저장과 특성 뽑아내기*에서는 그래프 또는 방향 그래프에서 노드 v_i와 v_j사이의 최소-모서리 경로 즉 최단 경로를 알아내는 방법을 설명하였다. 그 값은 단순히, “인접행렬의 n번째 거듭제곱 A^n에서 i행 j열은 양의 정수”를 만족하는 최솟값 n이었다. 이 성분의 값은 길이가 n인 v_i와 v_j사이 경로 개수를 나타내기 때문에 위 사실은 명백하였다.

행렬 곱셈은 계산 복잡도가 $O(n^3)$ 보다 낮아서 계산적으로 비용이 적게 든다. 따라서 이 결과를 사용하면 그래프와 방향 그래프에서 노드 사이의 최단 거리를 효율적으로 찾을 수 있어 유용하다.

네트워크에서의 최단 경로

그러나, 적용 범위가 훨씬 넓은 문제는 모서리 가중치가 노드 사이의 거리를 나타내는 네트워크가 있을 때 노드 사이 최단 경로를 찾는 일이다. 이 문제는 매우 중요하다. 예를 들어 MapQuest, 구글 Maps, Waze와 같은 지도 앱이 두 도시 사이의 최단-거리 경로를 찾을 수 있도록 해주며, 이는 많은 사람이 매일 사용하는 것이다! 이와 동치인 문제 중 하나는 전기 그리드의 노드를 통해 전력원에서 고객에게 전력을 공급할 수 있는 최단 거리를 찾는 일이다. 거리가 늘어날수록 에너지 손실이 크기 때문에, 스마트 그리드라면 발전소에서 생산된 에너지를 효율적으로 사용할 수 있도록 이러한 거리를 짧게 유지해야 한다.

최단-거리 경로를 넘어서

이러한 예 외에도 가중치의 의미를 거리가 아닌 다른 것으로 설명할 수도 있다. 예를 들어 구글 Maps를 사용하여 특정 주소까지의 경로를 찾는 경우, 이동 거리보다 도착에 걸리는 시간에 더 관심이 있을 수 있다. 걸어서 그 주소로 이동하는 게 가장 짧은 거리에 해당할 수도 있지만, 만약 거리 측정 단위가 수십 또는 수백 마일이라면, 최단 거리는 쓸모가 없을지도 모른다! 대신에, 노드 간 이동에 걸리는 시간을 네트워크의 가중치에 할당하면 된다. 이와 관련된 문제는 실시간 교통 데이터를 사용하여 두 위치 사이 주행 시간을 더 정확하게 추정할 수 있도록 하는 Waze와 같은 내비게이션 앱에도 쓰인다. 여기서도 역시 최적의 주행 경로를 찾는 데 가장 중요한 요소는 거리가 아니다. 우리는 최단-시간 경로를 원한다:

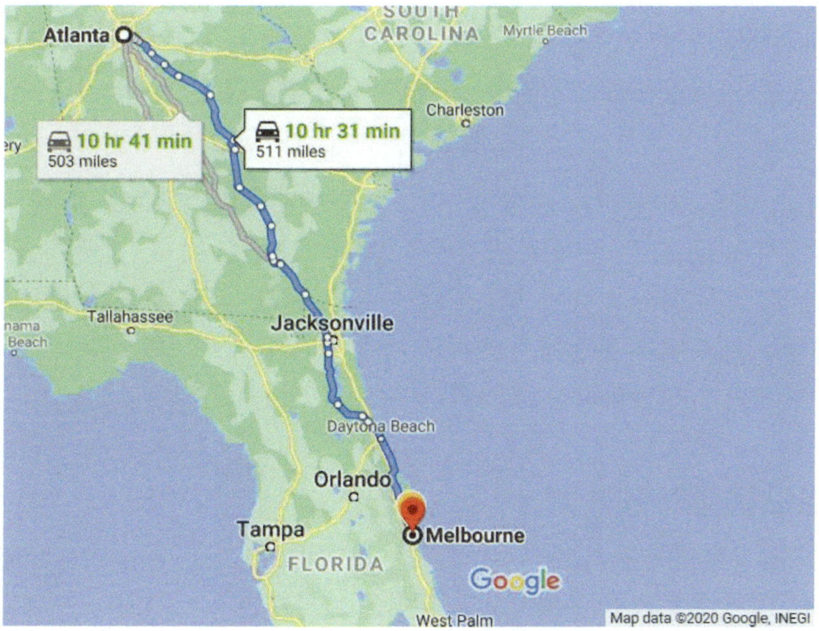

그림 9.5 이 지도에는 503마일과 511마일이라는 두 경로가 표시되어 있다.

*그림 9.5*에서는 구글 Maps가 어떻게 최단 경로 대신 더 먼 거리의 경로를 추천하는지 주목하자. 이는 최단-시간 경로를 제공하는 게 목적이기 때문이다. 공교롭게도 이 경로는 거리가 조금 더 길뿐이다. 여러 가지 이유로 이러한 결과가 나올 수 있다. 짧은 경로가 교통량이 많거나 제한속도가 낮거나 신호등이 많을 수 있다.

가중치를 시간으로 처리하면 최단-시간 경로에 주목하는 완전히 새로운 일련의 응용문제가 펼쳐진다. 예를 들어, 휴대폰에서 친구의 PC로 문자 메시지를 보내려면 네트워크를 통해 휴대폰에서 친구의 PC로 메시지를 보낼 경로를 선택할 것이다. 여기서는 신호가 전송되어야 하는 거리보다 메시지 전달에 대한 지연 시간에 훨씬 더 관심이 있다. 최단-시간 경로를 알아냄으로써 컴퓨터 네트워크 또는 인터넷을 통해 트래픽을 전송하기 위한 지능적인 정책을 수립할 수 있다.

또 다른 옵션은 모서리에 비용을 나타내는 가중치를 사용하는 거다. 예를 들어, 연료비나 트럭 운전사의 임금과 같이 모서리를 거치는 데 비용이 드는 상황에서는 거리와 시간이 최소가 아니더라도 최소-비용 경로를 찾으려 할 수도 있다. 마찬가지로 여러 중간 노드를 통해 두 도시를 연결하는 도로를 건설하려면 노드 간 거리뿐만 아니라 노드 간 지형, 자재와 작업자의 운송 거리, 기타 여러 고려 사항에 따라 각 노드 간 도로의 건설 비용이 달라진다.

거리, 시간, 비용, 기타 고려 사항 중 어느 측면에서 최단 경로를 찾든, 네트워크의 맥락에서 모두 같은 문제로 귀결됨을 알 수 있었다. 바로, 선택한 두 노드를 연결하는 경로의 최소 가중치 합을 구한다는 것이다. 이렇게 매우 많은 서로 다른 문제들을 네트워크 관점에서 하나의 추상적인 문제로 병합하는 작업은 많은 문제를 한꺼번에 일반화하여 해결하는 수학의 힘을 보여준다.

최단 경로 문제의 정의

가중치가 응용문제마다 서로 다른 척도를 나타내도록 하는 이유가 있음을 알 수 있었다. 따라서 가중치가 구체적으로 무엇을 나타내는지는 생략하고 네트워크상의 최단 경로를 찾기 위한 문제로 공식화하여 정의하자.

$N = (V, E, W)$를 네트워크라고 가정하자. 여기서 $V = \{v_1, v_2, ..., v_n\}$은 꼭짓점 집합이고, E는 꼭짓점 쌍을 연결하는 모서리 집합이며, W는 모서리 가중치 집합이다. 꼭짓점 v_i에서 꼭짓점 v_j까지 최단 경로를 찾으려 한다. 즉, v_i를 v_j에 연결하는 모서리 집합 가운데 모서리 가중치 합이 최소인 집합을 찾아야 한다.

특정 노드 쌍 사이에 여러 개의 다른 경로가 있을 수도 있고 경로가 없을 수도 있다. 복수의 경로가 존재하는 경우, 최소 가중치 합을 가진 경로가 여러 개 있을 수도 있다. 따라서 해답이 존재하지 않거나 유일한 해답이 있거나 복수의 해답이 있을 수 있는 문제라는 점에 유의해야 한다.

사실, 해답이 없을 가능성이 특히 중요하다. 이것이 의미하는 바는 v_i가 어떤 경로로도 v_j에 연결되지 않는다는 거다. 앞 장에서 설명한 방법을 이용하여 어떻게 v_i가 v_j에 연결되어 있는가 확인하는지 알아보자.

해답이 존재하는지 검사하기

i행 j열의 값이 양수가 될 때까지 인접행렬을 거듭제곱하면 v_i에서 v_j까지 최소-모서리 경로를 찾을 수 있었음을 기억하자. 물론 v_i가 v_j에 연결되어 있지 않다면 i행 j열이 양수가 되는 일은 절대 발생하지 않는다. 일반적으로 네트워크 내의 꼭짓점 수 $|V|$를 알 수 있으므로 모든 $n \leq |V|$에 대하여 A^n의 i행 j열이 0이라면 이들 노드 사이에는 경로가 없고 최단 경로도 없을 거다. 왜냐하면 그래프 내의 모든 꼭짓점을 사용해도 꼭짓점 v_i에서 v_j까지 경로가 존재하지 않고 따라서 두 노드는 연결되어 있지 않기 때문이다. 두 노드가 연결되어 있다면 경로가 하나는 존재하기 때문에 최소-가중치 경로도 역시 존재한다.

따라서 최단 경로를 찾는 알고리즘을 사용하기 전에 우선 인접행렬을 거듭제곱하여 경로가 존재하는지 확인하는 게 좋다. 이 검사를 하기 위한 파이썬 함수를 작성하자. 꼭짓점들이 인접해 있는지 확인하여 그렇지 않다면 경로가 존재하는지 확신할 수 있을 때까지 인접행렬을 한 번에 1승씩 거듭제곱한다. 만약 경로를 검출하지 못한 채 $A^{|V|}$에 도달하면 v_i에서 v_j까지 어떠한 경로도 존재하지 않음

을 알 수 있다. 이 경우에는 최단 경로 문제에 대한 해답이 없다는 사실을 알 수 있으므로 해답을 찾는 번거로움을 피할 수 있다!

이 함수는 경로가 있으면 `True`를 반환하고 경로의 길이를 출력한다. 경로가 없다면 `False`를 반환하고 경로를 찾을 수 없다는 알림을 출력한다[3]:

```
import numpy

# 입력된 인접행렬 A가 나타내는 그래프에서 꼭짓점 i와 꼭짓점 j가 연결되어 있다면
  # True를 반환하는 함수를 구현
def isConnected(A, i, j):
    # 인접행렬 A로 경로행렬을 초기화
    paths = A

    # 그래프에 있는 꼭짓점의 개수를 확인
    numberOfVertices = A.shape[0]

    # 꼭짓점 i와 꼭짓점 j가 인접되어 있다면 True를 반환
    if paths[i-1][j-1] > 0:
        print('Vertex', i, 'and vertex', j, 'are adjacent')
        return True

    else:
        # 경로를 찾을 때까지 루프를 실행
        for pathLength in range(2, numberOfVertices):
            # 인접행렬을 거듭제곱하기
            paths = numpy.dot(paths, A)

            # i 행, j 열의 성분이 0보다 크면 경로를 찾은 것
            if paths[i-1][j-1] > 0:
                print('There is a path with', pathLength,
```

3 깃허브의 코드는 오류가 있으므로 주의가 필요함.

```
                'edges from vertex', i, 'to vertex', j)
        return True

    # 경로를 찾지 못했다면 꼭짓점은 연결되어 있지 않음
    print('There are no paths from vertex', i, 'to vertex', j)
    return False
```

함수만 작성했기 때문에 이 코드의 출력은 없지만, 그래프에 대한 특정 인접행렬을 꼭짓점 번호 i 및 j와 함께 입력함으로써 코드를 실행할 수 있다. 한번 함수로 작성해 놓으면 입력을 다양하게 변화시키면서 원하는 만큼 재사용 가능하다는 장점이 있다. 따라서, 서로 다른 꼭짓점 쌍들이 연결되어 있는지를 확인할 수 있다.

코드를 테스트하기 위해, 시각적으로 쉽게 판별이 가능한 작은 그래프를 대상으로 하여 꼭짓점 사이 최단 경로 길이를 찾는 데 이 코드를 사용하자. 그리고, 코드가 그러한 사실을 제대로 반영하는지 확인하자. *8장. 트리, 그래프, 네트워크의 저장과 특성 뽑아내기*에서 다음 그래프를 다시 가져오자:

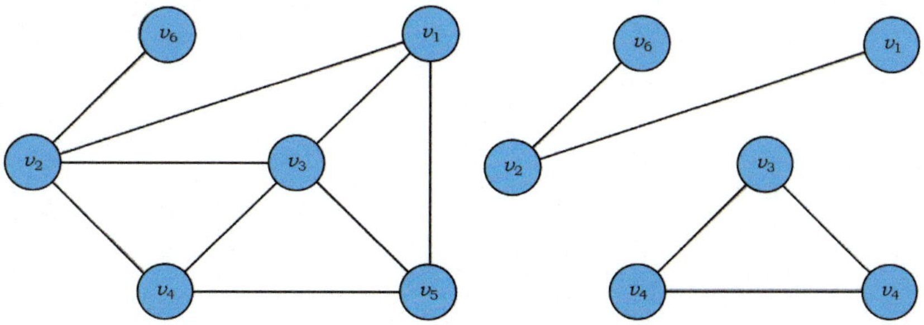

그림 9.6 그래프 G_1(왼쪽) 및 그래프 G_2(오른쪽)

왼쪽의 그래프를 G_1, 오른쪽의 그래프를 G_2라 부르자. 물론 그래프가 모서리 가중치를 가진 네트워크일 경우에도 문제없지만, 두 꼭짓점이 연결되어 있는지를 판별할 때 가중치는 중요하지 않다:

```
# 그래프 G1에 해당하는 인접행렬을 생성
A1 = numpy.array([[0, 1, 1, 0, 1, 0], [1, 0, 1, 1, 0, 1],
                  [1, 1, 0, 1, 1, 0], [0, 1, 1, 0, 1, 0],
                  [1, 0, 1, 1, 0, 0], [0, 1, 0, 0, 0, 0]])

# 꼭짓점들의 연결 여부를 검사
print(isConnected(A1, 1, 4))
print(isConnected(A1, 2, 3))
print(isConnected(A1, 5, 6))
```

여기서는 그래프 G_1의 인접행렬을 입력하고 여러 쌍의 꼭짓점을 대상으로 연결 여부를 확인했다. 코드의 출력은 다음과 같다:

```
There is a path with 2 edges from vertex 1 to vertex 4
True
Vertex 2 and vertex 3 are adjacent
True
There is a path with 3 edges from vertex 5 to vertex 6
True
```

명백히, 이 출력 결과는 그래프를 보면 쉽게 알 수 있는 사실과 일치한다. v_1에서 v_4까지 2-모서리 경로, v_2와 v_3를 연결하는 모서리, v_5에서 v_6까지 3-모서리 경로가 존재한다.

그래프 G_2의 경우, 코드는 일부 꼭짓점 쌍에 대해 `False`를 출력해야 한다. 시험해 보자:

```
# 그래프 G2에 해당하는 인접행렬을 생성
A2 = numpy.array([[0, 1, 0, 0, 0, 0], [1, 0, 0, 0, 0, 1],
                  [0, 0, 0, 1, 1, 0], [0, 0, 1, 0, 1, 0],
```

```
                  [0, 0, 1, 1, 0, 0], [0, 1, 0, 0, 0, 0]])

print(isConnected(A2, 1, 6))
print(isConnected(A2, 2, 5))
print(isConnected(A2, 1, 4))
```

출력은 다음과 같다:

```
There is a path with 2 edges from vertex 1 to vertex 6
True
There are no paths from vertex 2 to vertex 5
False
There are no paths from vertex 1 to vertex 4
False
```

위 코드는 그래프 G_2를 보면 쉽게 알 수 있는 사실을 재연한다. 꼭짓점 v_1과 v_6은 연결되어 있고 꼭짓점 v_2와 v_5는 연결되어 있지 않으며 꼭짓점 v_1와 v_4도 연결되어 있지 않다.

해답을 찾기에 앞서 해답이 존재하는지 확인하는 법을 알았으므로 소규모 문제의 최단 경로를 찾는 알고리즘을 설명한다.

> **주의할 점**
> 대규모 네트워크의 경우, 이 연결성 검사는 실행하는 데 다소 비용이 많이 든다는 점에 유의하여야 한다. 이런 경우에는 비록 꼭짓점 v_i와 v_j가 연결되어 있지 않으면 탐색이 실패할 것을 알고 있음에도 불구하고, 최단 경로 탐색으로 바로 건너뛸 수도 있다.

브루트 포스 기법을 사용한 최단 경로 찾기

이전 단원에서 설명한 바와 같이, 꼭짓점 v_i에서 꼭짓점 v_j까지 모서리 가중치의 합이 최소인 경로를 찾으려고 한다. 브루트 포스 기법으로 최단 경로를 찾을 수 있는지 살펴보자.

예를 들어, *8장. 트리, 그래프, 네트워크의 저장과 특성 뽑아내기*에서 다뤘던 다음 네트워크를 생각해 보자. V를 꼭짓점 집합, E를 모서리 집합, W를 가중치 집합이라 하자:

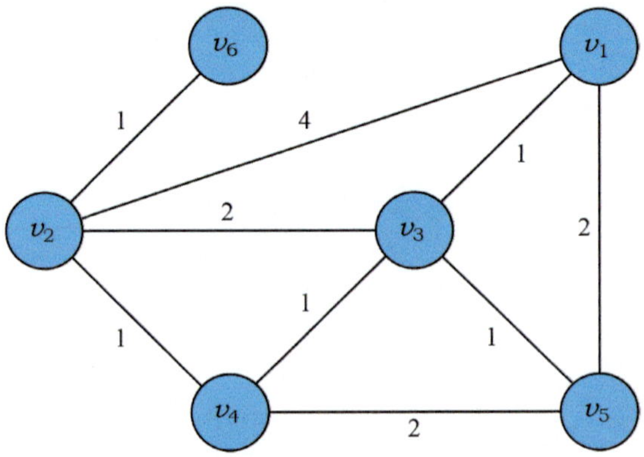

그림 9.7 네트워크 예

이 네트워크에서 v_1에서 v_2까지 최단 경로를 찾아보자. 이 두 꼭짓점 사이에는 많은 경로가 있으며, 이를 경로 길이와 함께 나열하면 *그림 9.8*과 같다.

모든 v_1에서 v_2까지 경로 중에서 최단 경로는 표에서 강조 표시가 된 행으로, v_1에서 v_3을 거쳐 v_2에 이르거나 v_1에서 v_3와 v_4를 차례로 거쳐 v_2에 이르는 3단위의 길이를 갖는 경로임을 쉽게 알 수 있다.

이러한 두 최단 경로는 단순히 v_1에서 v_2까지 직접 이동하는 4단위 길이의 최소-모서리 경로보다 많은 모서리를 포함하고 있다. 당연히, 경로 길이가 반드시 그 경로의 모서리 수에 좌우되는 건 아니며, 최단 경로가 반드시 가장 적은 모서리 수를 가진다고 예상해서는 안 된다.

V_1에서 V_2 까지 경로	경로 길이
$v_1 - v_2$	4
$v_1 - v_3 - v_2$	1 + 2 = 3
$v_1 - v_3 - v_4 - v_2$	1 + 1 + 1 = 3
$v_1 - v_3 - v_5 - v_4 - v_2$	1 + 1 + 2 + 1 = 5
$v_1 - v_5 - v_3 - v_2$	2 + 1 + 2 = 5
$v_1 - v_5 - v_4 - v_2$	2 + 2 + 1 = 5
$v_1 - v_5 - v_4 - v_3 - v_2$	2 + 2 + 1 + 2 = 7

그림 9.8 v_1에서 v_2까지 모든 경로(같은 꼭짓점을 재방문하는 경로는 제외)와 길이

여기에서는 대수롭지 않게 모든 가능한 경로를 나열했지만, 대규모 그래프에서는 이 작업을 수행하는 데 엄청난 비용이 들 것이다. 예를 들어, n개의 꼭짓점을 가지고 있고, 모든 꼭짓점 사이에 모서리가 있는 완전 그래프를 생각해 보자. 그러면 꼭짓점 v_1은 $n-1$개의 결합 모서리를 갖는다. 꼭짓점 v_2는 $n-2$개의 결합 모서리와 v_1과 v_2를 잇는 이미 카운트된 하나의 결합 모서리를 갖는다. 꼭짓점 v_3는 $n-3$개의 결합 모서리와 v_1과 v_2에서 이어진 이미 카운트된 2개의 모서리를 갖는다. 이 패턴을 계속 적용하면 궁극적으로 v_{n-1}은 1개의 아직 카운트되지 않은 결합 모서리를 갖고, v_n에 결합하는 모든 모서리는 이미 카운트된 모서리이다. 그러면 전체 모서리 개수[4]는 다음과 같다:

$$1+2+3+\cdots+(n-1)$$

4 한 모서리는 꼭짓점 2개를 필요하므로 조합을 이용하여 계산해도 된다.
즉, ${}_nC_2 = \frac{n(n-1)}{2}$

*2장. 형식 논리와 수학적 증명*의 수학적 귀납법에 의한 증명에 따르면, 최초 $n-1$ 개의 양의 정수의 합은 다음과 같다:

$$\frac{(n-1)n}{2}$$

예를 들어 그래프에 100개의 꼭짓점이 있으면 최대 $(100)(99)/2 = 4{,}950$개의 모서리를 가지므로 한 꼭짓점에서 다른 꼭짓점으로 이동하는 경로가 수백만 개에 달할지도 모른다!

그렇다면, 한 쌍의 꼭짓점 사이에 몇 개의 경로나 가능할까? 중간에 k개의 꼭짓점을 거쳐 v_i에서 v_j에 도달하는 경로 수를 센다고 가정하자. 선택이 가능한 꼭짓점은 양 끝점을 제외한 $|V|-2$개가 있다. 따라서 *4장. SciPy를 사용한 조합론*에서 학습한 바와 같이 이러한 경로의 수는 다음과 같다:

$$\binom{|V|-2}{k} = \frac{(|V|-2)!}{k!(|V|-2-k)!}$$

이것은 0과 $|V|-2$ 사이에 있는 임의의 k에 대한 경우이다. 따라서 5개의 서로 다른 꼭짓점을 거치는 100-꼭짓점 완전 그래프 내의 경로 수는 다음과 같다:

$$\binom{100-2}{5} = \binom{98}{5} = \frac{98!}{5!(98-5)!} = 67{,}910{,}864$$

하지만, 당연히 꼭짓점을 다섯 개만 거칠 이유는 없다. 중간에 $0, 1, 2, \ldots, 98$개의 꼭짓점을 거치는 게 가능하므로 모든 경로의 수는 다음과 같다:

$$\binom{98}{0} + \binom{98}{1} + \binom{98}{2} + \cdots + \binom{98}{98}$$

이 책의 범위를 벗어나지만, 이 합은 다음과 같다고 알려져 있다:

$$2^{98} \approx 3.17 \times 10^{29}$$

결과적으로, 이와 같은 브루트 포스 접근법은 분명히 제한적이다. 이렇게 많은 경로를 테스트하려면 완전히 비현실적인 시간이 걸릴 거다. 또한 구글 Maps와 같은 지도 앱의 경우, 모든 도시와 외곽 지역에 있는 교차로마다 꼭짓점을 배치한다는 사실을 고려할 때 이 100-꼭짓점 그래프는 그나마 매우 작은 규모이다. 이는 뉴욕시에만 12,000개가 넘는 꼭짓점이 있음을 의미한다!

이러한 브루트 포스 방법은 이해하기는 쉬우나 확실히 타당성이 없으므로 유용한 시간 내에 문제를 해결하기 위한 더욱 전략적인 접근법이 필요하다. 물론 해답이 존재한다는 가정하에, 네트워크 또는 방향 네트워크에서 지정된 꼭짓점 사이의 최단 경로를 찾는 효율적인 방법이 필요하다. 다익스트라 알고리즘이 이 일을 하므로, 이 알고리즘에 대해 배워 보자!

최단 경로 탐색을 위한 다익스트라 알고리즘

이 단원에서는 최단 경로를 찾기 위한 다익스트라 알고리즘에 대해 알아보고, 그 과정을 이해하기 쉬운 용어로 살펴보며, 소규모 네트워크에 수작업으로 적용해 본다.

네트워크상에서 최단 경로를 찾는 가장 일반적인 알고리즘이 다익스트라 알고리즘이다. 이 알고리즘은 1956년에 이를 고안한 네덜란드의 컴퓨터 과학자인 Edsger W. Dijkstra의 이름을 따서 명명되었다. 다만, 그 당시에는 컴퓨터 과학이 매우 새로운 분야였고 컴퓨터 과학만을 전문적으로 다루는 학술지가 거의 없었기 때문에, 그는 1959년까지 연구 결과를 발표하지 않았다.

우선, *그림 9.7*의 소규모 네트워크를 대상으로 직관적인 용어를 써서 학습함으로써 접근 방식의 배후에 자리하고 있는 아이디어를 이해하기로 한다. 다양하게 변형된 알고리즘이 존재하기 때문에 이러한 이해가 매우 중요하며 자신의 문제를 해결하고자 할 때 이 알고리즘을 상황에 맞게 조정하는 방법을 배웠으면 한다!

이전 단원과 마찬가지로 v_1에서 v_2까지 최단 경로를 찾으려 한다. 소규모 네트워크이기 때문에 브루트 포스 방법을 사용하여 그러한 경로가 있다는 걸 알 수 있었다. 그 경로는 다음과 같았다:

$$v_1 - v_3 - v_2 \text{와 } v_1 - v_3 - v_4 - v_2$$

이 경로는 모두 3단위의 길이를 가지고 있다. v_1에서 v_2까지 최단 경로를 찾는 과정에서, v_1에서 다른 모든 꼭짓점까지 최단 경로를 구축할 것이며 이는 다익스트라 알고리즘이 일반적으로 구현되는 방식이다.

다익스트라 알고리즘

다익스트라 알고리즘을 수행하는 동안, 꼭짓점 v_1에서 시작하여 그래프를 순회할 것이다. 이 과정에서, 방문한 꼭짓점과 방문하지 않은 꼭짓점에 대한 두 가지 리스트를 유지한다. 처음에는 방문 꼭짓점 집합은 비어 있으며, 비방문 꼭짓점 집합은 모든 꼭짓점을 포함한다:

- 방문 꼭짓점 $= \{\ \}$
- 비방문 꼭짓점 $= \{v_1, v_2, v_3, v_4, v_5, v_6\}$

이 문제에서 출발점(source)은 노드 v_1이다. 다익스트라 알고리즘은 다음과 같은 패턴을 따른다:

- **초기화**: 출발점에서 각 꼭짓점까지 거리를 무한대로, 자기 자신까지 거리를 0으로 설정한다.
- 방문하지 않은 꼭짓점 중에 가장 가까운(출발점에서 최단 거리가 가장 짧은) 인접 꼭짓점을 방문한다(그러한 꼭짓점이 여럿이면 임의로 선택한다):
  a) 지금까지의 최단 거리보다 현재 방문한 꼭짓점을 경유하는 거리가 더 짧아지는 꼭지점이 있다면 그러한 꼭지점의 최단 거리를 모두 갱신한다.
  b) 최단 거리가 갱신된 꼭지점에 대해서, 현재 방문한 꼭짓점을 "직전 꼭짓점"에 기록한다.
  c) 방문 꼭짓점 리스트에 현재 방문한 꼭짓점을 추가한다.
- 모든 꼭짓점을 방문할 때까지 바로 직전 글머리 기호부터 반복한다.

결국, 다익스트라 알고리즘은 출발점 v_1에서 그래프 내의 다른 모든 꼭짓점으로 이동하는 최단 경로를 제공하게 된다. 이는 우리가 요구한 거보다 훨씬 많은 정보이지만, 많은 문제에서 우리는 미리 지정된 꼭짓점 사이의 최단 경로 말고도 더 많은 걸 알고 싶어한다.

다익스트라 알고리즘은 각 단계에서 출발점으로부터 가장 비용이 적게 드는 경로를 선택하기 때문에 **욕심쟁이 알고리즘**(greedy algorithm)의 하나로 불린다. 물론, 현재까지의 해답 위에 계속 구축해 나간다고 해서 반드시 최적의 해답으로 이어지는 건 아니지만, 때로는 그렇게 될 수도 있다. 만약 운이 좋다면, 우리는 이러한 초기 선택 중 몇 가지를 가지고 해답을 찾을지도 모른다. 운이 좋지 않은 경우에도 알고리즘은 결국 해답을 찾겠지만, 해답을 찾기 전에 상당한 횟수의 되물림 즉 백트래킹(backtracking)이 필요할지도 모르며 속도는 아주 빠르지는 않을 거다. 그러나 브루트 포스 알고리즘이 현실적인 대규모 문제에 대처할 수 있는 속도보다 여전히 훨씬 빠르다[5].

작은 문제에 다익스트라 알고리즘 적용하기

*그림 9.7*의 소규모 네트워크를 대상으로 앞에서 설명한 단계를 따라 좇아갈 수 있는지 알아보자! 각 단계를 설명하고, 현재 방문한 꼭짓점 및 최단 경로에 추가하기 위해 조사해야 할 모서리를 강조 표시한 네트워크를 나타내고, 최단 거리와 직전 꼭짓점을 기록한 표를 갱신하며, 방문 꼭짓점 리스트와 비방문 꼭짓점 리스트를 유지보수할 계획이다.

0단계(초기화): 각 꼭짓점에 대한 최단 경로의 거리를 무한대(∞)로 설정한다. 단 예외적으로, 출발점부터 자기 자신까지의 거리는 0으로 설정한다:

5 이 문단은 일반적인 욕심쟁이 알고리즘에 대한 설명이다. 다익스트라 알고리즘은 욕심쟁이 알고리즘이지만 다행히도 언제나 백트래킹 없이 해답을 구한다.

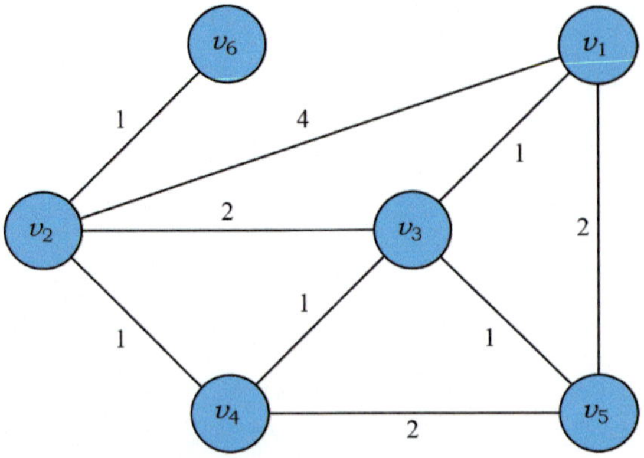

꼭짓점	최단거리	직전 꼭짓점
v_1	0	
v_2	∞	
v_3	∞	
v_4	∞	
v_5	∞	
v_6	∞	

방문 꼭짓점	비방문 꼭짓점
	v_1, v_2, v_3, v_4, v_5, v_6

그림 9.9 다익스트라 알고리즘의 0단계

1단계: v_1을 방문 꼭짓점 집합에 추가한다. 출발점으로부터 비방문 꼭짓점 집합의 각 인접 노드까지 거리를 알아내고 현재 최단 거리보다 짧은 경우 저장한다:

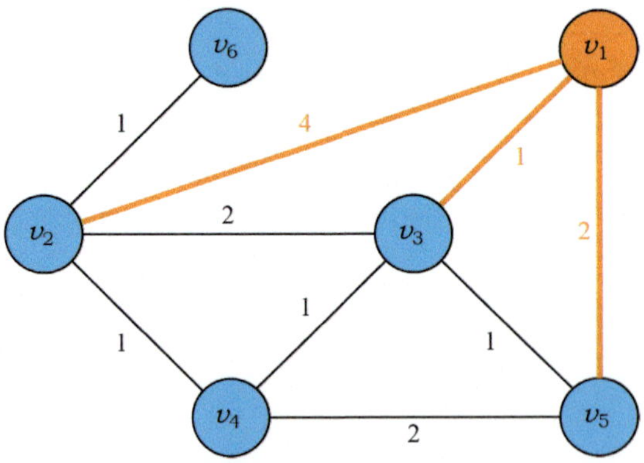

꼭짓점	최단거리	직전 꼭짓점
v_1	0	
v_2	4	v_1
v_3	1	v_1
v_4	∞	
v_5	2	v_1
v_6	∞	

방문 꼭짓점	비방문 꼭짓점
v_1	v_2, v_3, v_4, v_5, v_6

그림 9.10 다익스트라 알고리즘의 1단계

2단계: 출발점으로부터 최단 거리가 최소인 비방문 꼭짓점을 방문하여(v_3) 이를 방문 꼭짓점 집합에 추가하고, 출발점으로부터 이 꼭짓점을 통해 각 비방문 꼭짓점까지 이동하는 거리를 구해서 단축된 모든 최단 거리를 바꾼다 (이 예의 경우, v_3까지 최단 거리 1에 새 모서리 가중치를 더하면 된다):

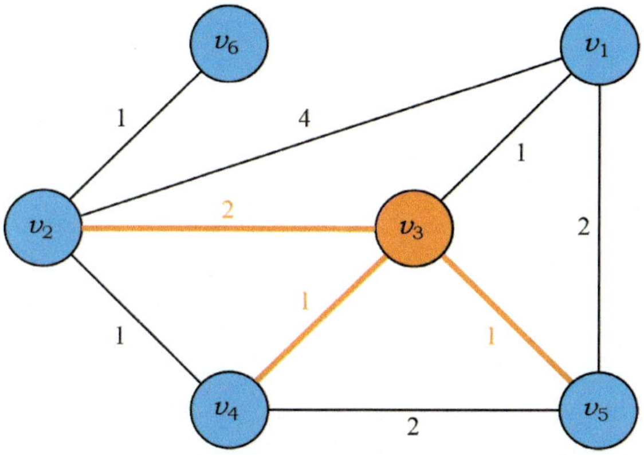

꼭짓점	최단거리	직전 꼭짓점
v_1	0	
v_2	1+2=3	v_3
v_3	1	v_1
v_4	1+1=2	v_3
v_5	2	v_1
v_6	∞	

방문 꼭짓점	비방문 꼭짓점
v_1, v_3	v_2, v_4, v_5, v_6

그림 9.11 - 다익스트라 알고리즘의 2단계

3단계: 출발점으로부터 최단 거리가 최소인 비방문 꼭짓점을 방문한다(v_4). 이를 방문 꼭짓점 집합에 추가하고, 출발점으로부터 이 꼭짓점을 통해 각 비방문 꼭짓점까지 이동하는 거리를 구해서 단축된 모든 최단 거리를 바꾼다.

이번에는 v_4와 v_5의 거리가 모두 2이므로 임의로 v_4를 선택한다:

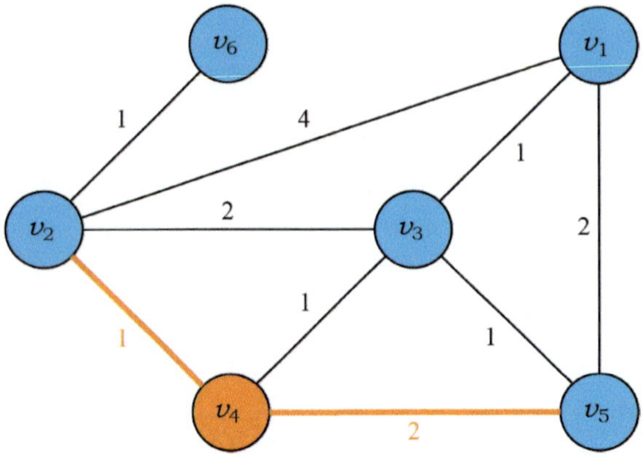

꼭짓점	최단거리	직전 꼭짓점
v_1	0	
v_2	3	v_3
v_3	1	v_1
v_4	2	v_3
v_5	2	v_1
v_6	∞	

방문 꼭짓점	비방문 꼭짓점
v_1, v_3, v_4	v_2, v_5, v_6

그림 9.12 다익스트라 알고리즘의 3단계

여기서 v_2까지 거리는 $2+1=3$이 되어 단축되지 않는다. v_5까지 거리는 $2+2=4$가 되어 단축되지 않는다. 따라서 이 단계에서는 최단 거리의 갱신이 이루어지지 않고 그저 리스트의 그다음 최소 최단 거리로 넘어갈 것이다.

4단계: 출발점으로부터 최단 거리가 최소인 비방문 꼭짓점을 방문하고(v_5), 이를 방문 꼭짓점 집합에 추가하고, 출발점으로부터 이 꼭짓점을 통해 각 비방문 꼭짓점까지 이동하는 거리를 구해서 단축된 모든 최단 거리를 바꾼다.

v_5에 인접한 비방문 꼭짓점이 없으므로 다음 단계로 넘어간다.

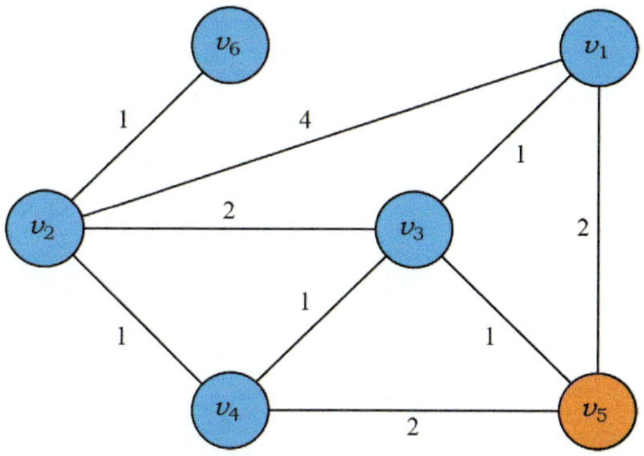

꼭짓점	최단거리	직전 꼭짓점
v1	0	
v2	3	v3
v3	1	v1
v4	2	v3
v5	2	v1
v6	∞	

방문 꼭짓점	비방문 꼭짓점
v1, v3, v4, v5	v2, v6

그림 9.13 다익스트라 알고리즘의 4단계

5단계: 출발점으로부터 최단 거리가 최소인 비방문 꼭짓점을 방문하고(v_2), 이를 방문 꼭짓점 집합에 추가하고, 출발점으로부터 이 꼭짓점을 통해 각 비방문 꼭짓점까지 이동하는 거리를 구해서 단축된 모든 최단 거리를 바꾼다.

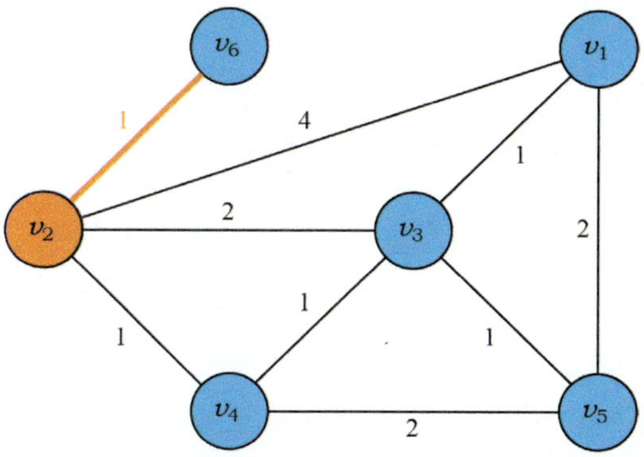

꼭짓점	최단거리	직전 꼭짓점
v1	0	
v2	3	v3
v3	1	v1
v4	2	v3
v5	2	v1
v6	3+1=4	v2

방문 꼭짓점	비방문 꼭짓점
v1, v2, v3, v4, v5	v6

그림 9.14 다익스트라 알고리즘의 5단계

6단계: 출발점으로부터 최단 거리가 최소인 비방문 꼭짓점을 방문하고(v_6), 이를 방문 꼭짓점 집합에 추가하고, 출발점으로부터 이 꼭짓점을 통해 각 비방문 꼭짓점까지 이동하는 거리를 구해서 단축된 모든 최단 거리를 바꾼다.

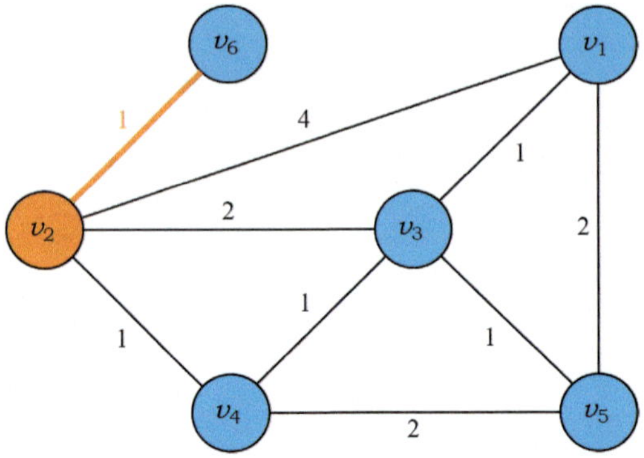

꼭짓점	최단거리	직전 꼭짓점
v_1	0	
v_2	3	v_3
v_3	1	v_1
v_4	2	v_3
v_5	2	v_1
v_6	4	v_2

방문 꼭짓점	비방문 꼭짓점
v_1, v_2, v_3, v_4, v_5, v_6	

그림 9.15 다익스트라 알고리즘의 6단계

현재, 비방문 꼭짓점 집합은 비어 있으며 v_2까지 최단 거리는 3이다. 최단 경로의 마지막 모서리는 표에 나와 있는 것처럼 v_3에서 v_2로 이어진 모서리이다. 최단 경로에서 v_3의 직전 꼭짓점은 v_1이므로 알고리즘이 찾아낸 v_1에서 v_2까지 최단 경로는 다음과 같다:

$$v_1 - v_3 - v_2$$

이 경로와 거리는 이전에 브루트 포스 기법을 통해 알아낸 것과 일치하지만, 이번에는 체계적인 알고리즘을 따랐다. 또, 다익스트라 알고리즘에 의해서 v_1에서 다른 모든 노드까지 최단 경로라는 추가 보너스도 얻을 수 있었다. 조사 결과를 정리하면 다음 그림과 같다:

도착점	경로	경로 길이
v_2	$v_2 \leftarrow v_3 \leftarrow v_1$	3
v_3	$v_3 \leftarrow v_1$	1
v_4	$v_4 \leftarrow v_3 \leftarrow v_1$	2
v_5	$v_5 \leftarrow v_1$	2
v_6	$v_6 \leftarrow v_2 \leftarrow v_3 \leftarrow v_1$	4

그림 9.16 다익스트라 알고리즘을 사용하여 구한 v_1에서 다른 모든 꼭짓점까지 최단 경로

이 단원에서는 네트워크에서 꼭짓점 사이의 최단 경로를 찾는 다익스트라 알고리즘에 대해 학습하고 작은 예제를 수작업으로 다루었다. 이 예제에서 얻은 새로운 이해를 바탕으로 더 큰 문제를 해결하기 위하여, 파이썬으로 다익스트라 알고리즘을 구현하는 방법을 배울 차례이다!

다익스트라 알고리즘의 파이썬 구현

다익스트라 알고리즘이 어떻게 동작하는지 배웠고, 이제 파이썬으로 구현해 본다.

알고리즘의 입력은 네트워크와 출발점이다. 네트워크를 나타내는 가장 간단한 방법은 *8장. 그래프, 트리, 네트워크의 저장과 특성 뽑아내기*에서 설명했듯이 가중치 행렬을 사용하는 거다. *그림 9.7*의 그래프에 해당하는 가중치 행렬은 다음과 같다:

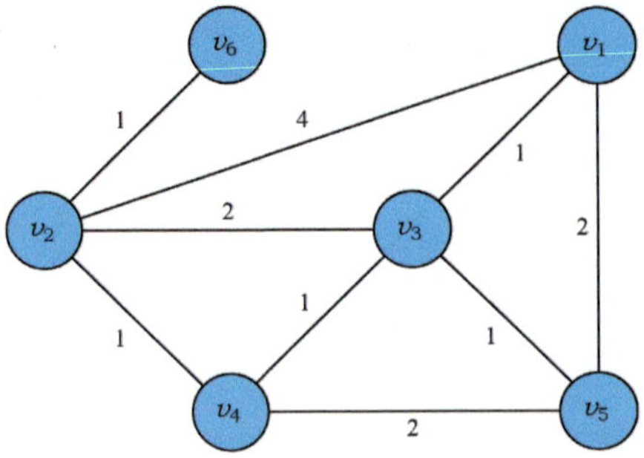

$$\mathbf{W}_1 = \begin{bmatrix} 0 & 4 & 1 & 0 & 2 & 0 \\ 4 & 0 & 2 & 1 & 0 & 1 \\ 1 & 2 & 0 & 1 & 1 & 0 \\ 0 & 1 & 1 & 0 & 2 & 0 \\ 2 & 0 & 1 & 2 & 0 & 0 \\ 0 & 1 & 0 & 0 & 0 & 0 \end{bmatrix}$$

그림 9.17 소규모 네트워크와 가중치 행렬

최단-거리 문제에서는 이 가중치 행렬을 거리 행렬이라고 부를 수 있지만, 이전 단원에서 살펴본 바와 같이 이러한 최단 경로 문제에서는 실제로 거리를 나타낼 수도 있고 그렇지 않을 수도 있으므로 거리 행렬이라는 용어를 사용하지 않으려 한다. 알고리즘의 출력은 *그림 9.15*의 오른쪽 상단에 있는 표와 유사하며, 출발점에서 다른 모든 꼭짓점까지의 최단 거리를 제공한다. *그림 9.16*의 표도 같이 생성할 수 있겠지만, 이를 따로 저장했다가 다익스트라 알고리즘을 구현한 함수가 아닌 별도의 함수를 이용하여 출력하기로 한다.

가중치 행렬과 출발점을 입력으로 받고, 다익스트라 알고리즘을 실행하고 표를 반환하는 함수를 작성해 보자. 이 코드는 조금 길다. 따라서 작게 쪼개어 보여주면서 단계별로 설명하려 한다.

첫째, NumPy 라이브러리를 가져오고 간단한 주석을 작성한다. 이 주석은 단지 코드의 기능을 요약한 거다. 이는 새로운 함수 또는 중요한 일련의 코드를 작성하는 경우 사용되는 관행 중 가장 좋은 방식이다:

```
import numpy

# 그래프의 출발점에서 다른 모든 꼭짓점까지 최단 경로를 찾는 다익스트라 알고리즘
```

```
#
# INPUTS
# W - 가중치 행렬로, 정사각행렬이어야 함.
# i - 출발점 노드(숫자)
#
# OUTPUTS
# shortestDistances - 출발점에서 각 꼭짓점까지 최단 경로
# previousVertices - 출발점에서 도착점까지 최단 경로에서 도착점 직전에 방문하는 꼭짓점
```

둘째, 가중치 행렬 W와 출발점 v_i를 입력으로 받는 `Dijkstra`라는 함수를 정의한다. 첫 번째 작업은 꼭짓점 수를 알아내서 표를 채울 데이터를 저장할 여러 NumPy 배열을 초기화하는 일이다. 각 꼭짓점의 상태는 비방문 또는 방문 중 하나이다.

또한, 모든 도착점까지 초기 거리를 ∞로[6], 출발점까지의 거리를 0으로 설정하고, 출발점을 방문했다고 표시한다:

```
def Dijkstra(W, i):
    # 꼭짓점의 개수를 확인
    n = W.shape[0]

    # 최단 경로를 무한대로 초기화
    shortestDistances = numpy.array([numpy.inf] * n)

    # 직전 꼭짓점을 초기화
    previousVertices = numpy.array([numpy.inf] * n)

    # 모든 꼭짓점을 방문하지 않음으로 초기화
```

6 `numpy.inf`는 (양의) 무한대를 나타내는 상수이다.

```
unvisited = numpy.array([1] * n)

# 출발점을 방문 꼭짓점으로 표시
unvisited[i - 1] = 0

# 출발점에서 출발점까지 거리를 0으로 초기화
shortestDistances[i - 1] = 0
```

셋째, 꼭짓점마다 한 번씩 반복되는 루프를 만든다. 루프 내에서, 가장 가까운 비방문 꼭짓점 x를 찾아 방문한다[7]:

```
# 비방문 꼭짓점 집합이 공집합이 될 때까지 각 꼭짓점을 대상으로 반복
for _ in range(n):
    # 모든 비방문 인접 꼭짓점까지 거리를 구함. 나머지 꼭짓점까지 거리는 0으로 설정
    distances = shortestDistances * unvisited

    # 가장 가까운 비방문 꼭짓점의 인덱스를 알아내기. 단, distances > 0
    x = numpy.argmin(numpy.ma.masked_where(distances == 0,
        distances))

    # 꼭짓점 x를 방문했다고 표시
    unvisited[x] = 0
```

넷째, 각 꼭짓점에 걸쳐 반복하기를, 현재 방문한 꼭짓점에 인접한 비방문 꼭짓점을 도착점이라 할 때, 출발점으로부터 현재 방문한 꼭짓점을 거쳐 도착점에 이르는 최단 거리가 줄어든다면, 이 새로운 최단 거리를 저장하고 최단 경로상에서 이 도착점 직전에 방문하는 꼭짓점으로 현재 방문한 꼭짓점을 저장한다:

7 `numpy.argmin()`은 배열에서 최솟값의 인덱스를 반환하고, `numpy.ma.masked_where()`는 조건이 참이 되는 경우를 제외한 배열(MaskedArray)을 반환하는 함수이다.

```
    # 모든 꼭짓점에 대해 반복
    for v in range(n):

        oldDistance = shortestDistances[v]
        newDistance = shortestDistances[x] + W[v,x]
        adjacent = W[v,x] > 0
        unvis = unvisited[v]

        # v와 x가 연결되어 있고, v가 비방문 노드이고, v까지 거리가 단축된다면
        if adjacent and unvis and oldDistance > newDistance:
            # 새로운 최단 거리를 저장
            shortestDistances[v] = shortestDistances[x] + W[v,x]

            # 직전 꼭짓점을 저장
            previousVertices[v] = x
```

마지막으로 *그림 9.15*의 오른쪽 상단에 있는 표와 유사한 내용을 출력한다. 우리는 꼭짓점에 1부터 번호를 매기지만 파이썬은 0부터 번호를 매기므로 꼭짓점을 1씩 증가시킨다. 또한 이 알고리즘을 다른 작업에 연결하는 경우를 대비해서, 파이썬에서 저장한 형식 그대로 정보를 반환한다:

```
# 그림 9.15과 유사하게 표를 출력
print(numpy.array([numpy.arange(n) + 1, shortestDistances,
                   previousVertices + 1]).T)
# 출력 정보를 반환
return shortestDistances, previousVertices
```

다익스트라 알고리즘이 구현되었으므로 시험해 보자. 물론 큰 문제에서도 작동해야 하겠지만, 새로운 코드, 특히 긴 코드가 정상적으로 동작할지 검증할 때는 해답을 아는 문제를 가지고 테스트할 것을 추천한다.

예제: 최단 경로

*그림 9.17*의 소규모 네트워크와 가중치 행렬을 사용하여 *그림 9.15*와 같은 올바른 출력을 생성할 수 있는지 확인해 보자.

먼저 가중치 행렬을 NumPy 배열로 저장한다:

```
# 그림 9.17의 네트워크에 해당하는 가중치 행렬을 생성
W1 = numpy.array([[0, 4, 1, 0, 2, 0],
                  [4, 0, 2, 1, 0, 1],
                  [1, 2, 0, 1, 1, 0],
                  [0, 1, 1, 0, 2, 0],
                  [2, 0, 1, 2, 0, 0],
                  [0, 1, 0, 0, 0, 0]])
```

그런 다음, 행렬 W_1과 출발점 v_1을 입력으로 하여 다익스트라 알고리즘을 호출한다:

```
# 출발점을 v1으로 하여 다익스트라 알고리즘을 호출
Dijkstra(W1, 1)
```

출력은 다음과 같다:

```
[[ 1.  0. inf]
 [ 2.  3.  3.]
 [ 3.  1.  1.]
 [ 4.  2.  3.]
 [ 5.  2.  1.]
 [ 6.  4.  2.]]
(array([0., 3., 1., 2., 2., 4.]), array([inf,  2.,  0.,  2.,
0.,  1.]))
```

처음에 출력된 배열은 동일한 문제를 대상으로 다익스트라 알고리즘을 수작업으로 적용하여 얻은 *그림 9.15*의 표와 똑같다.

두 번째로 출력된 부분은 함수에서 반환된 값으로, 0부터 시작하는 파이썬으로 인해 꼭짓점 번호만 1만큼 줄었을 뿐 먼저 출력된 배열의 오른쪽 두 열과 같다.

다만, 이렇게 출력하는 것도 좋긴 한데, 실제 경로를 보여주는건 어떨까? *그림 9.16*에서 수작업으로 했던 방식처럼 경로 자체를 생성할 수 있다면 편리할 거다. 경로가 길면 지루한 작업이 될 테니 이를 처리하는 간단한 함수를 작성하자!

먼저 새로운 함수를 정의하고 일부 변수와 리스트를 초기화 한다[8]:

```
# previousVertices 배열을 이용하여 입력 출발점에서 도착점까지 최단 경로를 구성하고
  # 경로를 보여주는 문자열을 출력
def printShortestPath(shortestDistances, previousVertices,
  source, destination):
    # 1-오차 에러를 피하기
    source -= 1
    destination -= 1

    # previousVertices를 정수로 변환
    previousVertices = previousVertices.astype(int)

    # 경로를 도착점으로 초기화
    path = [destination]
```

그런 다음, 출발점에 도달할 때까지[9] 배열에 있는 직전 꼭짓점을 경로에 계속 추가한다:

---

8 완성된 코드를 실행시키면 `RuntimeWarning: invalid value encountered in cast` 라는 경고메시지가 발생하는데 이는 `previousVertices.astype(int)` 호출 시 `previousVertices[0]`에 무한대 값 `numpy.inf`가 저장되어 있어서이다. 실행에는 문제가 없다.

9 파이썬에서는 음수 인덱싱이 가능하다. 인덱스로 `-n`을 사용하면 뒤에서 `n`번째를 가리킨다.

```
# 출발점을 만날 때까지 previousVertices에서 직전 꼭짓점을 경로에 추가
for _ in range(previousVertices.shape[0] - 1):
    # 출발점이 경로에 나타나면 중단
    if path[-1] == source:
        break
    # 아직 출발점에 도달하지 않았다면 직전 꼭짓점을 경로에 추가
    else:
        path.append(previousVertices[path[-1]])
```

마지막으로, *그림 9.16*의 표에 있는 두 번째 열과 유사한 문자열을 생성하여 출력한다:

```
# 출력 문자열을 초기화
output = []

# 경로의 반대 방향을 따라 반복 (출발점에서 도착점까지)
for i in numpy.flip(path):
    # 출력할 문자열 리스트를 구성
    if i > 0:
        output.append('->')

    output.append('v' + str(i + 1))

# 문자열 리스트의 요소만 골라 출력
print('Path =', *output, '\t\t Distance =',
      shortestDistances[destination])
```

v_1에서 다른 꼭짓점까지 최단 경로를 찾기 위해 이 코드를 실행해 보자:

```
for i in range(2,7):
    printShortestPath(shortestDistances, previousVertices, 1, i)
```

출력은 다음과 같다:

```
Path = v1 -> v3 -> v2                    Distance = 3.0
Path = v1 -> v3                           Distance = 1.0
Path = v1 -> v3 -> v4                    Distance = 2.0
Path = v1 -> v5                           Distance = 2.0
Path = v1 -> v3 -> v2 -> v6             Distance = 4.0
```

보는 바와 같이 *그림 9.16*의 표와 완전히 일치한다.

이 예제에서는 모든 게 잘 돌아가는 것처럼 보이지만, 한층 더 어려운 예제를 살펴보자. 바로, 일부 꼭짓점 사이에 경로가 존재하지 않는 네트워크이다.

예제: 비연결 네트워크

다음 네트워크 및 가중치 행렬을 생각하자:

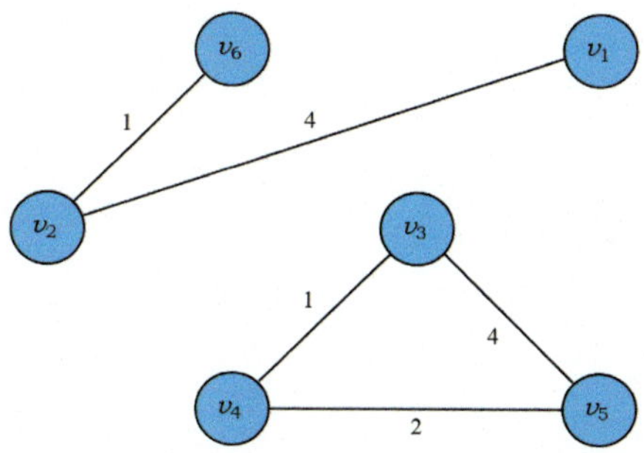

$$\mathbf{W}_2 = \begin{bmatrix} 0 & 4 & 0 & 0 & 0 & 0 \\ 4 & 0 & 0 & 0 & 0 & 1 \\ 0 & 0 & 0 & 1 & 4 & 0 \\ 0 & 0 & 1 & 0 & 2 & 0 \\ 0 & 0 & 4 & 2 & 0 & 0 \\ 0 & 1 & 0 & 0 & 0 & 0 \end{bmatrix}$$

그림 9.18 비연결 네트워크

이 그래프는 서로 연결되지 않은 두 개의 연결성분으로 분할되므로 서로 맞은편 연결성분에 있는 꼭짓점 사이에는 최단 경로가 없다. 따라서, 앞에서 작성한 다익스트라 알고리즘에 이 그래프를 입력하면 원하는 대로 동작하지 않는다. 최단 경로를 찾기 위해 방법을 수정해야 한다.

먼저, 가중치 행렬을 NumPy 배열로 저장하자:

```
# 그림 9.18의 네트워크에 해당하는 가중치 행렬을 생성
W2 = numpy.array([[0, 4, 0, 0, 0, 0],
                  [4, 0, 0, 0, 0, 1],
                  [0, 0, 0, 1, 4, 0],
                  [0, 0, 1, 0, 2, 0],
                  [0, 0, 4, 2, 0, 0],
                  [0, 1, 0, 0, 0, 0]])
```

다음으로, (1) 이전에 구현한 `isConnected` 함수를 사용하여 출발점에 연결된 모든 꼭짓점을 찾고 (2) 다익스트라 알고리즘을 실행하여 최단 경로를 찾는 함수를 작성하자:

```
# 연결된 꼭짓점 사이의 최단 경로를 찾기
def distancesWithinComponent(source):
    # 연결성분을 초기화
    component = [source]

    # 연결성분을 구성
    for i in range(1, W2.shape[0] + 1):
        if i != source and isConnected(W2, source, i):
            component.append(i)

    # 연결성분에 해당하는 가중치 행렬을 구하기
    subnetwork = W2[numpy.array(component) - 1,:]
      [:,numpy.array(component) - 1]

    # 다익스트라 알고리즘을 실행
    return Dijkstra(subnetwork, 1)
```

꼭짓점 v_1에서 실행해 보자:

```
distancesWithinComponent(1)
```

출력은 다음과 같다:

```
Vertex 1 and vertex 2 are adjacent
There are no paths from vertex 1 to vertex 3
There are no paths from vertex 1 to vertex 4
There are no paths from vertex 1 to vertex 5
There is a path with 2 edges from vertex 1 to vertex 6
[[ 1.  0. inf]
 [ 2.  4.  1.]
 [ 3.  5.  2.]]
(array([0., 4., 5.]), array([inf,  0.,  1.]))
```

표가 약간 어긋난 것에 주의하자. 첫 번째 열은 1, 2, 6이어야 한다. 다만, 부분네트워크를 구성하여[10], 꼭짓점 번호를 1, 2, 3으로 변경했다. 그러나, 단, v_1에서 v_2까지 최단 경로는 단순히 두 꼭짓점을 연결하는 길이 4의 모서리를 따라 가면 되고, v_1에서 v_6까지 최단 경로는 v_2를 통과하며 길이 5라는 걸 명확히 알 수 있다.

이번엔 다른 연결성분의 꼭짓점 v_3를 출발점으로 하여 실행해 보자:

```
distancesWithinComponent(3)
```

10 코드에서 NumPy 2차원 배열의 슬라이싱을 사용하였다.

출력은 다음과 같다:

```
There are no paths from vertex 3 to vertex 1
There are no paths from vertex 3 to vertex 2
Vertex 3 and vertex 4 are adjacent
Vertex 3 and vertex 5 are adjacent
There are no paths from vertex 3 to vertex 6
[[ 1.  0. inf]
 [ 2.  1.  1.]
 [ 3.  3.  2.]]
(array([0., 1., 3.]), array([inf,  0.,  1.]))
```

여기서는 꼭짓점이 v_3, v_4, v_5이다. v_3에서 v_4까지 최단 경로는 단순히 두 꼭짓점을 연결하는 길이 1의 모서리를 따라간다. v_3에서 v_5까지 최단 경로는 v_4를 통과하며 길이 3이다. 이러한 결과는 여기서 사용된 그래프를 보면 매우 명백하게 알 수 있지만, 비연결 네트워크에서 작동하도록 구현한 코드를 사용할 수 있다는 사실은 참으로 반가운 일이다.

요약

이 장에서는 *8장. 그래프, 트리, 네트워크의 저장과 특성 뽑아내기*에서 살펴본 트리 및 네트워크 등의 그래프 구조에 대한 이해를 활용하였고, 그래프를 기반으로 하는 실용적인 문제와 이를 해결하기 위한 일반적인 알고리즘에 대해 학습하였다.

우리는 그래프 탐색의 학습부터 시작했는데 이는 그래프의 구조를 알아내기 위해 그래프를 순회하면서 각 꼭짓점에서 무엇인가를 계산하는 작업이다. 이어서, 가장 일반적인 그래프 탐색 알고리즘인 DFS로 이동하였다. 우리는 수작업으로 소규모 그래프에 대한 예제를 다루고 나서 알고리즘을 파이썬으로 구현하였다. 우리가 확인한 결과는 수작업 결과와 동일하였다. 그런 다음, 네트워크에서 꼭짓점 사이의 최단 경로를 찾는 매우 실용적인 문제로 넘어갔다. 이 문제는 최적의 이동 경로 찾기, 양질의 경로를 통해 컴퓨터 네트워크를 통해 메시지 보내기, 전력망을 통해 전기를 효율적으로 전달하기 등 많은 영역에 적용된다. 일부 네트워크에서는 특정 꼭짓점 사이에 경로가 없으므로 경로를 통해 꼭짓점이 서로 연결되어 있는지 확인하는 함수를 작성했다. 이어서, *4장. SciPy를 사용한 조합론*에서 학습한 계산 방법을 사용하여 최단 경로를 찾는 브루트 포스 방법이 타당성이 없다는 걸 보여주었다.

후속 단원에서는, 브루트 포스 방법이 비효과적이므로 네트워크에서 출발점으로부터 각 꼭짓점까지 최단 경로를 찾는 다익스트라 알고리즘을 소개했다. 이는 각 반복에서 가장 이익이 크다고 보여지는 선택을 하는 욕심쟁이 알고리즘이다. 우리는 먼저 알고리즘이 어떻게 작동하는지 이해하기 위해 작은 문제에 대해 수작업으로 각 단계를 따라가며 알고리즘을 수행했다.

마지막 단원에서는 수작업으로 진행한 예제와 똑같이 작동하도록 다익스트라 알고리즘을 파이썬으로 처음부터 구현하였다. 예제에 대해 정확하게 동일한 최적 경로를 생성했으며, 가중치 행렬과 출발점 노드를 입력하는 것만으로 즉시 다른 문제에 적용할 수 있다는 점도 보여주었다.

다음으로, 이 책의 제3부로 넘어갈 차례이다. 여기에서는 머신러닝을 위한 선형 회귀, 구글의 페이지랭크 알고리즘을 이용한 웹 검색, 더 적은 변수로 대규모 데이터세트를 저장할 수 있는 차원 축소 방법인 주성분 분석을 포함하여 우리가 배운 수학을 실제로 적용하는 문제에 초점을 맞춘다.

제 III 부

이산수학의 실제 적용

여기에서는 머신 러닝-예측 모델 구축을 위한 회귀분석과 차원 축소를 위한 주성분 분석을 중심으로-과 최신 웹 검색 같은 실제 대규모 문제에 이산수학을 적용하는 방법을 배울 것이다.

각 장의 내용은 다음과 같다:

- *10장. NumPy와 Scikit-Learn을 사용하는 회귀분석*
- *11장. 페이지랭크를 사용하는 웹 검색*
- *12장. Scikit-Learn을 사용하는 주성분 분석*

CHAPTER 10

NumPy와 Scikit-Learn을 사용하는 회귀분석

이 장의 목적은 하나 이상의 변수에 대한 표본 즉, 관측값을 기반으로 하여 미지의 변수를 예측하는 것이다. 가장 간단한 경우에는, 데이터 쌍으로 구성된 표본 (x_1, y_1), ..., (x_n, y_n)이 있을 때, 최소제곱회귀모델을 SciPy로 구현하고 그 데이터에 가장 적합한 직선(표본 대부분을 통과하거나 이들에 가까운 직선)을 찾으면 된다. 그런 다음, 직선이 아닌 곡선에 맞출 수 있도록 그리고 전체 데이터베이스 $(x_{11}, x_{12}, ..., x_{1k}, y_1)$, ..., $(x_{n1}, x_{n2}, ..., x_{nk}, y_n)$를 처리할 수 있도록 방법을 확장하여, k개의 입력 변수에 기반하여 y를 예측하려 한다.

SciPy, NumPy, scikit-learn 등의 파이썬 라이브러리도 사용할 예정이다. SciPy는 과학 컴퓨팅을 위한 오픈소스 파이썬 라이브러리이며, NumPy는 다차원 배열과 행렬을 사용하여 작업할 수 있도록 그리고 배열에 고수준의 수학 함수를 적용할 수 있도록 지원한다. Scikit-learn은 머신러닝 라이브러리로, 함께 제공되는 회귀분석 관련 클래스를 사용하고자 한다. 이 장을 마칠 때까지, 회귀분석의 배경 이론(예: 최적합직선, 최소제곱법 등) 및 실제 데이터세트를 대상으로 이러한 이론을 어떻게 구현해야 하는지 배우게 될 것이다.

이 장에서는 다음 주제를 다룬다:

- 최적합직선과 최소제곱법
- NumPy를 사용한 최소제곱직선
- SciPy와 NumPy를 사용한 최소제곱곡선
- SciPy와 NumPy를 사용한 최소제곱평면

> **주의할 점**
> 이 장의 컬러 이미지를 참조하려면 머리글에서 소개한 링크를 따라 이동하십시오.

데이터세트

이 장에서는 다양한 자동차의 기술 사양을 담은 데이터세트(dataset)를 사용하고자 한다. 이 데이터세트는 `https://www.kaggle.com/uciml/autompg-dataset`에서 구할 수 있는 `MPG_dataset.csv`의 수정 버전이다. 원본 데이터세트 가운데 일부 열은 이 장과 관련이 없으므로 제거했다.

데이터세트의 **열**(column)은 다음과 같다:

- **mpg**: 갤런당 마일 (연속변수)
- **cylinders**: 자동차 내 실린더 수 (이산변수)
- **displacement**: 배기량 즉, 모든 실린더의 총부피 (연속변수)
- **horsepower**: 마력 즉, 동력의 단위 (연속변수) - *표적변수/종속변수*
- **weight**: 자동차의 무게 (연속변수)
- **acceleration**: 자동차의 가속도 (연속변수)

차를 사려고 하는데 마력이 결정적인 요인이라고 하자. 하지만, 마력을 제외한 다른 모든 변수(mpg, 실린더 수, 배기량, 무게, 가속도)에 대한 값에만 액세스할 수 있다. 이럴 때, 이 장에서 답하려고 하는 몇 가지 질문은 다음과 같다:

- 자동차의 마력과 무게 사이에 어떤 관계가 있는가?
- 관계가 있다면, 얼마나 강력한 관계인가? 그 관계는 선형 관계인가?
- 하나 이상의 다른 변수가 주어질 때, 마력이 얼마일지 예측하는 방법이 있는가?

선형회귀[1]를 이용하면 앞의 질문에 대답할 수 있다. 선형회귀에 대한 몇 가지 일반적인 개념을 학습한 다음에 이 데이터세트를 사용하여 방금 제기된 질문에 답할 것이다.

아래 코드는 데이터세트에 있는 여러 변수 간의 관계를 보여주는 산점도 행렬을 출력한다[2]. 이 그래프를 통해 변수가 서로 어떻게 관련되어 있는지에 대한 일반적인 정보를 얻을 수 있다:

```
import numpy as np
import pandas as pd
import seaborn as sns
import matplotlib.pyplot as plt

# csv 파일을 가져오기
df = pd.read_csv("auto_dataset.csv",index_col=0)

# 산점도 행렬을 출력
sns.pairplot(df, diag_kind="kde")
plt.show()
```

---

1 회귀는 선형회귀와 비선형회귀로 나눌 수 있는데 이 책에서는 선형회귀만 다룬다.

2 일반적으로 산점도(scatter plot)는 두 변수 사이의 관계를 보여주는데, 파이썬 데이터 시각화 라이브러리 중 하나이며 통계용 차트 기능이 가미된 seaborn에는 모든 수치 데이터 사이의 산점도 즉, 산점도 행렬(pair plot)을 한 번에 보여주는 기능이 있다. matplotlib는 매우 유용하고 대중적인 시각화 라이브러리로 인정받지만, 2차원 데이터의 통계 그래프를 나타낼 때는 단독으로 사용하기보다는 이렇게 seaborn과 결합하여 사용했을 때 훨씬 강력하고 효과적인 경우가 많다.

코드의 출력은 다음과 같다:

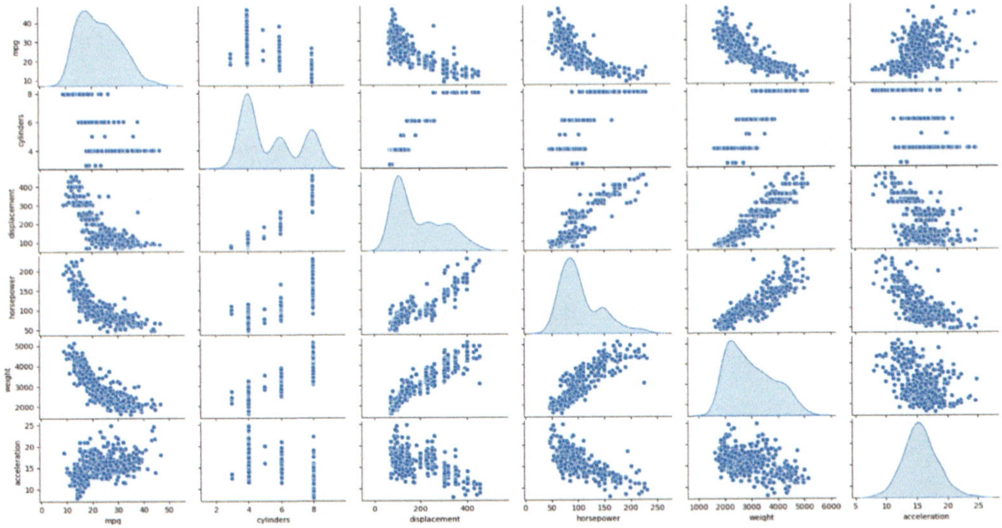

그림 10.1 데이터 집합 내 서로 다른 변수 간의 관계를 보여주는 산점도 행렬

그래프 중 일부는 직선 관계(선형 관계)를 갖지만, 나머지는 그렇지 않음을 알 수 있다. 변수 간에는 로그, 지수, 다항과 같은 다양한 종류의 관계가 가능하다. 그림의 대각선에 놓인 산점도들은 변수의 분포를 보여준다.

다음으로 회귀분석에 대한 이해를 돕기 위해 최적합직선과 최소제곱법을 설명한다.

최적합직선과 최소제곱법

이 단원에서는 최적합직선(best-fit line)과 최소제곱법(least-squares method)을 학습하고, 이 개념을 적용한 몇 가지 매우 간단한 산점도를 확인해 본다. 주어진 데이터세트에 맞도록 최적합직선을 사용할 것이며, 이 과정을 통해 최소제곱 오차가 최저치가 된다는 점을 확인한다.

변수

변수는 고정값을 갖지 않는 특성이다. 예를 들어, 차를 사고 싶은 누군가에게 가장 중요한 특성이 마력이라고 가정하자. 그렇다면 여러 자동차 모델을 살펴보고 마력을 비교할 거다. 여기서 마력은 자동차 모델에 따라 다른 값을 갖기 때문에 변수에 해당한다.

선형 관계

선형 관계(linear relationship)는 직선 관계를 설명하는 데 사용되는 용어인데, 수학적으로는 직선의 방정식으로 표현될 수 있다.

예를 들어, 여러 자동차를 대상으로 두 변수 *horsepower*와 *weight* 간의 관계를 찾고 싶은데 *horsepower*가 *weight*에 따라 선형적으로 증가하거나 감소한다면, 이 두 변수는 선형 관계를 갖는다고 말할 수 있다.

회귀

전형적인 회귀(regression) 문제에서는 출력값을 아는 몇몇 입력값을 바탕으로 하여, 입력변수(독립변수, 예측변수)의 값이 주어질 때 출력변수(종속변수, 표적변수)의 값을 예측하려고 한다. **단순선형회귀**(simple linear regression) 문제는 다음과 같이 수학적으로 나타낼 수 있으며 이는 바로 직선에 대한 방정식이다:

$$Y \approx \beta_0 X_0 + \beta_1 X_1 = \hat{Y}$$

여기에서 독립변수 X_1에 대한 지식을 바탕으로 종속변수 Y의 값을 구하려고 하며 이 변수들을 피처(feature)[3]라고도 한다. 관측값은 $i = 0, 1, 2, \ldots, n$인 순서쌍 (x_i, y_i)의 형태로 표현되는데, β_0와 β_1은 이 점들을 바탕으로 파악해야 할 미지의

3 머신러닝, 회귀분석, 데이터 과학 분야에서 feature는 측정이 가능한, 즉 수치화할 수 있는 특성을 말한다. feature를 특징, 특성, 변수 등으로 번역해서 쓰고 있으나 이 책에서는 원래 단어의 취지를 살려 '피처'라고 부르도록 하겠다.

상수이며 모델 회귀계수(model parameter)[4]라고 한다. 독립변수가 유일하므로 X_0는 항상 1이다. 독립변수의 값을 변화시킴에 따라 종속변수(여기서는 Y)의 변화를 알 수 있다.

모든 x_i를 모든 y_i에 완벽하게 매핑하거나 새로운 출력값에 일반화할 수는 없지만, 가능한 한 이상적인 일치(완벽한 일치)에 가까워지도록 노력한다. 그러므로, 기호 $\approx$는 이 식이 근사 모델이라는 사실을 이야기한다. 예측의 근삿값은 $\hat{Y}$로 나타낸다.

이 시점에서 물어볼 적절한 질문은 아마도 왜 Y의 값을 예측하려고 하는가이다. 실제 상황에서는 종종 X(독립변수)와 Y(종속변수)에 대한 관측값을 가지고 있다. 그러나 우리가 관심 있는 특정 X에 대해 Y의 값을 예측하려면 앞에 소개한 것과 같은 방정식을 이용해야 한다.

예를 들어, 차를 사려고 하는데 무게와 마력 사이에 선형 관계가 있다는 걸 알고 있다고 가정하자. 즉, 여러 자동차의 무게와 그에 상응하는 마력에 대한 과거 데이터를 가지고 있다. 그런데 자동차 무게는 알지만, 마력에 대한 언급은 없다고 치자. 그렇다면, 데이터를 사용하여 무게만 알고 있는 이 차의 마력을 예측할 수 있다.

앞에서 설명한 방정식에 대한 선형회귀모델을 구축하기 위해서는 두 개의 변수가 필요하다. 하지만, 더 많은 변수와 더 큰 차원에 대한 선형회귀모델에도 마찬가지 방식을 적용할 수 있으며 그러한 방정식(평면/곡면 방정식)은 다음과 같다:

$$Y \approx \beta_0 + \beta_1 X_1 + \beta_2 X_2 + \beta_3 X_3 + \cdots + \beta_p X_p = \hat{Y}$$

위의 방정식을 다음과 같이 벡터화하여 표현할 수 있다:

$$\hat{Y} = X \bullet \beta^T = X\beta$$

이 다중선형회귀[5] 방정식에 대한 설명은 다음과 같다:

---

4 파라미터, 매개변수, 모수라고도 한다.

- β는 $\beta_0, \ldots, \beta_p$을 포함하는 모델 회귀계수 벡터이다. 이 계수들은 Y와 $\hat{Y}$가 가능한 한 근삿값을 갖도록 조정할 회귀계수이다.
- X는 $X_0, X_1, \ldots, X_p$을 포함하는 모델 피처 벡터이다.
- X와 β^T사이에 내적을 계산하며, 그 결과는 $\beta_0 + \beta_1 X_1 + \beta_2 X_2 + \beta_3 X_3 + \cdots + \beta_p X_p$이다[6].

X는 행벡터이고 β는 열벡터이다. 벡터화한 방정식을 염두에 두고, 이제 최적합 직선에 대해 알아보자.

최적합직선

추세선(trendline)이라고도 하는 최적합직선[7]은 독립변수와 종속변수 간의 선형 관계가 무엇이어야 하는지에 대한 경험에서 우러난 추측이다. 즉, 관측값 데이터에 가장 잘 맞는 직선의 방정식이다. 예를 들어 이해해 보자. 몇 개의 X값과 Y값을 점으로 표시하고 이 점들에 따라 최적합직선이 어떻게 변하는지 알아보려 한다. 그림에서 표시된 R^2값은 변수 간 선형 관계의 강도를 나타내는 측도이다[8]. R^2값이 1이면 확실하게 선형적으로 관계가 있음을 나타낸다. R^2값이 작을수록 변수 간 선형 관계가 없을 가능성이 높다:

5 여러 개의 독립변수와 하나의 종속변수에 대한 선형회귀

6 영어의 'linear'는 우리말로 '선형'이다. 그런데 '선형'에는 두 가지 의미가 있다. 대부분 "선형=직선"이지만 선형회귀의 '선형'은 선형결합을 뜻한다. 선형결합이란 각 항에 상수를 곱하여 더한 형태를 말하며 일차방정식, 벡터 내적 등이 예이다. 선형대수의 '선형'도 여기에서 유래한 것이다. 선형회귀방정식이라 하는 이유는 직선의 방정식이라서가 아니고 두 벡터의 내적으로 표현되는 방정식이기 때문이다. 따라서, 선형회귀식이지만 직선, 곡선, 평면 모두 모델링 가능하다는 점을 명심하자. 선형결합은 12장에서 다시 등장한다.

7 추세선, 최적합직선, 최소제곱직선, (적합된) 회귀직선 모두 같은 말이다.

8 결정계수라 하며 모델의 설명력을 계산한 값이다. 즉, 추세선이 관측값을 얼마나 잘 설명하는가를 나타낸다.

X	Y
1	1
2	2
3	3
4	4
5	5
6	6

그림 10.2 모든 관측점을 관통하는 최적합직선에 사용될 관측값

이제 이 관측값을 표시하고 해당 점을 지나는 추세선을 그린다:

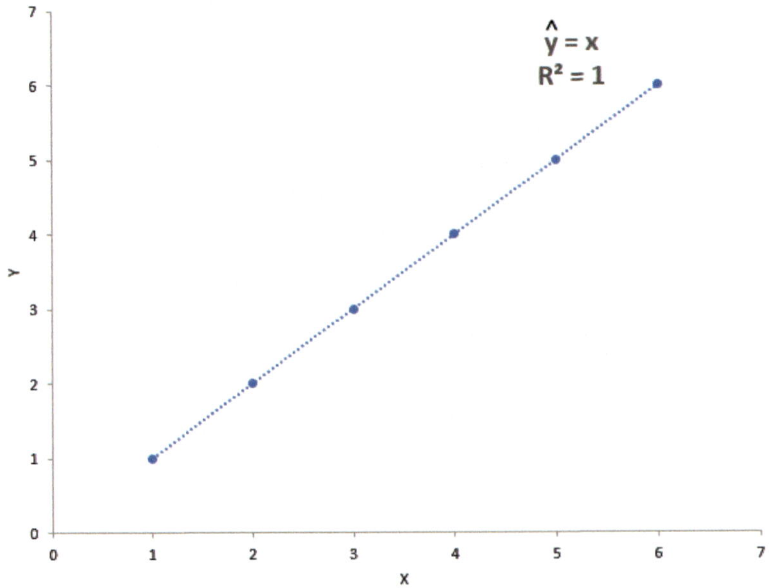

그림 10.3 모든 관측값을 지나는 최적합직선

위의 그림에서는 최적합직선이 모든 관측값을 지나므로 $\hat{Y} = X$라는 방정식을 얻는다. 그러나 현실의 예제에서는 일반적으로 X(독립변수)와 Y(종속변수)의 값이 같지 않기 때문에 항상 그러한 방정식일 필요는 없다.

다음은, 유사하지만 일치하지 않는 X와 Y에 대한 그래프를 표시하여 최적합직선 및 그 방정식이 어떻게 변하는지 확인한다:

X	Y
1	3
2	2
3	4
4	6
5	8
6	7

그림 10.4 모든 점을 지나지 않는 최적합직선에 사용될 관측값

이제 이러한 관측값을 표시하고 나서 해당 점 사이로 추세선을 그리고, 이전 그래프와 이 그래프 간의 차이를 비교하려 한다. 다음 그래프는 앞 표의 점을 표시한 그림을 보여준다:

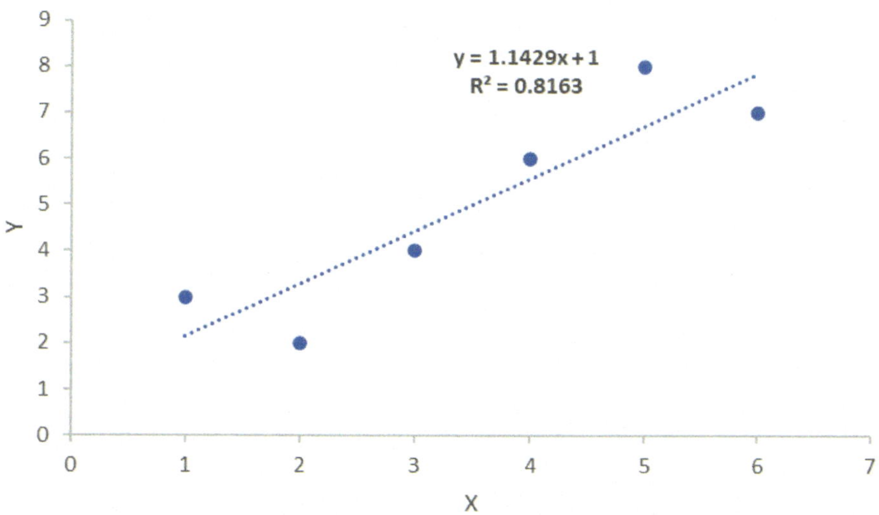

그림 10.5 모든 관측값을 지나지 않는 최적합직선

*그림 10.5*를 보면, 최적합직선이 어느 점도 지나지 않으며 최적합직선의 방정식은 절편($\beta_0 = 1$)과 기울기($\beta_1 = 1.1429$)를 가진다.

일부 관측값을 지나는 최적합직선을 그릴 수 있더라도 두 변수(X와 Y)가 선형 관계임을 뜻하는 건 아니라는 사실을 명심해야 한다. 확신할 수 없다면, 관측값

에 대한 산점도를 만들고 이를 검토하여 해당 데이터세트가 선형 관계에 해당하는지 확인하는 게 좋다. 다음은 이러한 예 중 하나다:

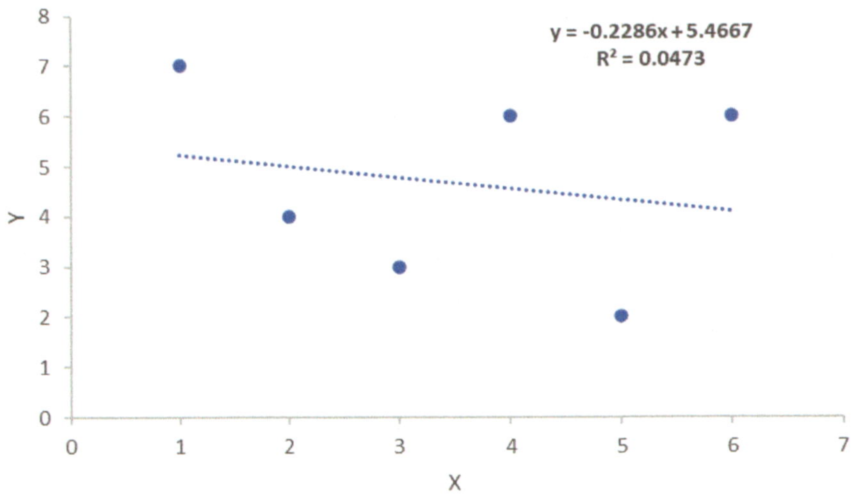

그림 10.6 서로 선형적으로 관계가 없는 변수에 대한 최적합직선

앞의 그림은 선형 관계를 나타내는 최적합직선이 관측값에 들어맞지 않은 예를 보여준다. 따라서 다항 함수와 같은 직선이 아닌 최적합곡선이 더 나은 아이디어가 될 수 있다.

지금까지 최적합직선이 무엇인지 살펴보았다. 다음 단계는 이러한 직선을 어떻게 구하는지 알아보는 일이다. 이에 관해 다음 단원에서 다룬다.

최소제곱법과 오차제곱합

실제값 Y와 예측값 $\hat{Y}$의 차를 제곱하여 합한 값을 **오차제곱합**(sum of squared errors, **SSE**)이라 한다. 실제값과 예측값이 같다면 SSE는 0이다. 이 값은 분산의 측도이기도 하다. 분산이 클수록 SSE가 커지며 그 반대도 마찬가지이다. 당연히 작은 SSE를 원하며, 최적합직선이 이 목표를 달성하는 데 도움을 준다. SSE는 수학적으로 다음과 같이 나타낼 수 있다:

$$SSE = {e_1}^2 + {e_2}^2 + \cdots + {e_n}^2$$

여기서 $e_1, e_2, ..., e_n$은 $\hat{Y}$(예측)과 Y(실제)의 차를 의미하며, **잔차**(residual)라고도 불린다[9]. 다음 그림은 예측값 $\hat{Y}$와 실제값 Y의 차이로 인해 얼마나 잔차가 발생하는지를 보여준다:

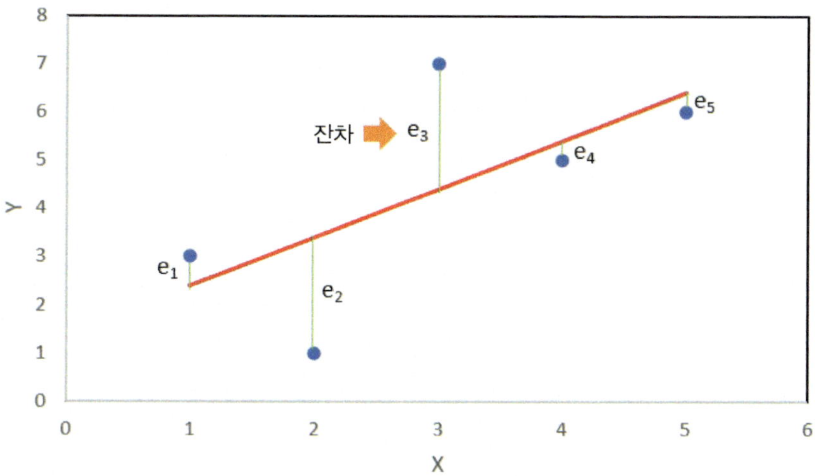

그림 10.7 잔차

앞의 그림은 잔차, 즉 최적합직선(예측 $\hat{Y}$)에서부터 실제 Y까지의 거리를 보여준다. 최소제곱법은 SSE를 최소화하는 회귀계수 β의 값을 알아내려고 노력한다. 다행히도 SSE를 최소화하는 β를 구하기 위해 사용할 수 있는 닫힌 형태의 방정식[10]이 존재한다. 이 방정식은 정규 방정식(normal equation)이라고 불리며 다

9 왜 SSE는 잔차제곱의 합일까? SSE를 최소화하는 회귀계수를 찾기 위한 계산은 단순할수록 좋다. 그러나 잔차의 합은 0이 되는 해가 너무 많고 잔차 절대값의 합은 미분이 불가능하여 해를 찾을 수 없다. 반면, 잔차제곱의 합은 이차 함수의 형태로 나타낼 수 있기 때문에 미분이 가능하여 잔차제곱의 합이 최소가 되는 회귀계수를 찾을 수 있다.

10 closed-form equation: 상수, 변수, 잘 알려진 유한개의 연산(예를 들어 사칙연산)과 함수(n-제곱근, 지수, 로그, 삼각 함수 등)로 구성된 방정식으로, 대개 극한, 미분, 적분은 포함하지 않는다.

음과 같다[11]:

$$\hat{\beta} = (X^T X)^{-1} X^T Y$$

아래 내용은 이 식에 대한 설명이다:

- $\hat{\beta}$는 SSE를 최소화하는 회귀계수들의 값이다.
- Y는 종속변수의 값 $y_1, \ldots, y_n$의 벡터이다.

정규 방정식은 $X^T X$의 역행렬을 계산해야 하는데, p개의 피처 변수가 있고 $X_0 = 1$이므로 이 행렬의 차원은 $(p+1) \times (p+1)$이다. 이러한 역행렬 계산의 시간 복잡도는 구현에 따라 $O(p^3)$이다. 따라서 피처의 수가 두 배가 되면 계산 시간은 $2^3 = 8$배 증가한다.

또 하나 주의해야 할 점은 $X^T X$가 모든 경우에 역가능하지는 않다는 사실이다.

지금까지 최적합직선과 최소제곱오차의 개념을 수학 공식과 함께 알아보았다. 이제 파이썬을 써서 이 개념을 예제에 적용하는 방법을 학습하도록 한다.

NumPy를 사용하는 최소제곱직선

이 단원에서는 파이썬 라이브러리뿐만 아니라 정규 방정식도 사용하여 데이터세트에 잘 들어맞는 회귀직선을 구하는 방법에 대해 배울 것이다.[12] 또한, 회귀계수(β)를 구해서 특정 X값에 대한 Y값을 예측해 보려 한다.

두 변수(마력과 무게) 간의 관계는 다음과 같은 식으로 나타낼 수 있다:

$$Y \approx \beta_0 + \beta_1 X$$

---

11 편미분을 사용하여 SSE를 최소화하는 정규 방정식을 유도하는 것이 원칙이지만 직관적으로 설명하자면 벡터화한 회귀방정식 $X\hat{\beta} = Y$를 풀면 된다. 양변에 X의 전치행렬을 곱하면 $X^T X\hat{\beta} = X^T Y$가 되고, 이 식의 양변에 정사각행렬 $X^T X$의 역행렬을 곱하면 정규 방정식을 얻을 수 있다.

12 머신러닝 관점에서 보면 적합(fit)은 학습(learning)을 뜻한다. 따라서, 파이썬 코드에서의 적합은 학습으로 이해하면 무리가 없다.

목표는 β_0와 β_1의 값을 찾는 것이다. 여기서 마력은 종속변수(Y)이고 무게는 독립변수(X)이다.

코딩을 시작하기 전에 편집 작업 중인 파이썬 파일과 auto_dataset.csv가 동일한 폴더에 있는지 확인하자. 그렇지 않은 경우, .csv 파일을 읽을 수 있도록 파일 위치의 경로를 파이썬 파일에 포함시키자. 또한 오류 메시지를 방지하려면 코딩 예제에 사용된 패키지(numpy, pandas, seaborn, matplotlib.pyplot, sklearn)를 설치해야 한다. 터미널에 pip install numpy (또는 설치하려는 패키지)를 입력하여 해당 패키지를 설치할 수 있다.

먼저, 필요한 패키지를 모두 가져와야 하는데, 아래 코드 블록을 사용하면 된다:

```
import numpy as np
import pandas as pd
import seaborn as sns
import matplotlib.pyplot as plt
```

다음으로 CSV 파일을 읽어 데이터를 파이썬 작업공간으로 가져온 다음, 데이터프레임[13]의 구조를 확인한다:

```
df = pd.read_csv("auto_dataset.csv")
df.shape
```

출력은 다음과 같다:

```
(392, 7)
```

13 데이터프레임(DataFrame)은 시리즈(Series)와 더불어 pandas의 핵심 데이터타입이며 엑셀시트 같은 2차원 표라고 생각하면 된다.

다음, 정규 방정식을 사용하여, 예측용으로 사용할 회귀계수의 값을 구한다. 여기에서는 X값으로 weight를 선택하고 Y값으로 horsepower를 선택한다:

```
X = df["weight"]
Y = df["horsepower"]

X_b = np.c_[np.ones((392,1)),X] # 모든 피처 값에 X_o = 1을 추가
beta_values = np.linalg.inv(X_b.T.dot(X_b)).dot(X_b.T).dot(Y)
print(beta_values)
```

출력은 다음과 같다:

```
[-12.1834847   0.03917702]
```

β_0은 -12.1834847이고 β_1은 0.03917702임을 알아냈다.

최적합직선의 방정식은 $horsepower = -12.183 + 0.0392 * weight$이다.

자동차의 무게를 알고 있다고 할 때 마력을 예측해 보자. 실제 마력을 알고 있는 차량(자동차 무게는 각각 2500과 2045[14])의 마력을 예측하여 실제값과 예측값을 비교하기로 한다. 회귀 방정식 및 방금 알아낸 β값을 사용하여 마력에 대한 예측값을 구한다:

```
X_new = np.array([[2500],[2045]])
X_new_b = np.c_[np.ones((2,1)),X_new]
y_predict = X_new_b.dot(beta_values)
print(f"Weight of car = 2500; predicted horsepower is
```

14 무게가 2045인 차량은 2대인데 마력이 68인 자동차를 대상으로 한다.

```
    {y_predict[0]:.3}; actual horsepower is 88")
print(f"Weight of car = 2045; predicted horsepower is
    {y_predict[1]:.3}; actual horsepower is 68")
```

출력은 다음과 같다:

```
Weight of car = 2500; predicted horsepower is 85.8; actual
horsepower is 88
Weight of car = 2045; predicted horsepower is 67.9; actual
horsepower is 68
```

결과적으로, 차량의 무게를 알면 그 차량의 마력을 예측할 수 있었다. 예측값과 실제값은 매우 비슷하지만 같지는 않음을 알 수 있다. 최적합직선이 모든 관측값을 통과하지는 않으며 SSE를 최소화하여 얻은 결과이므로 예측값은 근삿값이다.

정규 방정식을 사용하여 β값을 찾는 방법을 알았으므로 모든 관측 데이터와 추세선을 표시해 보자. 앞에서 구한 회귀계수 값을 사용하여, 자동차의 실제 무게가 주어졌을 때 그 자동차의 마력 값 예측을 도와줄 직선의 방정식을 구축한다:

```
X_plot= np.array([[1500],[6000]])
X_plot_b = np.c_[np.ones((2,1)),X_plot]
Y_plot = X_plot_b.dot(beta_values)

Equationline = "Y ={:.3f}+{:.3f}X".format(beta_values[0],
    beta_values[1])
plt.plot(X_plot, Y_plot, "r-", label = Equationline)
sns.scatterplot(df, x = "weight", y = "horsepower", label =
    "Training Data")
plt.legend()
plt.show()
```

코드의 출력은 다음과 같다[15]:

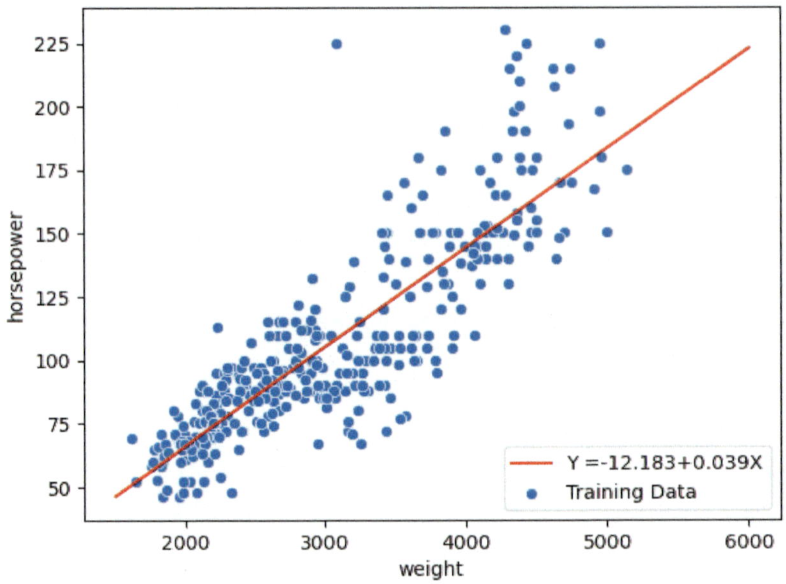

그림 10.8 최소제곱직선의 적합

앞의 산점도에서, 더 무거운 차량이 더 높은 마력을 갖는 경향이 있고 그 반대도 마찬가지임을 알 수 있다. 표시된 관측값의 추세를 보면 차량의 무게가 증가함에 따라 마력도 커진다.

이번에는 scikit-learn을 사용해서 앞의 선형회귀를 다시 해보자. 이 패키지와 관련 API에 대한 자세한 내용은 `https://scikit-learn.org/stable/user_guide.html#user-guide`를 참조하면 된다. 일반적인 최소제곱회귀에 대한 정보는 `https://scikit-learn.org/stable/modules/generated/sklearn.linear_model.LinearRegression.html#sklearn.linear_model.LinearRegression`에서 확인할 수 있다.

15 깃허브의 코드를 실행하면 최신 `sns.scatterplot` 함수의 매개변수와 맞지 않아 에러가 발생하므로 이 책의 코드를 실행하길 바란다.

scikit-learn을 사용하면 더 짧은 코드로 동일한 β값을 얻을 수 있다[16]:

```
import pandas as pd
import numpy as np
from sklearn.linear_model import LinearRegression
reg = LinearRegression()
df = pd.read_csv("auto_dataset.csv")
X = df["weight"]
Y = df["horsepower"]
X = X.values.reshape(-1,1)
Y = Y.values.reshape(-1,1)

reg.fit(X, Y)
print("The value obtained for beta_o is: ", reg.intercept_)
print("The value obtained for beta_1 is: ",reg.coef_)
```

```
The value obtained for beta_o is:  [-12.1834847]
The value obtained for beta_1 is:  [[0.03917702]]
```

예측할 때도 scikit-learn을 사용할 수 있는데, 다음과 같이 코드 한 줄만으로 실행된다. 이전 예제와 마찬가지로 무게 `2500` 및 `2045`를 입력으로 주게 되면 똑같은 마력을 예측한다:

```
X_new = np.array([[2500],[2045]])
print(reg.predict(X_new))
```

16 pandas의 데이터프레임을 scikit-learn의 함수에서 돌리는 경우, 매개변수로 numpy 배열을 요구할 때가 많다. 이 코드에서도 `reshape` 함수를 사용하여 데이터프레임을 이차원배열로 변환한 후 `fit` 함수에 매개변수로 전달한다.

```
[[85.75906307]
 [67.93351937]]
```

이 단원에서는 파이썬 그리고 NumPy와 scikit-learn과 같은 패키지를 사용하여 데이터세트에 가장 적합한 직선을 얻는 방법에 대해 배웠다. 또한 예측변수 X가 주어졌을 때 특정 값 Y를 예측하는 방법에 대해서도 배웠다.

다음 단원에서는 주어진 데이터세트에 들어맞는 최소제곱곡선을 알아본다. 이는 변수 X와 Y가 선형 관계를 갖지 않을 때 적용된다.

NumPy 및 SciPy를 사용하는 최소제곱곡선

이제 데이터세트에 잘 맞는 곡선을 구하는 방법에 대해 알아본다. 이 단원에서는 차량의 마력과 mpg(miles per gallon)의 관계를 조사한다. *그림 10.1*을 보면, 이 두 변수 사이의 관계가 선형적이지 않다. 따라서 피처 변수 X의 제곱(2)을 모델에 대한 입력으로 사용할 것이다. 이를 다항회귀(polynomial regression)라고 한다. 여기서는 비선형 데이터세트에 알맞은 선형 모델을 사용한다[17].

필요한 파이썬 패키지[18]를 가져오고 pandas 데이터프레임 `df`에서 관심 있는 X와 Y를 선택한다:

```
import numpy as np
import pandas as pd
import seaborn as sns
import matplotlib.pyplot as plt
```

17 여기서 다루는 다항회귀는 다중선형회귀의 일종이다. 다항회귀가 다중선형회귀인 이유는 차원이 다른 항을 새로운 독립변수로 취급하면 다중선형회귀의 형태가 되기 때문이다. 예를 들어, $Y \approx \beta_0 + \beta_1 X + \beta_2 X^2 = \beta_0 + \beta_1 X_1 + \beta_2 X_2$ (단, $X_1 = X$, $X_2 = X^2$)로 나타낼 수 있고 이는 두 벡터의 내적 즉, 선형결합이다. 다만, 데이터세트가 비선형이라는 점에 주의하자.

```
from sklearn.preprocessing import PolynomialFeatures
from sklearn.linear_model import LinearRegression

# 데이터세트를 pandas 데이터프레임으로 가져오기
df = pd.read_csv("auto_dataset.csv")

# 관심 있는 변수를 선택하기
X = df["horsepower"]
y = df["mpg"]

# 시리즈를 열 행렬로 변환하기
X_new = X.values.reshape(-1,1)
y_new = y.values.reshape(-1,1)
```

scikit-learn의 `PolynomialFeatures` 클래스를 사용할 것이다. 이 클래스에 대한 자세한 내용은 다음 링크를 참조하면 된다: https://scikit-learn.org/stable/modules/generated/sklearn.preprocessing.PolynomialFeatures.html#sklearn.preprocessing.PolynomialFeatures. 이를 사용함으로써, 데이터세트에 X(horsepower)의 제곱이라는 새로운 피처를 추가한다. 그 결과 $Y \approx \beta_0 + \beta_1 X + \beta_2 X^2$ 형식의 2차 다항식을 사용하게 된다:

```
poly_features = PolynomialFeatures(degree=2, include_bias=False)
X_poly = poly_features.fit_transform(X_new)
```

`X_poly`는 원래 피처($X = horsepower$)와 그 제곱 값을 포함한다. 이제, 이전 단원에서 다룬 선형회귀모델을 사용하여 분석을 진행하자:

---

18 scikit-learn은 SciPy위에 구축된 머신러닝용 파이썬 모듈이다. 예를 들어, scikit-learn의 LinearRegression 클래스는 SciPy의 최소제곱법 함수인 lstsq()를 사용한다.

```
reg = LinearRegression()
reg.fit(X_poly, y_new)
print("Y ={:.4f} X^2 {:.3f} X + {:.3f}".format(reg.coef_[0,1],
  reg.coef_[0,0], reg.intercept_[0]))
```

출력은 다음과 같다:

```
Y =0.0012 X^2 -0.466 X + 56.900
```

따라서 출력과 같은 최적합곡선 방정식을 얻었다.

다음으로는, 이 방정식을 사용하여 최적합선을 실제 데이터의 산점도 위에 배치하려 한다. 최적합곡선을 그리기 위해, 데이터세트의 최소 및 최대 horsepower 값 사이에서 X값을 변화시키면서, 회귀식을 사용하여 대응하는 Y값을 계산할 것이다:

```
start = df["horsepower"].values.min()
stop = df["horsepower"].values.max()
X_plot = np.linspace(start, stop, 1000)
Y_plot = reg.coef_[0,1] * X_plot * X_plot + reg.coef_[0,0] *
  X_plot + reg.intercept_[0]

Equationline = "Y ={:.4f} $X^2$ {:.3f} $X$ + {:.3f}".
  format(reg.coef_[0,1], reg.coef_[0,0], reg.intercept_[0])

sns.scatterplot(df, x = "horsepower", y = "mpg", label = "Training
  Data")
plt.plot(X_plot, Y_plot, "r-", label = Equationline)
plt.legend()
plt.show()
```

코드의 출력은 다음과 같다:[19]

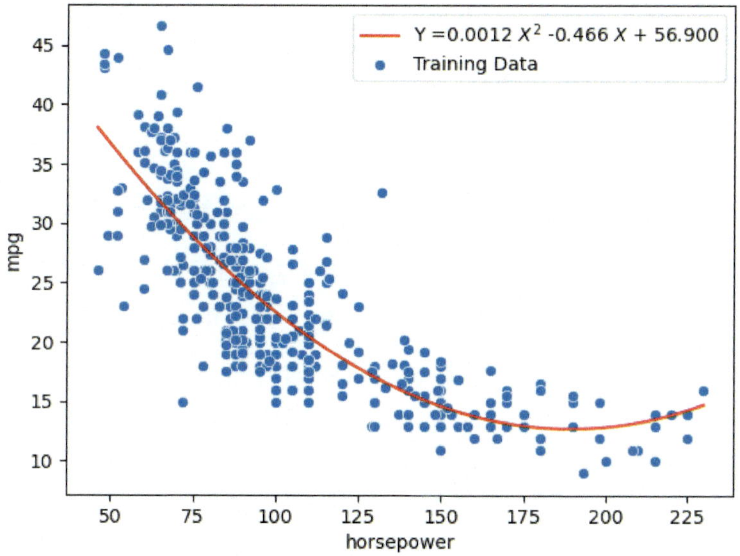

그림 10.9 최소제곱곡선의 적합

이 그림에는 데이터세트($X = horsepower; Y = mpg$)에 대한 최적합곡선이 표시되어 있다. 최적합곡선이 근사적이라는 걸 보여주기 위해 실제 관측값 위에 중첩하여 나타내었다. 선택한 X에 대해 Y값을 예측할 때, 알고리즘은 계산해 놓은 방정식을 사용하여 근사치인 Y값을 구한다. 데이터세트의 X값 범위를 벗어나 추정하려는 경우에는 예측값의 신뢰성이 떨어진다는 점에 유의해야 한다.

이 단원에서는 비선형 데이터세트에 최소제곱곡선을 적합시키는 방법에 대해 알아봤다. 먼저, X의 제곱이라는 새로운 피처 변수를 추가했다. 그런 다음 scikit-learn이 제공하는 선형회귀 클래스를 사용하여 회귀계수 β를 찾았다. 마지막으로, 이러한 회귀계수를 사용하여 최적의 곡선을 그렸다. 곡선을 적합시킬

19 이전 단원의 코드와 마찬가지로, 깃허브의 코드를 실행하면 최신 sns.scatterplot 함수의 매개변수와 맞지 않아 에러가 발생하므로 이 책의 코드를 실행하길 바란다.

때 과적합(overfitting)[20] 문제가 발생할 수 있다는 것을 명심해야 한다. 즉, 우리가 구한 방정식으로 예측한 값이 정확하지 않을 수 있다.

이제 최적합곡선을 알게 되었으므로, 다음 단계에서는 최소제곱평면의 적합에 대해 알아보자.

NumPy 및 SciPy를 사용하는 최소제곱평면

이 단원에 적절한 질문 하나를 꼽으라면 아마도 "데이터세트를 평면에 맞출 필요가 있는가?" 일 것이다. 2D 그래프는 다수의 예측변수($X_1, X_2, \ldots, X_p$)와 종속변수 Y 사이의 관계를 보여주기에 충분하지 않다. 많은 실제 시나리오에서 Y는 둘 이상의 X 변수에 의해 영향을 받기 때문에 이러한 관계를 포착하기 위해서는 X_1, X_2, Y의 관계를 나타낼 수 있는 평면도(3D)가 필요하다. 변수 간의 관계는 다음과 같은 식으로 나타낼 수 있다[21]:

$$Y \approx \beta_0 + \beta_1 X_1 + \beta_2 X_2$$

우리의 목표는 β_0, β_1, β_2의 값을 찾는 거다.

이 단원에서는 차량의 `horsepower`과 `weight`를 각각 X_1과 X_2에 해당하는 입력값으로 사용한다. 출력변수 Y는 배기량 즉, `displacement`로 하자. 그렇다면, 다음과 같이 식을 정리할 수 있다:

$$Y \approx \beta_0 + (\beta_1 * horsepower) + (\beta_2 * weight)$$

먼저, 필요한 파이썬 패키지[22]를 가져오고, pandas 데이터프레임 `df`에서 관심 있

20 전체적인 경향성에서 벗어난 관측값까지 포함된 데이터세트로 모델을 만드는 경우, 실제 데이터에 대해서는 오차가 커지는 상황이 발생하는 현상을 말한다.

21 이렇게 독립변수의 수가 둘 이상인 선형회귀를 다중선형회귀라 한다고 이미 언급하였다.

22 이전 코드에서 사용된 seaborn 패키지는 3차원 산점도와 회귀평면에 사용하기 어렵다. 기본 시각화 기능은 matplotlib 라이브러리를 이용하되, 3차원 시각화 함수의 모임인 mpl_toolkits 패키지를 추가로 가져오자.

는 X와 Y를 선택한다:

```
from sklearn.linear_model import LinearRegression
import pandas as pd
import numpy as np
from mpl_toolkits import mplot3d
import matplotlib.pyplot as plt

# csv 파일을 가져와서 변수 X와 Y를 선택하기
df = pd.read_csv("auto_dataset.csv")
Y = df["displacement"]
X = df[["horsepower","weight"]]
```

다음은 scikit-learn 선형회귀모델을 사용하여 X와 Y값을 학습시킨다. 회귀계수를 출력해 보자:

```
# 선형회귀모델을 학습시키기
reg = LinearRegression()
reg.fit(X, Y)

# 모델을 학습하여 얻은 회귀계수를 출력
print("The value obtained for beta_o is: ", reg.intercept_)
print("The value obtained for beta_1 and beta_2 are:
",reg.coef_[0] , "and", reg.coef_[1])
```

```
The value obtained for beta_o is:  -135.95073526530456
The value obtained for beta_1 and beta_2 are:  0.9757143655155813
and 0.07671670340152593
```

따라서 방정식은 다음과 같다:

$$Y \approx -135.951 + (0.976 * horsepower) + (0.0767 * weight)$$

이제 모델과 계수를 알았으므로 다음 단계는 데이터세트와 획득한 모델(평면)을 더 잘 이해할 수 있게 표시하는 일이다. horsepower과 weight에 대한 최솟값과 최댓값을 찾아 두 값 사이에서 등간격인 100개의 값을 구한다. 이 100개의 값이 확보되면 앞의 방정식을 사용하여 대응하는 Y값을 구해서 평면도를 생성할 수 있다. 또한 β를 얻는 데 사용된 실제 데이터세트의 산점도를 그려서[23] 비교해 본다:

```
# 평면도를 그리기
X1_min = df["horsepower"].values.min()
X1_max = df["horsepower"].values.max()
X1_values = np.linspace(X1_min, X1_max, 100)

X2_min = df["weight"].values.min()
X2_max = df["weight"].values.max()
X2_values = np.linspace(X2_min, X2_max, 100)

Y_reg = reg.intercept_ + (reg.coef_[0] * X1_values) +
(reg.coef_[1] * X2_values)
Y_plot = Y_reg.reshape(-1,1)

fig = plt.figure()
ax = fig.add_subplot(111, projection='3d')
ax.scatter(X.horsepower, X.weight, Y, color="red", s=1,
label="Training Data")
X1_plot, X2_plot = np.meshgrid(X1_values, X2_values)
```

23 mpl_toolkits 패키지의 scatter() 함수를 사용하는데, 깃허브 코드에 있는 scatter() 함수는 에러가 발생하므로 이 책의 코드를 실행하기 바란다.

```
surf = ax.plot_wireframe(X1_plot, X2_plot, Y_plot, rstride=10,
cstride=10)
ax.view_init(50, 150)
ax.set_xlabel('Horsepower')
ax.set_ylabel('Weight')
ax.set_zlabel('Displacement')
plt.legend()
plt.show()
```

코드의 출력은 다음과 같다:[24]

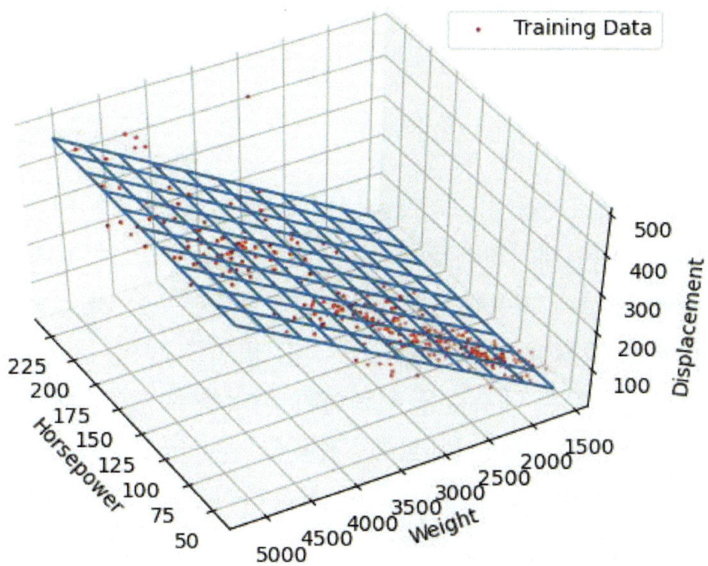

그림 10.10 최소제곱평면 나타내기

---

24 Z축 레이블이 잘려서 보이지 않는다면 다음 코드를 마지막 줄 위에 추가하면 된다.
`ax.set_box_aspect(aspect=None, zoom=0.8)`

앞의 그림에 데이터세트($X = horsepower, \ weight; \ Y = displacement$)의 최소제곱평면을 나타내었다. 최소제곱평면이 근사적이라는 걸 보여주기 위해 실제 관측값 위에 중첩하여 나타내었다. 선택한 X에 대해 Y값을 예측할 때, 알고리즘은 계산해 놓은 방정식을 사용하여 근사치인 Y값을 구한다. 데이터세트의 X값 범위를 벗어나 추정하려는 경우에는 예측값의 신뢰성이 떨어진다는 점에 유의해야 한다.

이 단원에서는 최소제곱평면에 대하여 배웠고, scikit-learn과 같은 파이썬 패키지를 사용하여 실제 데이터세트에 들어맞는 최소제곱평면을 구현하는 방법에 대해 배웠다. Scikit-learn는 머신러닝 문제에 사용할 수 있는 여러 중요한 클래스를 많이 포함하고 있다. `https://scikit-learn.org/stable/modules/classes.html`의 문서를 참고하면 좋겠다.

요약

이 장에서는 회귀, 최소제곱법 그리고 직선, 곡선, 평면 적합에 대해 배웠다. 또한 X와 Y값이 모두 있는 데이터세트에 접근할 수 있다고 할 때, 이러한 방법을 실제 데이터세트에 어떻게 적용하는가 그리고 출력 변수(Y)의 값을 어떻게 예측하는가에 대해서도 배웠다. 데이터세트의 X값 범위를 벗어나 추정하려고 할 때는 주의해야 하는데, 이는 예측값을 신뢰하기 어려울 수 있기 때문이다. 이제 이러한 개념을 여러분의 데이터세트에 적용할 수 있고, SciPy, NumPy 및 scikit-learn과 같은 파이썬 라이브러리를 사용하여 회귀분석 및 예측을 수행할 수 있을 거다.

다음 장에서는 웹 검색에 대하여 수학적인 측면과 실용적인 측면 양쪽에서 다뤄볼 것이다. 또한 구글의 페이지랭크 알고리즘을 살펴보고 그 속에 자리하고 있는 선형대수에 대해 논의할 것이다.

CHAPTER 11
페이지랭크를 사용하는 웹 검색

웹 검색은 인터넷을 사용할 때 맨 처음 배우는 것 중 하나이다. 웹 검색의 목적은 단순히 관심 있는 주제의 정보를 찾는 것이지만, 어떻게 구글이나 다른 검색 엔진은 검색어를 받아들여 원하는 걸 효과적으로 알려줄까? 이 질문에 대한 답을 이 장에서 하고자 한다.

보다 구체적으로, 이 장에서는 수학적인 관점과 실용적인 관점 양쪽에서 웹 검색을 논의한다. 우선, 일반적인 웹 검색 방법에 대한 수학적 배경을 간략히 살펴본다. 다음으로, 구글의 페이지랭크 방법 및 이에 필요한 선형대수에 대해 더욱 자세히 알아본다. 그런 다음, *5장. 이산확률의 기본원리*에서 설명했던 페이지랭크의 확률적 측면을 이 선형대수와 결합하여 페이지랭크를 구현하기로 한다.

이 장에서는 다음 주제를 다룬다:

- 검색 엔진의 발전 역사
- 구글 페이지랭크 알고리즘의 동작 방식
- 파이썬으로 페이지랭크 알고리즘 구현
- 실제 데이터에 페이지랭크 구현 결과를 적용

이 장을 마칠때까지 페이지랭크의 동작 방식 및 이와 관련된 선형대수 기반, 페이지랭크가 효과적인 이유, 그리고 알고리즘을 구현하고 실제 데이터에 적용하는 방법을 배우게 된다.

> **주의할 점**
> 이 장의 컬러 이미지를 참조하려면 머리글에서 소개한 링크를 따라 이동하십시오.

시대별 검색 엔진의 발전

이 단원에서는 현대의 인터넷 검색 엔진이 어떻게 발전했는지 학습한다. 이는 구글 페이지랭크 알고리즘에 대해 배울 수 있는 무대를 마련해줄 것이다. 하지만 그 전에, 더 오래된 검색 엔진이 어떻게 작동하는지 그리고 단점이 무엇인지 간단히 알아본다. 그래야 검색을 기반으로 웹 사이트 순위를 매기는 문제를 해결하려면 심화 수학을 활용해야 하는 이유를 알 수 있다.

1990년대 초에는 검색 엔진이 비교적 단순했다. 검색 엔진 회사들은 가능한 한 많은 웹 사이트의 데이터베이스를 유지했다. 사용자들이 예를 들어 `chicken`이란 단어를 검색하면, 검색 엔진은 단어 `chicken`을 사용하여 웹 사이트를 검색하고 그 단어 `chicken`이 웹 사이트에 나온 횟수를 기준으로 순위를 매겼다. 짐작하겠지만, 이 방식이 반드시 최선은 아니다.

이 간단한 방법에는 몇 가지 문제가 있다:

- 사람들이 웹 검색을 할 때 반드시 특정 검색어가 자주 나오는 웹 페이지를 찾는 건 아니다. FDA 농업 보고서에 `chicken`이 수십 번 등장할는지 모르지만, 농업 보고서를 원하는 사용자는 많지 않을 거다.
- 검색 엔진은 긴 웹 페이지를 자동적으로 선호했다. 길수록 `chicken`이 더 많이 등장할 가능성이 높기 때문이다.
- 자연어 처리가 거의 없었기 때문에 `chicken` 검색은 `chickens`나 `chicks`가 있는 웹 사이트를 검색 결과로 반환하지 않을 수도 있었다.

- chicken이라는 단어는 나오지만 인기가 없어 거의 사용되지 않는 웹 페이지나 많은 사용자가 방문하는 인기 있는 웹 사이트나 검색 결과에 나타날 확률이 비슷했다.
- 시스템을 조작하기 쉬웠다. 비양심적인 웹 마스터들은 단지 그들의 웹 사이트로 트래픽을 유도하기 위해서, chicken과 같이 흔히 검색되는 단어들로 가득 찬, 그래서 속이 뻔히 들여다보이는 긴 글귀를 추가하거나 그러한 단어들을 메타데이터에 대량으로 저장했다.

90년대를 거치면서 더 다양한 방법이 확산되었다. 한 가지 획기적인 방법은 AND, OR, NOT 등의 부울 함수를 쓰도록 허용하는 것이었다. 따라서 다음과 같이 검색할 수 있었다:

- chicken AND sandwich는 배고픈 사용자들이 찾을지도 모르는, 두 단어가 포함된 웹 페이지를 반환한다.
- chicken OR rooster는 동물에 관심이 있는 사용자가 찾을지도 모르는, 한 단어라도 포함된 웹 페이지를 반환한다.
- chicken AND NOT egg는 닭을 언급하는 웹 페이지에서 달걀과 관련된 웹 페이지를 걸러내기 위해, egg는 없지만 chicken은 포함된 웹 페이지를 반환한다.

또한, 일부 검색 엔진은 조건을 엄격하게 만족하지는 않으나 관련이 있는 웹 페이지를 반환할 수 있는 퍼지 논리(fuzzy logic)를 도입했다. 예를 들어, chicken을 검색하면 단어 chicken이 포함된 웹 페이지와 chicken, chick, chicks 심지어 nuggets, wings, 또는 poultry라는 단어가 포함된 웹 페이지를 반환할 수도 있다.

이러한 혁신은 웹 검색의 품질을 향상시켰지만, 실제 원하는 웹 페이지를 반환하는 요령이 있는 듯한 오늘날의 검색 엔진만큼 효과적이지는 않았다.

이상의 내용이 1990년대 초중반의 검색 엔진에 대한 종합적인 설명은 아니다. 그 당시 Yahoo, Lycos, Excite 등 많은 검색 엔진이 사용했던 다른 여러 알고리즘이 있었기 때문이다. 그러나 지금까지의 설명을 통해 당시의 비교적 단순한 검색 알고리즘이 많은 도전을 했다는 사실을 이해할 수 있으리라 생각한다.

설상가상으로, 인터넷은 기하급수적으로 증가했고, 이는 웹 검색이 수백, 수천, 심지어 수백만 개의 웹 페이지를 반환하기 시작했다는 걸 의미한다. 특정 웹 페이지들을 반환 리스트의 맨 위에 노출하려면 꼭 필요한, 관련성과 중요성을 결정하는 더욱 합리적인 기준을 사용하지 않은 채 검색 엔진이 그렇게 많은 웹 페이지를 반환한다면, 사용자가 검색 결과 페이지들을 샅샅이 살펴보지 않으면 올바른 웹 페이지를 발견할 가능성이 매우 낮다.

이러한 취약점으로 인해서, 사용자가 검색할 때 "최상의" 웹 페이지를 리스트의 맨 위로 이동할 수 있게 해주는 순위 지정 방법이 필요하게 되었다. 이것을 염두에 두고, 현대의 순위 매기기 알고리즘 특히 페이지랭크가 선형대수학과 확률론을 사용하여, 웹 페이지로의 링크를 기반으로 웹 페이지 중요도를 결정하는 방법을 계속 살펴보기로 하자.

구글 페이지랭크 II

이 단원에서는 *5장. 이산확률의 기본원리*에서 다뤘었던 구글 페이지랭크 알고리즘에 대해 계속 알아보려 한다. 5장에서 논의한 바와 같이 스탠포드대학교 학생이자 나중에 구글을 공동 창업한 Larry Page와 Sergey Brin은 Rajeev Motwani와 Terry Winograd 등의 스탠포드대학교 연구자와 함께 기존 학술지에 소개된 서로 링크된 문서의 정보 검색에 관한 연구 결과를 활용하여 웹 검색에 맞게 사용할 수 있도록 몇 가지 획기적인 아이디어를 하나로 통합했다.

그들이 개발한 페이지랭크 알고리즘은 매우 효과적이어서 구글은 곧 1990년대 후반에서 2000년대 초반까지 검색 엔진 분야를 완전히 지배하게 되었다. 이 혁신적인 페이지랭크 알고리즘은 여전히 구글 검색 방법에서 사용되고 있다. 물론, 사용자에게 가장 적절한 웹 사이트를 결정할 때 사용자 이력과 사용자 위치 등의 정보를 활용함으로써 지난 20년 동안 크게 발전하였다.

그러면 소개는 이쯤에서 접고 이제 페이지랭크가 어떻게 동작하는지 알아보자!

페이지랭크 알고리즘을 사용하는 기본 검색 엔진에서는 사용자가 단어를 검색하면 해당 단어를 포함하는 모든 웹 페이지와 어떤 퍼지 기준에 일치하는 모든 웹 페이지가 반환된다. 그런 다음, 모든 웹 사이트의 페이지랭크를 알아내어 내림차순으로 정렬한다. 결국, 이 내림차순으로 사용자에게 결과가 표시된다. 원칙적으로, 가장 관련성이 높은 웹 사이트가 먼저 표시된다는 의미이다.

페이지랭크가 어떻게 작동하는지 내부를 들여다보기 위하여 먼저 *5장. 이산확률의 기본원리*에서 페이지랭크 알고리즘에 대해 배운 내용을 간략히 리뷰한다. 특정 웹 페이지의 집합으로 구성된 “인터넷”이 있다고 가정해 보자. 그 “인터넷”을 I라 하고 N개의 서로 다른 웹 페이지를 포함한다고 가정한다. 실제 인터넷에서는, N이 수십억에 달한다! 이 웹 페이지 집합을 다음과 같이 나타내기로 한다:

$$I = \{W_1, W_2, \ldots, W_N\}$$

I에 대해, 다음 두 함수를 정의한다:

1. 진출링크수 $C: I \to \{0, 1, 2, \ldots, N-1\}$. 여기서 $C(W_j)$는 j번째 웹 페이지에서 다른 페이지로 나가는 링크의 수이다. 단, 자신으로 향하는 링크는 제외하며 같은 웹 페이지로 향하는 복수의 링크는 하나의 링크로 취급한다.
2. 페이지랭크 $PR: I \to [0,1]$. 여기서 $PR(W_j)$는 다음과 같이 계산된다:

$$PR(W_j) = \frac{1-d}{N} + d \sum_{W_i \in M(W_j)} \frac{PR(W_i)}{C(W_i)}$$

여기서 $M(W_j)$는 W_j에 링크를 건 웹 페이지 집합이다. 즉, W_j의 페이지랭크는 W_j에 링크를 건 모든 웹 페이지에 대해 진출링크수 당 페이지랭크를 구하고 이들의 합을 d배하여 $(1-d)/N$에다가 더한 값이다. 상수 $d \in (0,1)$를 감쇠율이라고 한다. 최초 논문에서 저자들은 $d = 0.85$로 설정했지만, 그 이후로 구글이 조정했을 수 있다. d값과 무관하게, 함수 PR은 $W_1, W_2, \ldots, W_N$에 확률을 배정하는 확률질량함수임을 증명할 수 있다. 정의에 따라, 확률질량함수가 배정하는 확률의 합은 1이다.

> **주의할 점**
>
> 문헌에 따라 PR 계산식의 첫 번째 항에 대해 약간의 혼동이 있다. 때로는 N이 분모에서 제외되기도 하는데, 단순히 내림차순으로 웹 사이트의 순위를 매기기 때문에 이것이 중대한 영향을 미치지는 않는다. 그러나, 이 N이 없으면 페이지랭크 값들이 확률질량함수를 형성하지 않으며, 따라서 수학적으로 아주 명쾌하지는 않다.

페이지랭크에 숨어 있는 아이디어는 “인터넷”을 검색하는 가상의 “인물”이 있는데, 이 사람은 무작위로 링크를 클릭하며 결국은 어떤 웹 페이지에 도달한다고 생각하는 것이다. d는 어느 단계든 이 사람이 후속 링크를 클릭할 확률을 나타낸다. 웹 페이지의 페이지랭크 $PR(W_i)$는 이렇게 무작위로 클릭하는 웹 서퍼가 웹 페이지 W_i에 도달할 확률을 나타낸다.

페이지랭크 알고리즘은 모든 페이지랭크를 모두 같은 값으로 초기화한다. 즉, 확률분포를 구성하기 위해서는 페이지랭크의 총합이 1이 되어야 하므로 처음에는 모두 $1/N$이다. 이후 페이지랭크 알고리즘은 링크 구조 및 트래픽 패턴의 시간에 따른 변화에 따라 웹 페이지별로 페이지랭크를 주기적으로 재계산하여 각 웹 사이트의 페이지랭크를 갱신한다.

> **주의할 점**
>
> 페이지랭크 알고리즘의 구현 결과 중 상당수는, 모든 페이지랭크의 계산 결과가 변함이 없는 안정된 상태로 수렴될 때까지 계속해서 수식을 계산한다. 이후에 링크 패턴이 바뀌면 새로운 페이지랭크를 구하기 위해 이 과정을 다시 수행할 수 있다.

*5장. 이산확률의 기본원리*에서, 고작 5개의 웹 페이지로만 이루어져 있으면서 링크 구조가 고정된 자그마한 “인터넷”을 만든 경험이 있다. 이 작은 “인터넷”에 해당하는 방향 그래프를 *그림 11.1*에 다시 나타내었는데, 다음과 같은 세 가지 변경 사항이 있다:

- 웹 페이지를 나타내는 꼭짓점과 웹 페이지 간의 링크를 나타내는 모서리를 색상으로 코드화하여 구분하였다.

- 각각 반대쪽 웹 페이지에 링크가 있는 양방향 화살표를 별도의 화살표로 분리하였다.
- 모서리마다 출발점 웹 사이트 W_i의 페이지랭크가 전달되는 비율을 나타내는 가중치를 표시했는데 이는 단순히 다음과 같다:

$$\frac{1}{C(W_i)}$$

이 가중치는 실질적인 영향력을 미친다. 엄청난 수의 다른 웹 페이지를 단순히 링크하는 웹 페이지라면 그 웹 페이지의 페이지랭크는 나머지 "인터넷"에 그렇게 큰 영향을 미치지 않는다. 이는 편법을 쓰기 위한 전략을 방지한다. 이 가중치가 없다면 모든 웹 페이지는 그 자신을 거대한 웹 페이지 인덱스에 추가하려 애쓸 것이며 그 결과, 사용자 검색과 얼마나 밀접한 관련이 있는지와 거의 무관하게 페이지랭크를 증가시킬 수 있다.

이러한 점으로 인해, 다음의 그림에 나타나 있듯이, 우리의 다이어그램은 방향 그래프가 아닌 방향 네트워크여야 한다:

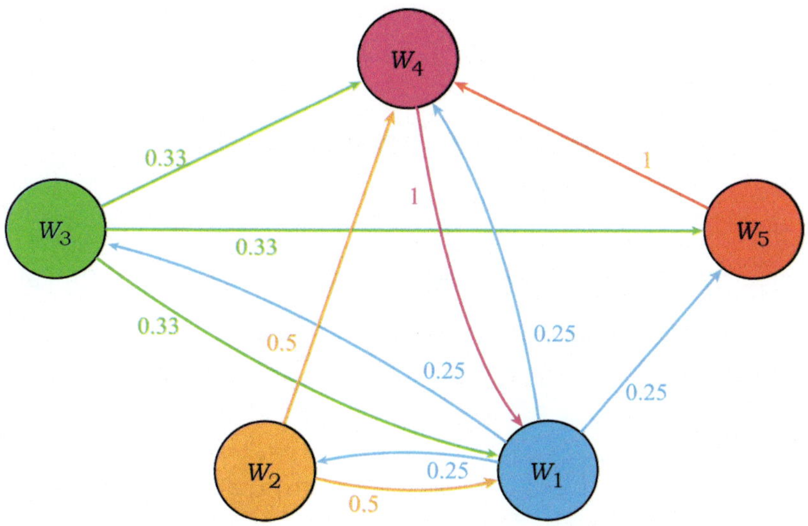

그림 11.1 5개의 웹 페이지, 그들 사이의 링크 및 각 링크를 통해 보내는 페이지랭크의 비율을 나타내는 방향 네트워크. 모든 웹 페이지, 링크, 가중치는 색상으로 코드화되어 있다.

*5장. 이산확률의 기본원리*에서 페이지랭크를 $1/5 = 0.2$로 초기화하고 링크 구조와 앞의 함수를 사용하여 페이지랭크를 한번 계산했다. 그 결과로 얻은 페이지랭크는 다음과 같다:

$$PR(W_1) = 0.34$$
$$PR(W_2) = 0.07$$
$$PR(W_3) = 0.07$$
$$PR(W_4) = 0.38$$
$$PR(W_5) = 0.13$$

그러나 이 계산은 손으로 한 것이라 이상적이지 않다. 따라서 행렬을 이용하여 다시 계산해 보고 싶다.

*8장. 그래프, 트리, 네트워크의 저장과 특성 뽑아내기*에서 학습한 바와 같이 소규모 "인터넷"의 방향 네트워크는 행렬로 나타낼 수 있다:

$$\mathbf{A} = \begin{bmatrix} 0 & 0.25 & 0.25 & 0.25 & 0.25 \\ 0.5 & 0 & 0 & 0.5 & 0 \\ 0.33 & 0 & 0 & 0.33 & 0.33 \\ 1 & 0 & 0 & 0 & 0 \\ 0 & 0 & 0 & 1 & 0 \end{bmatrix}$$

그림 11.2 소규모 '인터넷'의 추이확률 행렬

예전에 행렬 A는 대개 네트워크의 비용 행렬이라고 불리지만 분야마다 다른 이름으로 불리는 경향이 있다는 사실을 배웠다. 여기에서 행렬 A는 일반적으로 추이확률 행렬(transition probability matrix) 또는 중요도 행렬(importance matrix)이라고 불린다. 이 행렬은 각 웹 페이지에서 진출 링크를 통해 페이지랭크가 어떻게 전파되는지 보여준다.

추이확률 행렬의 각 행은 특정 웹 페이지의 페이지랭크 비율을 나타내며, 이후 반복에서 다른 웹 페이지로 보낼 값이다. 따라서 전체 페이지랭크를 나눠서 보내야 하므로 그 합이 1이 되어야 한다. 각 열은 다른 웹 페이지에서 해당 웹 페이지로 보낸 진입 페이지랭크 비율을 나타내므로 더해서 1이 될 필요는 없다.

이 계산을 행렬 대수로 체계화하려면 페이지랭크 또한 벡터로 나타낼 필요가 있다. 페이지랭크 초깃값은 모두 $1/N = 0.2$이며 다음과 같다:

$$\mathbf{v}_0 = \begin{bmatrix} 0.2 \\ 0.2 \\ 0.2 \\ 0.2 \\ 0.2 \end{bmatrix}$$

그림 11.3 페이지랭크 벡터의 초깃값

페이지랭크 계산에 사용되는 또 다른 행렬 U를 다음과 같이 정의하고 갱신 행렬(update matrix)이라 부르자:

$$\mathbf{U} = d\mathbf{A}^T + \frac{1-d}{N}\begin{bmatrix} 1 & \cdots & 1 \\ \vdots & \ddots & \vdots \\ 1 & \cdots & 1 \end{bmatrix}$$

그림 11.4 페이지랭크 계산에 사용되는 갱신 행렬

*6장. 선형대수의 계산 알고리즘*에서 배운 것을 상기해 보면, 위 첨자 T는 행과 열이 교환된 행렬의 전치를 나타낸다. 그리고, 행렬을 더하고 곱하는 방법도 배웠다. 그러면, 다음과 같이 반복할 때마다 모든 웹 사이트에 대해 한꺼번에 페이지랭크 공식을 되풀이할 수 있다:

$$\mathrm{v}_i = \mathrm{U}\mathrm{v}_{i-1}$$

이 수식을 적용할 파이썬 코드를 작성해 보자. NumPy를 사용하여 행렬 곱셈을 했던 걸 기억하자. 5개의 웹 페이지로 구성된 작은 "인터넷"이므로 `N = 5`이고 디폴트 감쇠율 `d = 0.85`이다:

```
# NumPy 라이브러리를 가져오기
import numpy

# 추이확률 행렬
A = numpy.array([[0, 0.25, 0.25, 0.25, 0.25],
                 [0.5, 0, 0, 0.5, 0],
                 [0.33, 0, 0, 0.33, 0.33],
                 [1, 0, 0, 0, 0],
                 [0, 0, 0, 1, 0]])

# 페이지랭크 벡터를 초기화
v = numpy.array([[0.2], [0.2], [0.2], [0.2], [0.2]])

# 감쇠율
d = 0.85

# 인터넷 크기
N = 5

# 갱신 행렬을 계산
U = d * A.T + (1 - d) / N

# 새로운 페이지랭크 벡터를 계산
v = numpy.dot(U, v)

# 새로운 페이지랭크 벡터를 출력
print(v)
```

이 코드에서는 우선 추이확률 행렬을 추가하고 페이지랭크 벡터, 감쇠율, “인터넷” 크기를 초기화했다. 그리고, 갱신 행렬을 계산하였다. 마지막으로, 한 번 반복한 후에 새로운 페이지랭크 벡터를 계산하여 출력했다.

코드의 출력은 다음과 같다:

```
[[0.3411]
 [0.0725]
 [0.0725]
 [0.3836]
 [0.1286]]
```

이 값을 반올림하여 소수점 둘째 자리까지 나타내면 *5장. 이산확률의 기본원리*에서 손으로 계산하고, 앞서 이 장에서 다시 보여준 결과와 동일한 값을 얻는다.

앞에서 설명한 바와 같이 페이지랭크를 구현할 때는 페이지랭크에 더 이상 변화가 없을 때까지 변경을 계속 시도하는 게 보통이다:

```
# 페이지랭크 벡터를 초기화
v = numpy.array([[0.2], [0.2], [0.2], [0.2], [0.2]])

# 벡터 초깃값을 출력
print('PageRank vector', 0, 'is', v.T)

# 페이지랭크 벡터를 15회 반복하여 계산
for i in range(15):
    # 다음번 페이지랭크 벡터를 계산
    v = numpy.dot(U, v)

    # 페이지랭크 벡터를 반올림하여 소숫점 셋째 자리까지 구하기
    v = numpy.round(v, 3)

    # 페이지랭크 벡터를 출력
    print('PageRank vector', i + 1, 'is', v.T)
```

이 코드는 페이지랭크 벡터를 초기화하여 출력하고 페이지랭크 갱신을 15회 반복하되 반올림하여 출력한다. 출력이 너무 많은 공간을 차지하지 않도록 페이지랭크 벡터를 전치하여 출력한다. 그 결과, 페이지랭크의 진화 패턴을 더 쉽게 관찰할 수 있다.

코드의 출력은 다음과 같다:

```
PageRank vector 0 is [[0.2 0.2 0.2 0.2 0.2]]
PageRank vector 1 is [[0.341 0.073 0.073 0.384 0.129]]
PageRank vector 2 is [[0.408 0.102 0.102 0.264 0.123]]
PageRank vector 3 is [[0.326 0.117 0.117 0.293 0.145]]
PageRank vector 4 is [[0.362 0.099 0.099 0.305 0.132]]
PageRank vector 5 is [[0.359 0.107 0.107 0.289 0.135]]
PageRank vector 6 is [[0.351 0.106 0.106 0.296 0.136]]
PageRank vector 7 is [[0.356 0.104 0.104 0.295 0.134]]
PageRank vector 8 is [[0.354 0.105 0.105 0.293 0.135]]
PageRank vector 9 is [[0.353 0.105 0.105 0.294 0.134]]
PageRank vector 10 is [[0.354 0.105 0.105 0.293 0.134]]
PageRank vector 11 is [[0.353 0.105 0.105 0.293 0.134]]
PageRank vector 12 is [[0.353 0.105 0.105 0.293 0.134]]
PageRank vector 13 is [[0.353 0.105 0.105 0.293 0.134]]
PageRank vector 14 is [[0.353 0.105 0.105 0.293 0.134]]
PageRank vector 15 is [[0.353 0.105 0.105 0.293 0.134]]
```

보다시피 갱신을 되풀이하면 10회 정도 반복한 후에는 페이지랭크 벡터가 특정한 값으로 수렴되어 더 이상 움직이지 않는다:

$$\mathbf{v}_{10} = \begin{bmatrix} 0.354 \\ 0.105 \\ 0.105 \\ 0.293 \\ 0.134 \end{bmatrix}$$

그림 11.5 갱신 값이 수렴된 페이지랭크 벡터

정확하게 이야기하자면, 계산 할 때마다 페이지랭크 벡터가 계속 바뀌지만, 변경은 소수점 넷째 자리 이상에서 발생한다. 따라서 페이지랭크에 대한 안정된 상태 또는 평형을 실질적으로 찾아냈다고 말할 수 있다.

지금까지 설명한 이 모든 게 무엇을 의미할까? 검색 엔진이 5개 페이지를 반환하였고 페이지랭크에 따라 순위를 매겨 내림차순으로 정렬된 웹 페이지를 표시한다면 W_1, W_4, W_5, W_2, W_3 순으로 나타날 것이다. 소수점 자릿수를 늘려 조사해 보면 페이지랭크에 실제 차이가 있음을 알 수 있으므로 최하위 동률 값도 순서를 매길 수 있다. 실제 인터넷과 같은 대규모 문제에서는 페이지랭크가 같을 가능성은 매우 낮다. 그러나 계산할 때 사용한 정밀도 수준에서 같게 나온다면 무작위로 순서를 정해도 거의 문제가 되지 않는다.

보다시피, 자그마한 5개 웹 페이지 "인터넷"에 대한 앞선 결론에 도달하기 위해 상당히 많은 계산을 해야 했다. 구글이 질의/검색 결과를 보여주기 위하여 실제 인터넷상에서 수십억 개의 웹 페이지를 대상으로 페이지랭크 알고리즘을 사용할 때 실행하는 계산량을 상상해 보라.

이 단원에서는 페이지랭크 알고리즘이 선형대수를 사용하여 웹 검색을 통해 반환된 웹 페이지에 순위를 매기는 방법에 대해 배웠다. 이 방법을 따르면 순위가 높은 웹 페이지를 리스트 최상단에 표시할 수 있으므로 사용자는 관련성이 없는 검색 결과 페이지를 훑어볼 필요 없이, 가장 관련성이 높은 웹 페이지를 먼저 확인할 수 있다.

여기에서는 페이지랭크 아이디어를 작은 문제에 적용했지만, 다음 단원에서는 페이지랭크 알고리즘을 실질적으로 사용할 수 있도록 파이썬으로 구현하기로 한다.

파이썬으로 페이지랭크 알고리즘 구현

이 단원에서는 이전 단원에서 배운 페이지랭크 알고리즘에 대한 이해를 바탕으로, 알고리즘을 실행할 효과적인 파이썬 코드를 구현한다.

앞에서 살펴본 바와 같이 페이지랭크 알고리즘의 아이디어는 안정된 상태의 페이지랭크 벡터에 도달할 때까지 몇 번이고 페이지랭크 벡터를 갱신하는 것이다. 그런데 15번만 실행하였고 숫자의 변경이 매우 미미해지면 중단했다.

그러나 실제 대규모 문제에서 이를 구현하기 위해서는 다음과 같은 몇 가지 장애물이 있다:

- 문제 1: 실제 인터넷처럼 웹 페이지 "인터넷"이 대규모인 경우, 갱신 과정에서 수백만 또는 수십억 개의 페이지랭크를 조사하고 언제 변화가 멈췄는지 알아내는 건 현실적으로 불가능하다.
- 문제 2: 페이지랭크가 안정된 상태로 수렴하기 위해 몇 번을 반복해야 하는지 미리 알 수 없다.
- 문제 3: 페이지랭크 벡터의 초기 상태를 수동으로 정의하였는데 이는 대규모 "인터넷"을 대상으로는 실용적이지 않다.
- 문제 4: 우리가 예제로 든 "인터넷"의 연결 구조에 따라 구체적으로 결정되었는데, 이 구조는 현실 상황에서 시간이 지남에 따라 변화하게 된다.
- 문제 5: 인터넷 크기 N 및 감쇠율 d를 수동으로 지정했다.

실제 구현에서는, 코드에서 이러한 모든 문제를 해결할 필요가 있다:

- 문제 1, 2의 경우, 페이지랭크 알고리즘이 안정된 상태로 수렴되는 시점을 자동으로 탐지하는 방법을 찾아야 한다.
- 문제 3의 경우, 페이지랭크 벡터를 프로그래밍 코드를 통해 초기화해야 한다.
- 문제 4, 5의 경우, 추이확률 행렬 A와 감쇠율 d를 입력으로 받아들여, 행렬로부터 "인터넷"의 크기 N을 구하는 함수를 작성할 수 있다.

마지막 두 해법은 구현하기 쉽지만 문제 1, 2를 해결하려면 수학 이론을 추가로 도입해야 한다. 벡터 v가 다음과 같을 때

$$\mathrm{v} = [v_1 \ v_2 \cdots \ v_N]^T$$

벡터의 **유클리드 노름**(Euclidean norm)은 N-차원 공간에 있는 벡터의 길이를

측정한 값인데, 다음과 같이 계산한다:

$$\| \mathbf{v} \| = \sqrt{\mathbf{v} \cdot \mathbf{v}} = \sqrt{{v_1}^2 + {v_2}^2 + \cdots + {v_N}^2}$$

벡터의 각 성분은 노름에 양의 값을 더하는 효과를 낸다는 사실을 명심하자. 모든 성분이 0에 가까우면 노름은 0에 가까워질 것이다. 일부 성분의 값이 크면 노름도 커진다. 이 개념은 두 벡터 사이의 거리를 계산하는 데도 사용할 수 있다. 벡터 w가 유사하게 정의되었다고 가정하면 벡터 v와 w 사이의 거리는 다음과 같다:

$$\| \mathbf{v} - \mathbf{w} \| = \sqrt{(v_1 - w_1)^2 + (v_2 - w_2)^2 + \cdots + (v_N - w_N)^2}$$

따라서 v_j와 w_j의 차가 작으면 거리도 줄어든다.

이 수학적 도구는 벡터들이 서로 얼마나 다른지 측정하는 방법을 제공한다. 이미 학습한 바와 같이 페이지랭크 알고리즘은 페이지랭크 벡터가 안정된 상태로 정착할 때까지 다음 공식에 따라 계속 갱신하는 반복 프로세스이다:

$$\mathbf{v}_i = \mathrm{U}\mathbf{v}_{i-1}$$

앞에서 설명한 문제 1, 2를 해결하기 위해, 벡터 v_i와 v_{i-1}사이의 거리가 매우 작아질 때까지 갱신 값을 계산하면 된다. 우리가 작성할 함수는 오차 임곗값이라고 불리는 작은 수 ε을 입력으로 받아들여서, 두 벡터의 차이가 이 작은 오차항보다 작아질 때, 즉 다음 조건을 만족할 때 페이지랭크 벡터의 갱신을 멈춘다:

$$\| \mathbf{v}_i - \mathbf{v}_{i-1} \| < \varepsilon$$

즉, 페이지랭크 벡터는 벡터 간 차이를 알 수 있도록 갱신하기 전에 저장되어야 한다.

페이지랭크 알고리즘을 하나의 함수로 작성함으로써 이 모든 문제에 대한 해결책을 구현하는 코드를 작성하자. 조금 길기 때문에 몇 부분으로 나누어 설명하면서 진행하려 한다. 먼저, 이 함수에 관한 주석을 작성한다:

```
# 검색 결과의 순위를 매기는 페이지랭크 알고리즘
#
# INPUTS
# A - 추이확률 행렬
# d - 감쇠율, 기본설정값 = 0.85
# eps - 오차 임곗값, 기본설정값 = 0.0005
# maxIterations - 실행 종료 전 최대 반복 횟수
# verbose - 참이면, 알고리즘이 페이지랭크 진행 과정을 출력
#
# OUTPUTS
# vNew - 안정 상태의 페이지랭크 벡터
```

다음으로, 함수를 정의하고, "인터넷"의 크기를 알아내고, 필요한 여러 변수를 초기화한다:

```
def PageRank(A, d = 0.85, eps = 0.0005, maxIterations = 1000,
             verbose = False):
    # "인터넷"의 크기를 알아내기
    N = A.shape[0]

    # 이전 페이지랭크 벡터와 신규 페이지랭크 벡터를 초기화
    vOld = numpy.ones([N])
    vNew = numpy.ones([N])/N

    # 반복 횟수를 초기화
    i = 0
```

그런 다음, 갱신 행렬 U를 구한다:

```
    # 갱신 행렬을 계산
    U = d * A.T + (1 - d) / N
```

그런 다음, 반복 간 페이지랭크 벡터의 변화가 충분히 작아질 때까지 갱신을 계속 실행한다:

```
while numpy.linalg.norm(vOld - vNew) >= eps:
    # verbose 플래그가 참이면, 각 단계에서의 진행 상황을 출력
    if verbose:
        print('At iteration', i, 'the error is',
          numpy.round(numpy.linalg.norm(vOld - vNew), 3),
          'with PageRank', numpy.round(vNew, 3))

    # 현재 페이지랭크를 이전 페이지랭크로 저장
    vOld = vNew

    # 페이지랭크 벡터를 갱신
    vNew = numpy.dot(U, vOld)

    # 반복 횟수를 증가
    i += 1
```

`maxIterations` 회를 반복해도 수렴하지 않으면 실행을 멈추고 오류를 출력하며, 현재 페이지랭크 벡터와 반복 횟수를 반환한다:

```
    # 수렴하기 전에 너무 많은 횟수를 반복 실행했다면, 멈추고 사용자에게 알림
    if i == maxIterations:
        print('The PageRank algorithm ran for',
          maxIterations, 'with error',
          numpy.round(numpy.linalg.norm(vOld - vNew), 3))

        # 페이지랭크 벡터와 반복 횟수를 반환
        return vNew, i
```

마지막으로, 안정 상태의 페이지랭크 벡터 및 수렴에 이르기까지 걸린 반복 횟수를 반환한다:

```
    # 안정 상태의 페이지랭크 벡터와 반복 횟수를 반환
    return vNew, i
```

이전에 사용했던 예제가 제대로 동작하는지 확인하자:

```
# 추이확률 행렬
A = numpy.array([[0, 1/4, 1/4, 1/4, 1/4],
                 [1/2, 0, 0, 1/2, 0],
                 [1/3, 0, 0, 1/3, 1/3],
                 [1, 0, 0, 0, 0],
                 [0, 0, 0, 1, 0]])

# 기본설정값으로 페이지랭크 알고리즘을 실행
PageRank(A)
```

출력은 다음과 같다:

```
(array([0.3565286 , 0.10584025, 0.10584025, 0.29600666,
0.13578424]), 11)
```

이 결과는 이전 코드에서 11회 반복한 결과와 거의 같다는 걸 확인할 수 있다[1]. 그렇다면, 이 알고리즘에는 어떤 또 다른 용도가 있을까?

링크 구조가 변경되어 우리의 작은 "인터넷"의 구조가 변했다고 가정해 보자. 이

1 추이확률 행렬의 성분을 소수가 아닌 분수로 설정했기 때문에 약간의 오차가 발생하였다.

러한 변화는 실제로 사람들이 자신의 웹 페이지를 수정하고 새로운 웹 페이지를 만들 때마다 항상 일어나는 일이다. 검색 엔진은 이러한 변경 사항을 찾기 위해 정기적으로 인터넷을 크롤링한다.

웹 페이지 W_3가 갑자기 입소문이 나서 모든 다른 웹 페이지에 링크가 추가된 경우, 이 새로운 "인터넷"은 다음과 같은 방향 네트워크로 표현될 것이다:

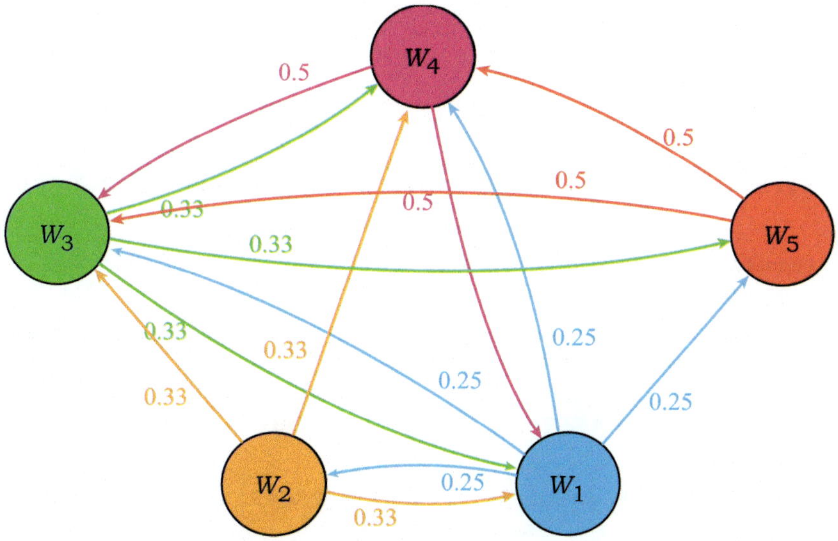

그림 11.6 웹 페이지 W_3가 입소문을 타고 "인터넷"의 다른 모든 웹 페이지에 링크된 후, 5개의 웹 페이지로 이루어진 "인터넷"을 나타내는 방향 네트워크

웹 페이지 W_3의 인기가 높아짐에 따라 페이지랭크가 어떻게 변하는지 확인하기 위해서 알고리즘을 다시 한번 실행시켜 보자. 이전과 동일한 방식으로 계산하되 예제 소규모 인터넷의 새로운 상태에 대응하기 위해, 변경된 추이확률 행렬을 사용한다:

```
# 추이확률 행렬
B = numpy.array([[0, 1/4, 1/4, 1/4, 1/4],
```

```
                [1/3, 0, 1/3, 1/3, 0],
                [1/3, 0, 0, 1/3, 1/3],
                [1/2, 0, 1/2, 0, 0],
                [0, 0, 1/2, 1/2, 0]])

# 페이지랭크 알고리즘을 실행
PageRank(B, verbose = True)
```

출력은 다음과 같다:

```
At iteration 0 the error is 1.789 with PageRank [0.2 0.2 0.2 0.2
0.2]
At iteration 1 the error is 0.192 with PageRank [0.228 0.073 0.299
0.271 0.129]
At iteration 2 the error is 0.06 with PageRank [0.25  0.079 0.269
0.239 0.163]
At iteration 3 the error is 0.026 with PageRank [0.23  0.083 0.276
0.251 0.159]
At iteration 4 the error is 0.01 with PageRank [0.239 0.079 0.277
0.248 0.157]
At iteration 5 the error is 0.004 with PageRank [0.236 0.081 0.275
0.248 0.159]
At iteration 6 the error is 0.001 with PageRank [0.236 0.08  0.276
0.249 0.158]
At iteration 7 the error is 0.001 with PageRank [0.237 0.08  0.276
0.249 0.159]
(array([0.2365497 , 0.08030807, 0.27603383, 0.24860661,
0.15850179]), 8)
```

웹 페이지 W_3의 인기가 높아진 만큼 사용자가 W_3을 찾을 가능성이 커졌으므로 W_3의 페이지랭크는 상승한다. 보다시피 페이지랭크는 기존 `0.105`에서 `0.276`으로 상승했다.

이 단원에서는 추이확률 행렬을 입력받아서, 각 웹 페이지의 페이지랭크를 같은 비율로 초기화하고, 안정된 상태의 페이지랭크 및 수렴까지 소요된 반복 횟수를 반환하는 페이지랭크 알고리즘을 실제로 구현했다.

다음 단원에서는 훨씬 더 큰 규모의 문제에 대해 구현 결과가 얼마나 잘 동작하는지 확인할 것이다.

실제 데이터에 알고리즘 적용

페이지랭크 알고리즘의 파이썬 코드를 대규모 데이터에 적용해 보자. 코넬대학교의 J. Kleinberg가 웹 크롤링해서 공유한 데이터세트를 사용하여 `California`라는 단어가 포함된 웹 페이지를 찾고자 한다. 이 데이터세트는 다음 형식의 텍스트 파일이다:

```
Type Source Destination
n 0 http://www.berkeley.edu/
n 1 http://www.caltech.edu/
…
n 9663 http://www.cs.ucl.ac.uk/external/P.Dourish/hotlist.html
e 0 449
e 0 450
…
e 9663 7907
```

앞부분은 `California`라는 단어가 들어간 9,664개의 웹 페이지이며, 나머지는 이 9,664개 웹 페이지의 "인터넷"을 나타내는 그래프에 대한 인접리스트이다. 예를 들어, 다음 행을 보자:

```
e 0 449
```

이는 웹 페이지 0이 웹 페이지 449로 향하는 링크를 가지고 있음을 뜻한다. 이 데이터세트에 대한 페이지랭크를 구현하려면 인접행렬을 만들어야 한다.

파이썬 코드를 사용하여 이 데이터 파일을 pandas 데이터프레임에 읽어 들이고 출력해 보자:

```
# pandas 라이브러리를 가져오기
import pandas

# txt 파일을 데이터프레임에 읽어 들이기
data = pandas.read_csv("California.txt", delimiter=' ')

# 데이터프레임을 출력
data
```

출력은 다음과 같다:

```
        Type   Source Destination
0       n      0      http://www.berkeley.edu/
1       n      1      http://www.caltech.edu/
2       n      2      http://www.realestatenet.com/
3       n      3      http://www.ucsb.edu/
4       n      4      http://www.washingtonpost.com/...
...     ...    ...    ...
25809   e      9663   1806
25810   e      9663   266
25811   e      9663   7905
25812   e      9663   70
25813   e      9663   7907

25814 rows × 3 columns
```

다음으로, 데이터를 전처리한다. 즉, 인접리스트만 추출해서 첫 번째 열에 있는 모든 e 문자를 삭제하고 나머지 숫자 부분을 NumPy 배열로 변환하여 정수로 저장한다:

```
# 데이터를 전처리하기

# 'e' 타입의 행만 선택하기
adjacencies = data.loc[data['Type'] == 'e']

# 'Type' 열을 버리기
adjacencies = adjacencies.drop(columns = 'Type')

# 인접리스트를 NumPy 배열로 변환하기
adjacencies = adjacencies.to_numpy()

# 인접리스트의 값을 정수로 변환하기
adjacencies = adjacencies.astype('int')

# 인접리스트를 출력
print(adjacencies)
```

출력은 다음과 같다:

```
[[   0  449]
 [   0  450]
 [   0  451]
 ...
 [9663 7905]
 [9663   70]
 [9663 7907]]
```

그다음, 인접리스트를 인접행렬로 변환한다:

```
# 인접리스트를 인접행렬로 바꾸기

# 웹 페이지의 개수를 알아내어 행렬 A를 초기화
N = numpy.max(adjacencies) + 1
A = numpy.zeros([N, N])

# 인접리스트의 행을 대상으로 반복하기
for k in range(adjacencies.shape[0]):
    # 인접한 꼭짓점 번호를 알아내기
    i, j = adjacencies[k,]

    # 인접행렬에 1을 설정하기
    A[i, j] = 1
```

다음으로, 진출 링크를 의미하는 각 1을 그 웹 페이지에서의 진출 링크 총합[2]으로 나누어, 인접행렬 A를 추이확률 행렬로 변환한다. 즉, 각 행을 행의 총합으로 나눈다.

```
# A를 추이확률 행렬로 변환하기

# A의 행마다 1의 개수를 모두 더하기
rowSums = A.sum(axis = 1)[:,None]

# A의 각 성분을 각 행의 rowSums으로 나누기
A = numpy.divide(A, rowSums, where = rowSums != 0)
```

2 numpy의 sum 함수에서 행의 값을 합하려면 axis=1로 설정하고, 열의 값을 합하고 싶으면 axis=0으로 설정한다. 일반적인 행과 열의 순서와 반대라 혼동하기 쉽다.

다음으로, 이 추이확률 행렬에 대해 페이지랭크 알고리즘을 실행한다:

```
# 페이지랭크 알고리즘을 실행하기
v, i = PageRank(A)

# 안정 상태의 페이지랭크 벡터와 반복 횟수를 출력
print(v)
print(i)
```

출력은 다음과 같다:

```
[2.79688870e-05 6.29671046e-06 2.06171425e-07 ... 9.48337601e-08
 9.48337601e-08 9.48337601e-08]
14
```

보는 바와 같이, $9{,}664 \times 9{,}664$ 차원의 이 거대한 추이확률 행렬을 14회 반복하여 처리하면 안정된 상태의 페이지랭크 벡터로 수렴한다.

그런 다음, 페이지랭크를 내림차순으로 정렬하고, 정렬된 리스트의 인덱스를 저장한다:

```
# 페이지랭크를 오름차순으로 정렬하기
ranks = numpy.argsort(v)

# 페이지랭크를 내림차순으로 정렬하기
ranks = numpy.flip(ranks)
```

다음, `California`라는 단어가 포함된 상위 10개 웹 페이지를 반환해 보자[3]:

3 깃허브의 코드는 append를 사용하여 데이터프레임에 웹 페이지를 추가하지만, pandas 2.0.0

```
# 상위 웹 페이지의 URL을 반환하기
rankedPages = pandas.DataFrame(columns = ['Type', 'Source',
'Destination'])

# 톱10 웹 페이지를 추가하기
for i in range(10):
    row = data.loc[(data['Type'] == 'n') & (data['Source'] ==
ranks[i])]
    rankedPages = pandas.concat([rankedPages, row])

# 톱10을 표시하기
rankedPages.drop(columns = ['Type', 'Source'])
```

출력 화면의 캡처 결과는 다음과 같다:

	Destination
4391	http://search.ucdavis.edu/
1488	http://www.ucdavis.edu/
997	http://www.gene.com/ae/bioforum/
2408	http://www.lib.uci.edu/
8051	http://vision.berkeley.edu/VSP/index.shtml
1489	http://www.uci.edu/
718	http://www.students.ucr.edu/
211	http://spectacle.berkeley.edu/
17	http://www.calacademy.org/
4795	http://www.scag.org

그림 11.7 "California"라는 단어를 포함하면서, 페이지랭크 순으로 정렬된 상위 10개 웹 페이지

이후부터는 append를 지원하지 않는다. 대신 본문의 코드처럼 concat 함수를 사용하면 된다.

이 결과는 상당히 수긍이 간다. 단순히 `California`라고 자주 언급하는 웹 페이지들을 반환하는 것이 아니라, 이 웹 사이트는 모두 캘리포니아에서 유명한 단체이다. 대부분의 웹 사이트는 캘리포니아주립대학교 시스템에 속한 대학들과 관련이 있으며, 이 대학 모두가 다른 많은 웹 페이지로부터 링크된 상당히 큰 대학들이다. 마지막 사이트는 Southern California Association of Governors이다. 이는 대량의 공공 데이터를 제공하는 광역도시계획을 위한 기관으로, 많은 웹 페이지가 링크할 가능성이 높다.

지금까지 페이지랭크 알고리즘을 파이썬으로 구현하여 실제 검색 예제에 적용했다. 놀랍게도 일반적인 PC에서 몇 초 만에 매우 빠르게 수렴하였다.

요약

이 장에서는, 1990년대 후반에 미래의 구글 설립자들과 스탠포드대학교 동료들에 의해 개발된 페이지랭크 알고리즘에 대해 배웠다. 사용자 검색과 관련성이 훨씬 더 높은 웹 페이지를 리스트의 맨 위에 표시할 수 있도록 검색 결과를 정렬하는 효과적인 방법을 제공함으로써 검색 엔진의 세계에 혁신을 가져왔다.

우리는 페이지랭크 이전에 검색 엔진이 어떻게 작동했는지, 나름 어떤 혁신이 있었는지, 여전히 어떤 단점이 있었는지 리뷰하는 내용으로 이야기를 시작했다.

그런 다음, *5장. 이산확률의 기본원리*에서 소개한 5개 웹 페이지로 이루어진 자그마한 "인터넷"에 대해 페이지랭크 갱신을 딱 한 번 적용하는 주제로 넘어갔다. 공식을 일일이 손으로 계산하는 대신, 행렬 계산식을 작성하였고 앞 장의 결과와 동일한 결과를 얻음을 보여주었다. 또한 페이지랭크 벡터가 안정된 상태로 수렴될 때까지 페이지랭크 계산을 반복 실행한다는 걸 배웠다. 수렴 여부를 알 수 있을 때까지 여러 번 갱신을 실행했다.

그다음 단원에서는 페이지랭크 알고리즘을 훨씬 더 나은 파이썬 코드로 구현했는데, 이 알고리즘은 반복 루프를 사용하여 수렴을 자동으로 감지했다. 유클리드 노름을 사용하여 연이은 반복 사이에 페이지랭크 벡터가 충분히 유사한지 판단하였다. 다음으로, 우리의 작은 "인터넷"에 있는 웹 페이지 중 하나가 입소문이 나서 다른 웹 페이지로부터의 링크가 누적되는 시나리오를 고려했다. 이때 이 웹 페이지의 페이지랭크는 증가하는데 그 이유는 사용자가 도착할 지점일 가능성이 높기 때문이다.

마지막으로, `California`라는 단어를 포함하는 9,664개 웹 페이지의 대규모 실제 데이터세트와 한 웹 페이지에서 다른 웹 페이지로의 링크를 나타내는 인접리스트를 도입했다. 데이터를 사전 처리하여 인접리스트를 인접행렬로 변환하였다. 또한 인접행렬을 추가 처리하여 추이확률 행렬로 만들고 이 대규모 예제를 대상으로 페이지랭크 알고리즘을 실행했다. 실행은 빠르게 수렴하였고 저명한 웹 사이트를 상위에 올림으로써 매우 직관적인 결과를 낳았다.

이 책의 다음 장이자 마지막 장에서는 데이터의 차원을 줄이는 방법인 주성분 분석(principal components analysis, PCA)에 대해 알아본다. 이 방법은 머신러닝에서 상당히 중요하다.

CHAPTER 12
Scikit-Learn을 사용하는 주성분 분석

이 장에서는 어떤 변수들이 데이터의 강력한 패턴을 가장 잘 설명하는지를 밝히기 위하여 대규모 데이터세트의 차원수[1]를 줄이는 핵심 머신러닝 기술인 **주성분 분석**(principal components analysis, **PCA**)에 대해 배운다. 먼저, 직교기저와 직교행렬[2]에 대한 수학적 개념을 소개한다. 그런 다음, PCA 방법을 설명하고 scikit-learn 라이브러리를 이용한 구현을 살펴볼 예정이다. 마지막으로, PCA를 실제 데이터에 적용하기로 한다.

이 장에서는 다음 주제를 다룬다:

- 고윳값, 고유벡터, 직교기저의 이해
- 데이터세트의 차원 축소를 위한 PCA 접근법

1 피처의 개수, 즉 산점도에서 축의 개수

2 간단히 말하면, 직교기저는 특정 차원 공간에 있는 모든 점의 좌표를 정의하는 데 쓰는 특별한 벡터로, 좌표축과 동일시해도 무방하다. 직교행렬은 직교기저의 모임이다. 예를 들어, 2차원 공간에 있는 모든 점의 좌표는 x축과 y축에 해당하는 2개의 직교기저를 이용하여 정의할 수 있다.

- scikit-learn을 이용한 PCA 구현
- 실제 데이터에 PCA 적용

이 장을 끝내면, PCA에 숨어 있는 직관과 수학을 배우게 된다. 또한 scikit-learn 라이브러리를 이용하여 PCA를 구현하는 방법을 배우고 실제 데이터세트에 적용할 수 있게 된다.

> **주의할 점**
> 이 장의 컬러 이미지를 참조하려면 머리글에서 소개한 링크를 따라 이동하십시오.

고윳값, 고유벡터, 직교기저의 이해

이 단원에서는 고윳값(eigenvalue), 고유벡터(eigenvector), 직교기저(orthogonal basis) 등 PCA 막후에 감춰진 수학적 개념에 대해 배운다. 또한, 주어진 행렬의 고윳값과 고유벡터를 구하는 방법을 배운다.

실제 머신러닝 문제의 상당수는 때로는 수백만 개에 이를 정도로 많은 피처 변수를 써서 작업해야 한다. 이 방대한 크기로 인해 데이터 저장이 힘들 뿐만 아니라 머신러닝 모델의 학습 속도가 느려져 최적의 해답을 찾기 어렵다. 또한, 데이터를 과적합시킨 모델을 생성할 가능성도 있다. 이러한 문제점은 머신러닝 분야에서 차원의 저주라고 불린다.

차원의 저주에 대한 해결책은 대규모 피처 변수를 가진 데이터세트의 차원수를 줄이는 것이다. 예제 데이터세트인 `pizza.csv`를 사용하여 이 개념을 이해해 보자. 이 데이터세트는 7개의 피처 변수와 300개의 관측값을 포함한다. 피자가 10개 회사(A, B, C, D, E, F, G, H, I, J)에서 생산되므로 이 데이터세트는 10개의 유형으로 분류된다. 세부 설명을 포함한 원본 데이터세트는 `https://www.kaggle.com/shishir349/can-pizza-be-healthy`에서 찾을 수 있다.

데이터세트의 열은 다음과 같다:

- brand: 피자 상표의 이름
- moisture: 피자 100g당 수분 함량
- protein: 피자 100g당 단백질 함량
- fat: 피자 100g당 지방 함량
- ash: 피자 100g당 회분 함량
- sodium: 피자 100g당 나트륨 함량
- carbohydrates: 피자 100g당 탄수화물 함량
- calories: 피자 100g당 열량

먼저 데이터세트를 가져오자. 그런 다음에, PCA를 적용하여 서로 다른 피자 회사에서 생산하는 피자마다 얼마나 영양소 함량이 다른지 확인할 계획이다:

```
import pandas as pd
dataset = pd.read_csv('pizza.csv')
dataset.head()
```

앞 코드를 실행하면 다음 표를 얻는다:

Brand	Moisture	Protein	Fat	Ash	....
A	27.82	21.43	44.87	5.11	....
A	28.49	21.26	43.89	5.34	....
A	28.35	19.99	45.78	5.08	....
A	30.55	20.15	43.13	4.79	
....	....	....	....	....	....

그림 12.1 피자 데이터세트의 피처 변수

이 예에는 7개의 피처 변수가 존재한다. 이는 작은 숫자인 듯 보이지만, 서로 연관 있는 변수를 다수 포함할 수 있으며(*그림 12.2*) 그 결과, 큰 가치를 더해주지도 않으면서

변수 개수만 늘어나게 된다. 이런 피처를 하나 이상 삭제하거나 입력 변수들을 결합하면 차원이 줄어들어 문제를 보다 다루기 쉬워진다. 이를 피처 제거(feature elimination)[3]라고 한다. 이 방법의 단점은 제거된 변수가 모델에 제공할 수도 있는 이점을 모두 잃어버린다는 거다. 다음은 데이터프레임의 모든 두 열 사이 상관관계를 찾아준다:

```
dataset.corr(numeric_only=True)
```

이 코드는 다음 그림과 같은 상관행렬(correlation matrix)을 생성한다:

	Moisture	Protein	Fat	Ash	....
Moisture	1.000	0.360	-0.171	0.266	....
Protein	0.360	1.000	0.498	0.824	....
Fat	-0.171	0.498	1.000	0.792	....
Ash	0.266	0.824	0.792	1.000	
....	....	....	....	....	....

그림 12.2 피자 데이터세트의 상관행렬

상관행렬은 정사각행렬이면서 대칭행렬이다. 또한, 대각선을 따라 값이 1인데, 이는 각 변수가 자신과는 완벽한 상관성을 가지고 있음을 나타낸다. 상관계수가 1이면 두 변수는 양의 상관 관계가 매우 높음을 의미하고, 상관계수가 −1이면 한 값이 증가할 때 다른 값이 감소하고 그 반대도 성립하는 음의 상관 관계가 있음을 나타낸다[4]. 일반적으로 상관계수가 1인 변수는 찾기 어렵기 때문에 1 또

3 피처 선택(feature selection)이라고도 한다.

4 상관행렬의 성분이 양수이면 두 변수가 양의 상관 관계를, 음수이면 음의 상관관계를 가지며, 0이면 상관관계가 없음(uncorrelated)을 의미한다. 주의할 점은 상관관계는 선형 관계만 따진다는 것이다. 상관관계가 강할수록 관측점들이 직선에 가깝게 모여 있고 상관관계가 약할수록 직선에서 멀리 흩어져 분포된다. 하지만, 선형 관계가 아닌 2차 이상의 다항 관계나 로그/지수 관계 등은 고려하지 않는다. 그러므로 상관관계가 없어도 즉, 상관계수가 0이어도 두 변수가 독립이라는 보장은 없다.

는 −1에 가까울수록 관계가 강해지고 그 반대도 마찬가지다.

이 행렬의 행과 열은 같은 변수로 이루어져 있으며, 데이터세트의 각 변수가 다른 변수와 어떻게 상관되는지 보여준다. 예를 들어, 단백질과 회분 함량 사이의 상관계수는 0.824이며, 이는 두 함량 사이에 양의 상관관계가 매우 크다는 점을 보여준다. 이것은 어떤 피자의 단백질 함량이 더 높다면, 회분 함량도 더 높을 가능성이 크다는 걸 의미하고, 그 반대도 마찬가지다.

또 다른 차원 축소 방법은 데이터세트에 대한 피처 추출(feature extraction)을 하는 것이다. 이 방법에서는 주어진 독립 피처 변수를 조합[5]하여 새로운 피처 변수들[6]을 만든다. 그런 다음, 원래 데이터세트의 분산을 얼마나 잘 담아내는지에 따라서 새로운 피처 변수에 순위를 매긴다. 여기에서, 새 피처 변수 중 덜 중요한 변수를 제외하고 일부만 선택하더라도 원래 피처 변수의 중요한 부분을 여전히 유지하는 게 가능하다. PCA는 이러한 용도로 사용되는 피처 추출 알고리즘이다.

따라서 차원 축소의 목표는 데이터세트에 대해 가능한 한 많은 정보를 보존하면서 피처 변수의 수를 줄이는 것이며, 이는 자연스럽게 정확도를 희생시킬 수밖에 없다. 차원 축소는 정확도를 약간 낮추는 대신 머신러닝 모델의 단순성을 증가시키는 일이라고 요약할 수 있다.

이제 우리는 높은 차원으로 인해 발생하는 문제들을 잘 이해하고 있고 차원의 수를 줄일 수 있다는 사실도 알았으므로, 이러한 개념들에 대한 수학적 근거를 살펴보기로 한다.

임의의 행렬 A의 고유벡터 v는 매우 특별한 특징을 가진 벡터이다. 고유벡터에 행렬 A를 곱하면 *그림 12.3*과 *그림 12.4*에 표시된 것처럼 원래 방향(행렬 곱셈 이전에 벡터가 처음 가리켰던 방향)을 유지하면서 곱셈은 고유벡터를 스칼라값만큼 줄이거나 늘릴 수 있으며 뒤집을 수도 있다. 고유벡터가 줄거나 늘어나게

5 선형결합

6 이를 주성분이라 한다. 산점도의 새로운 좌표축에 해당한다.

만드는 이 스칼라값을 고윳값이라고 한다. 수학적으로 나타내면 다음과 같다:

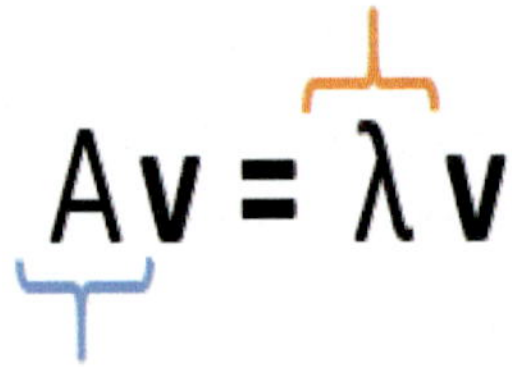

그림 12.3 고유벡터와 고윳값에 대한 수학적 표현

앞의 방정식을 풀면, A의 고윳값 및 그에 대응하는 고유벡터를 구할 수 있다. 고윳값과 고유벡터를 구하기 위해 풀어야 할 방정식은 다음과 같다:

$$Av = (\lambda I)v$$
$$(A - \lambda I)v = 0$$

여기서 I는 항등행렬이고 v는 영벡터[7]가 아니다.

$(A - \lambda I)$가 특이행렬(singular matrix)인 경우에만 영벡터가 아닌 해가 존재하며, 이는 $(A - \lambda I)$의 행렬식 $det(A - \lambda I)$가 0이 되어야 함을 의미한다[8]. 따라서, A의 고윳값은 다항식 $det(A - \lambda I) = 0$의 해이다. 고윳값의 개수는 차원의 수와 같거나 적다. *그림 12.4*는 2차원 X-Y 좌표 평면에서 벡터 v를 보여준다:

$$\mathrm{v} = \begin{bmatrix} 1 \\ 1 \end{bmatrix}$$

7 모든 성분이 0인 벡터

8 $(A - \lambda I)$의 역행렬이 존재하면 고유벡터가 항상 영벡터가 되어야 하므로 고유벡터의 조건에 맞지 않는다. 6장에서 살펴본 바와 같이 역행렬을 갖지 않는 행렬을 특이행렬이라 하며 특이행렬의 행렬식은 0이다.

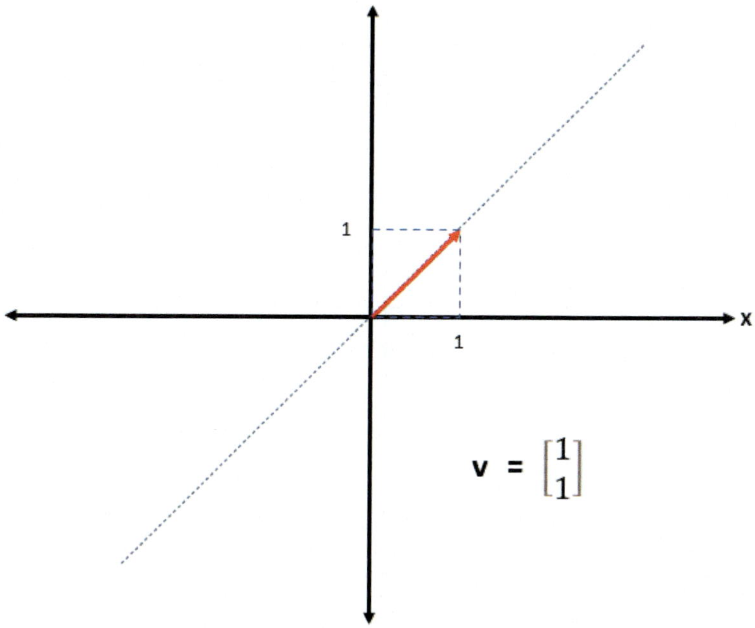

그림 12.4 2차원 공간의 벡터

이제, 벡터 v에 변환 A를 적용해 보자:

$$\mathrm{A} = \begin{bmatrix} 1 & 1 \\ 1 & 1 \end{bmatrix}$$

$$\mathrm{Av} = \begin{bmatrix} 1 & 1 \\ 1 & 1 \end{bmatrix}\begin{bmatrix} 1 \\ 1 \end{bmatrix} = \begin{bmatrix} 2 \\ 2 \end{bmatrix} = 2\begin{bmatrix} 1 \\ 1 \end{bmatrix} = \lambda \mathrm{v}$$

앞의 계산에서, A를 곱하면 벡터 v의 길이가 두 배가 된다는 걸 알 수 있지만, *그림 12.5*에 나타난 바와 같이 방향은 변하지 않는다:

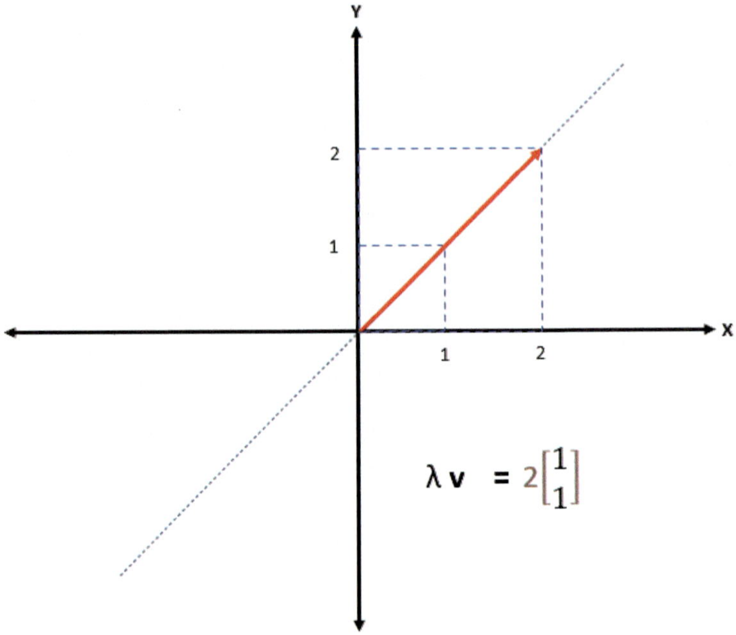

그림 12.5 변환 이후의 벡터

따라서 고윳값은 2이고 고유벡터는 $\begin{bmatrix}1\\1\end{bmatrix}$이라고 말할 수 있다. 이러한 고윳값과 고유벡터에 대한 개념은 더 높은 차원에서도 마찬가지로 적용된다.

파이썬을 사용하여 행렬 A의 고윳값과 고유벡터를 찾아보자:

$$\mathrm{A} = \begin{bmatrix}3 & 1\\1 & 3\end{bmatrix}$$

이 행렬의 고윳값과 고유벡터를 찾는 코드는 다음과 같다:

```
import numpy as np
A = np.array([[3,1], [1,3]])
l, v = np.linalg.eig(A)
print("The eigenvalues are:\n ",l)
print("The eigenvectors are:\n ", v)
```

이 코드를 실행하면 고윳값 및 그에 상응하는 고유벡터[9]를 출력한다:

```
The eigenvalues are:
 [4. 2.]
The eigenvectors are:
 [[ 0.70710678 -0.70710678]
 [ 0.70710678  0.70710678]]
```

앞의 예제를 거치면서, 다음과 같은 매우 중요한 질문을 던졌을지도 모르겠다. 왜 벡터들을 변환해야 하는가? 변환이 중요한 이유는 단순히 좌표축을 회전시킴으로써 데이터를 더 이해하기 쉬운 좌표계로 만들 수 있기 때문이다[10].

이제 직교기저가 무엇인지 이해해 보자. 이 단원을 마치면 차원 축소를 위한 PCA를 수행하는 과정에서 도움이 될 기초를 갖추게 될 거다.

d-차원 공간의 **표준기저**(standard basis)는 다음과 같은 벡터의 집합이다:

$$\mathbf{e}_1 = \begin{bmatrix} 1 \\ 0 \\ \vdots \\ 0 \end{bmatrix}, \mathbf{e}_2 = \begin{bmatrix} 0 \\ 1 \\ \vdots \\ 0 \end{bmatrix}, \ \ldots, \mathbf{e}_d = \begin{bmatrix} 0 \\ 0 \\ \vdots \\ 1 \end{bmatrix}$$

9 행렬마다 고윳값은 명확하게 결정된다. 하지만, 한 고윳값에 대한 고유벡터는 무수히 많다. 예를 들어, v가 고윳값 λ에 대한 고유벡터이면 모든 cv(단, c는 0이 아닌 임의의 상수) 역시 λ에 대한 고유벡터가 된다. 일반적으로, 벡터의 방향에 집중하기 위해서 길이가 1 즉, 유클리드 노름이 1인 벡터(단위벡터)를 고유벡터로 삼는다. 벡터 정규화(vector normalization)를 통해 한 벡터에 대한 단위벡터를 쉽게 구할 수 있다.

10 행렬에 벡터를 곱하면 다른 벡터로 사상된다. 따라서, 행렬에 모든 벡터를 곱하면 원래의 벡터 공간이 새로운 벡터 공간으로 사상된다. 따라서, 행렬은 (선형) 변환이다. 한편, PCA는 주어진 피처 변수에서 새로운 피처 변수를 조합한다. 기하학적으로 말하면 원점을 유지한 채로 기존 좌표축을 회전시켜 새로운 좌표축으로 바꾸는 것이며, 벡터 공간의 변환이 발생한다. 그러므로 축 회전과 동등한 결과를 가져오는 좌표변환 행렬을 벡터(데이터)와 곱하면 새 좌표계에서 데이터를 표현할 수 있다.

d-차원 공간에 있는 임의의 점 $(c_1, c_2, \ldots, c_d)$는 표준기저를 이용하여 다음과 같이 나타낼 수 있다:

$$\begin{bmatrix} c_1 \\ c_2 \\ \vdots \\ c_d \end{bmatrix} = c_1\mathbf{e}_1 + c_2\mathbf{e}_2 + \cdots + c_d\mathbf{e}_d$$

이 식을 벡터 $e_1, e_2, \ldots, e_d$의 선형결합(linear combination)이라 한다. 일반적으로, d-차원 공간의 모든 점을 선형결합으로 구성할 수 있는 임의의 d개 벡터를 기저라고 한다.

PCA의 아이디어는 더 효율적으로 점을 표현하기 위해서 기저를 변경하는 것이지만, 아무 기저나 사용할 수는 없다. 표준기저는 다음 두 가지 특별한 성질을 갖는다:

- **특성1 (단위 길이)**: 모든 기저벡터의 길이는 1이다:

$$\| \mathbf{e}_i \| = \sqrt{\mathbf{e}_i \cdot \mathbf{e}_i} = 1$$

- **특성2 (직교)**: 각 기저벡터는 다른 모든 기저벡터와 직교한다[11]. 즉, $i \neq j$이면 다음을 만족해야 한다:

$$\mathbf{e}_i \cdot \mathbf{e}_j = 0$$

위 두 가지 특성을 갖는 기저를 공간의 정규직교기저(orthonormal[12] basis)라고 한다. PCA의 아이디어는 좌표축을 대표하는 기저를 표준기저에서 공분산 행렬의 고유벡터로 구성된 특별한 정규직교기저로 변경하려는 것이다[13]. 이 기저가 특별한 이유는 데이터를 표현함에 있어, 고윳값을 사용하여 고유벡터 중요도에 순위를 매길 수 있기 때문이다. 이를 통해 데이터에 영향이 적은 벡터를 기저에

11 두 벡터가 직교하면 두 벡터의 내적은 0이다. 역도 성립한다.

12 orthogonal(직교)과 normal(정규)의 합성어이다.

13 표준기저의 각 벡터는 각 좌표축의 단위벡터이다. 표준기저는 행렬이므로 이를 변경하는 것은 좌표계를 바꾼다는 말이다. 결국 PCA의 핵심은 새로운 좌표계에 대한 기저를 찾는 것이다.

서 삭제함으로써 기저의 개수 즉, 차원을 줄일 수 있다.

이 단원에서는 고윳값, 고유벡터, 직교기저와 같은 수학적 기초에 대해 배웠는데, 다음 단원에서 PCA를 통한 차원 축소를 이해하는 데 사용할 예정이다.

차원 축소를 위한 주성분 분석 접근법

이 단원에서는 PCA의 일반적인 개념에 대해 알아보고, 우리의 데이터세트를 대상으로 PCA 수행 단계를 살펴보려 한다.

PCA는 선형대수의 개념을 사용하여 d-차원 공간에서 정의된 피처 변수 행렬 X의 행[14]을 $r < d$인 r-차원 공간으로 매핑함으로써 데이터의 차원을 줄이는 방법이다. 그 결과로 얻은 새로운 축 즉, 주성분을 활용하여 데이터를 더 잘 이해할 수 있다.

이전 단원에서 피처 제거와 피처 추출이라는 두 가지 차원 축소 방법이 있다는 걸 배웠다. PCA는 후자의 범주에 속한다. 모든 입력변수의 가치 있는 부분은 여전히 보유하되 (PCA를 수행한 후 생성된 새로운 피처 변수 중) 덜 중요한 변수를 제외하는 방식을 써서 입력 피처 변수들을 조합한다. 또한 PCA를 수행하여 만들어진 새로운 피처 변수는 서로 독립이다[15].

입력 피처 변수를 셋업하는 데 있어 PCA 적용 여부를 어떻게 결정하면 될까? 이는 PCA를 시작하기 전에 대답해야 할 중요한 질문이다.

- 많은 변수를 다루고 있는 상황에서, 변수를 줄이려고 하지만 어떤 변수가 덜 중요한 변수인지 확신할 수 없는 경우 PCA를 고려하는 게 좋다.
- PCA는 기존 변수의 조합으로 새 피처 변수를 생성하기 때문에 PCA를 적용하고 나면 새 변수를 해석하는 데 어려움이 있다.

14 각 행은 하나의 관측값 즉 점에 해당한다.

15 변수가 서로 독립이면 서로 겹치지 않는 정보를 갖고 있다는 뜻이다.

- PCA는 서로 선형적으로 독립인 변수를 생성하므로 선형회귀분석과 같은 선형 모델을 데이터세트에 더 쉽게 적용할 수 있다[16].

PCA에 대해 자세히 살펴보기 전에 먼저 시각적으로 이해해 보자. 주성분을 찾는 과정은 정규화하지 않은 상관행렬인 공분산 행렬로부터 시작한다[17]. 그런 다음, 이 공분산 행렬의 고윳값과 고유벡터를 구한다. 이를 통해 가장 중요한 방향(주방향)이 무엇인지 그리고 그 방향이 얼마나 중요한지에 대한 아이디어를 얻을 수 있다. 즉, 고윳값이 큰 고유벡터가 더 중요시되며, 이에 따라 가장 중요한 벡터에서 가장 중요하지 않은 벡터의 순으로 순위가 매겨진다.

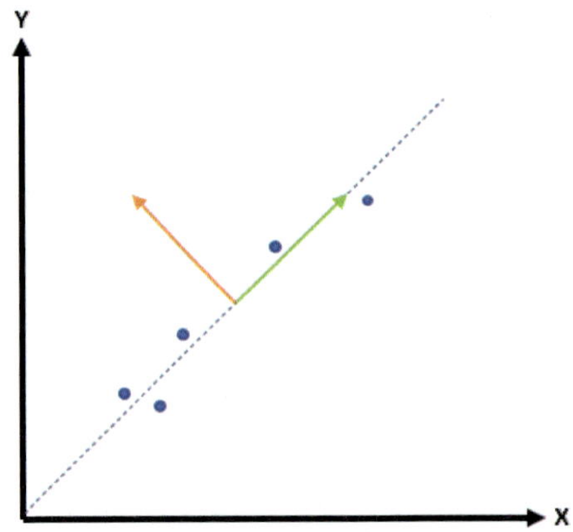

그림 12.6 원래 입력 피처 변수

16 회귀분석에서는 다중 공선성(multicollinearity) 문제를 반드시 해결해야 한다. 다중 공선성이란 회귀분석모델의 독립변수 간에 높은 상관관계가 있어서 데이터 분석 시 부정적인 영향을 미치는 현상(예를 들어, 회귀분석 부정확도 상승, 모델 설명력 하락)을 말한다. 상관행렬로 다중 공선성을 판단할 수 있으며, PCA를 이용하여 데이터세트를 전처리하면 다중 공선성 문제를 해결할 수 있다.

17 공분산 행렬은 상관성의 방향과 크기 정보를 포함한다. 공분산은 직관적으로 "두 변수의 값들이 두 축을 따라 함께 퍼져있는 정도"이다. 즉, 얼마나 데이터의 변동(퍼짐)이 닮았나를 나타낸다. 또한, 대각선 성분은 "한 변수의 값이 한 축을 따라 퍼져있는 정도" 즉, 그 변수의 분산이다. 따라서 대각선의 합은 모든 변수의 분산을 합한 값이다.

예제 데이터세트의 산점도가 *그림 12.6*과 같다고 하자. 관측점들이 정렬된 모습을 보면 녹색과 주황색의 두 가지 주방향이 있다. 보다시피 데이터의 분산은 주황색 방향에 비해 녹색 방향에서 더 크기 때문에[18] 녹색 방향이 더 중요하다.

*그림 12.7*과 같이 이러한 주방향에 맞춰서 데이터를 변환할 수 있다면 데이터세트를 더 쉽게 다룰 수 있을 거다. 이제 녹색과 주황색 방향을 x축과 y축에 맞춰 조정하면 데이터도 변환된다. 명심해야 할 중요한 점은 주방향이 서로 직교한다는 사실이다[19]:

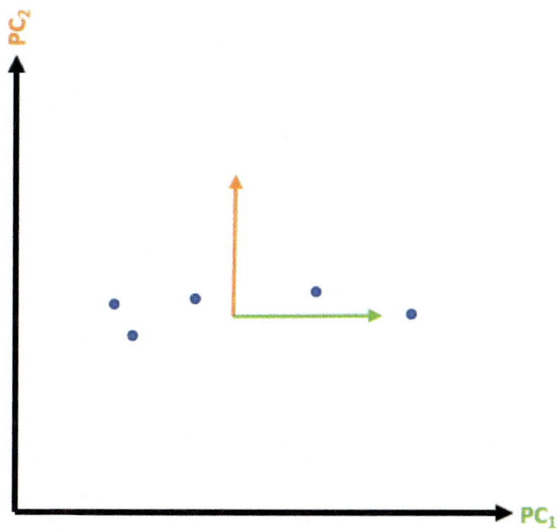

그림 12.7 PCA에 의한 변환 이후의 원래 입력 피처 변수

18 축의 분산은 그 축에 내린 모든 관측점의 정사영을 널리 퍼지게 만드는 정도를 말한다. 따라서 관측점들을 주방향 벡터에 내린 정사영이 멀리 흩어질수록 분산이 크다. 분산이 커질수록 데이터의 변별력도 당연히 커진다.

19 더 정확히 얘기하자면 데이터세트를 정사영했을 때 분산이 가장 큰 축을 첫 번째 주방향(주성분)으로 선택하고, 첫 번째 주방향과 직교하면서 분산이 두 번째로 큰 축을 두 번째 주방향(주성분)으로 선택한다. 이를 일반화하면 이전 i-1개의 주방향(주성분)과 모두 직교하면서 분산이 i-번째로 큰 축을 i-번째 주방향(주성분)으로 선택한다. 축이 서로 직교가 되지 않으면 나중에 선택된 축이 이미 선택된 축의 성분을 포함하므로 이미 선택된 축이 표현하지 못하는 분산의 방향 정보를 온전히 반영하지 못한다.

이 예는 2차원이지만 더 높은 차원에도 같은 원리가 적용된다는 점을 명심해야 한다. PCA는 데이터세트를 더 낮은 차원에 정사영시키면서도 원래 변수에 담긴 대부분의 세부 정보를 보존하려는 방법이기 때문에 고차원의 데이터세트를 다룰 때 더욱 중요해진다.

이제 PCA를 좀 더 수학적으로 엄밀하게 살펴보자. d-차원(열)과 n개의 행을 가진 데이터세트가 있다고 가정하자. 여기서 각 열은 독립변수에 해당한다:

- **1단계**: 여러 피처 변수의 범위 폭이 서로 다르다면, PCA를 진행하기 전에 데이터세트를 표준화하는 것이 중요하다[20]. 그 결과, 변수의 평균이 0이고 분산이 1이 된다[21]. 변수 정규화를 위한 수식은 다음과 같다:

  $$x(normalized) = \frac{(x - \overline{d_i})}{S_i}$$

  여기서 x은 원래 데이터값, $\overline{d_i}$와 S_i는 각각 관련 피처 변수의 평균과 표준편차이다.

  전체 데이터세트(모든 피처 변수)에 대해 이러한 정규화를 적용해야 한다. 정규화된 행렬을 C라 하자.

- **2단계**: 이 단계에서 행렬 C의 전치를 구하여 C^TC를 계산한다. 이렇게 생성된 행렬을 **공분산 행렬**(covariance matrix)이라고 한다. 공분산 행렬은 데이터세트의 모든 변수가 서로서로 어떻게 연관되어 있는지 보여준다. 공분산 행렬은 상관행렬과 유사하지만, 각 성분이 -1과 1 사이의 범위로 국한되지는 않는다.

- **3단계**: 이전 단원에서 해본 것처럼 공분산 행렬의 고윳값과 고유벡터를 계산한다[22]. 대각선을 따라 고윳값을 가지되 다른 모든 성분이 0인 대각 행렬

---

20 단위나 범위의 차이로 인하여 특정 피처의 영향이 커지는 것을 방지하기 위함이다. 예를 들어, 자녀수(단위: 명)와 재산(단위: 백만원)이 수명에 미치는 영향을 분석한다고 했을 때, 상대적으로 범위가 넓은 '재산' 피처에 편향될 가능성이 높다.

21 정규화된 데이터가 표준 정규 분포를 따르게 된다. 대부분의 머신러닝 알고리즘은 입력 데이터가 표준 정규 분포를 따를 때 더 좋은 성능을 보이는 경향이 있다.

을 Λ[23]라고 하고, 고유벡터로 이루어진 행렬을 V라고 부르자. V의 고유벡터는 *그림 12.7*에서처럼 새로운 축의 방향을 정의한다[24]. 고윳값은 각 고유벡터의 중요도 및 그 고유벡터 방향으로 어떻게 데이터가 분포하는지를 알려준다.

$$\Lambda = \begin{bmatrix} \lambda_1 & \cdots & 0 \\ \vdots & \ddots & \vdots \\ 0 & \cdots & \lambda_{\mathrm{d}} \end{bmatrix} \qquad \mathrm{V} = \begin{bmatrix} \mathrm{v}_1 & \mathrm{v}_2 & \cdots & \mathrm{v}_d \end{bmatrix}$$

$\lambda_1, \lambda_2, \ldots, \lambda_d$는 고윳값이고, $v_1, v_2, \ldots, v_d$는 행렬 V의 고유벡터이다.

- **4단계**: 고윳값을 내림차순으로 정렬하고 그 순서에 맞춰 고유벡터도 정렬한다. 정렬된 행렬을 각각 Λ^* 및 V^*라 하자.
- **5단계**: 행렬 계산을 수행하여 $C^* = CV^*$를 구한다[25]. 여기서 행렬 C^*의 열 즉, 새 독립변수들은 선형적으로 연관성이 없다. 그렇지만, 새 변수들은 원래 변수들의 선형 결합의 형태이므로 그 의미를 쉽게 해석할 수 있는 건 아니다.

---

22 왜 공분산 행렬의 고윳값과 고유벡터를 구할까? 그 이유는 데이터세트를 가장 잘 설명하는 정규직교기저가 바로 공분산 행렬의 고유벡터이기 때문이다. 이는 수학적으로 증명이 가능하나 라그랑주 승수법(Lagrange multiplier method)과 편미분 등을 이용해야 하므로 이 책의 범위를 넘어 생략한다. 다만 직관적으로 간단히 살펴보자. 행렬은 변환이므로 행렬의 고유벡터는 변환의 방향을 나타내고 고윳값은 고유벡터 방향으로의 크기를 나타낸다. 행렬과 고유벡터를 곱하면 방향이 바꾸지 않는 이유이다. 그렇다면 공분산 행렬의 고유벡터는 분산의 방향을 나타내고 고윳값은 그 방향으로 얼마나 늘어나는지 즉, 분산의 크기를 나타낸다. 따라서, 공분산 행렬의 고유벡터를 고윳값이 큰 순서대로 정렬하면 분산이 큰 순서대로 주성분을 정렬한 셈이다.

23 λ의 대문자

24 공분산 행렬은 대칭행렬이기 때문에 이의 고윳값은 실수이고 고유벡터는 서로 직교한다는 특성을 갖는다. 따라서, 고유벡터(주성분)는 서로 선형 독립이며 그들 사이의 공분산은 0이다.

25 원래 좌표계의 데이터를 주성분 좌표계의 데이터로 변환하는 계산이다. $C^*_{i,j}$는 i번째 데이터벡터와 j번째 고유벡터의 내적이므로 이는 i번째 데이터벡터를 j번째 고유벡터(주성분)에 정사영한 벡터의 길이 즉, 주성분 좌표계에서 i번째 데이터벡터의 j번째 좌표축 스칼라값이다. 따라서, C^*의 각 행은 주성분 좌표계에서 각 데이터의 좌표가 된다.

- **6단계**: 가장 중요한 단계로, 실제로 사용할 C^*의 주성분 수를 결정해야 한다. 이 결정은 달성하고자 하는 목표를 기반으로 한다. 예를 들어 고차원 데이터세트를 2차원으로 나타내고 싶다면, 가장 중요한 2개의 주성분만 유지해야 한다.

  더 일반적인 결정 방법은 선택한 주성분이 설명하는 분산의 비율을 계산하는 것이다[26]. 주성분이 데이터세트 분산의 90%를 설명할 수 있기를 바란다고 가정하자. 그렇다면, 누적 분산 비율이 임곗값 90%에 이를 때까지 필요한 만큼 주성분을 포함해야 한다.

  분산 비율은 선택한 피처의 고윳값 합계를 모든 피처의 고윳값 합계로 나누면 구할 수 있다. d개의 주성분 중 처음 두 주성분을 선택했다고 가정하면 분산 비율은 다음과 같다[27]:

$$\frac{\lambda_1 + \lambda_2}{\lambda_1 + \lambda_2 + \cdots + \lambda_d}$$

요약하자면, PCA는 고차원 데이터를 더 낮은 차원으로 줄이는 데 사용하며, 머신러닝에 적용하면 모델 학습의 속도를 향상시키고 시각화에 도움을 줄 수 있다. 첫 번째 단원에서 다룬 고윳값, 고유벡터 및 직교기저 개념을 사용하여 여러 단계를 거쳐 데이터세트에 PCA를 적용하였다. 마지막으로, 분산 비율에 대한 개념을 논의했다.

다음 단원에서는 scikit-learn 라이브러리를 사용하여 데이터세트에 PCA를 적용하는 방법에 대해 알아보자.

---

26 각 주성분이 데이터세트의 총분산에서 차지하는 비율을 설명된 분산(explained variance)이라고 하고 나머지 부분을 설명되지 않은 분산(unexplained variance)이라 한다.

27 원래 변수들이 가진 분산의 합은 PCA 수행 후에도 보존되며, 특정 주성분의 분산은 그 주성분의 고윳값과 같다. 가장 큰 고윳값의 고유벡터(주성분)는 전체 분산에서 가장 많이 분산을 보존하며, 두 번째 큰 고윳값의 고유벡터(주성분)는 가장 큰 고윳값의 고유벡터가 보존하지 못하는 나머지 분산에서 가장 많이 보존하며, 나머지 고유벡터(주성분)도 이와 마찬가지 방식으로 분산을 보존한다.

scikit-learn를 이용한 PCA 구현

이 단원에서는 scikit-learn 라이브러리의 PCA 클래스를 사용하여 `pizza.csv` 데이터세트(이 장의 첫 번째 단원에서 다룸)에 PCA를 적용한다.

이전 단원에서 설명한 것처럼, 얼마나 많은 주성분을 사용할지 선택하는 방법에는 두 가지가 있으며, 그 선택은 2차원/3차원 공간에 나타내기 위해 차원을 줄일 건지 또는 특정 비율의 분산을 보존하기 위한 주성분을 사용할 건지에 따라 달라진다.

먼저, 사용하려는 주성분의 수를 선택하는 방식을 구현해 보기로 한다[28]. 7차원 피자 데이터세트를 2개의 주성분으로 축소하자. 그렇게 하면, 10개의 회사에서 생산되는 피자가 영양 성분 측면에서 얼마나 다른지를 고차원에서 비교하고 시각화하는 대신에 2D 산점도로 시각화할 수 있다.

우선 할 일은 데이터세트를 가져와서 브랜드 이름에 해당하는 열을 삭제하는 작업이다. 이를 처리하고 나면 모든 피처 변수가 숫자이므로 크기를 조정하여 정규화할 수 있다. 그런 다음, 피자 브랜드의 이름을 포함하는 `target`이라는 별도의 변수를 만든다:

```
import pandas as pd
dataset = pd.read_csv('pizza.csv')
# 데이터를 표준화하기 전에 "brand"열을 제외하기
df_num = dataset.drop(["brand"], axis=1)

# "brand"열을 별도의 변수로 지정
target = dataset['brand']
```

이제 데이터세트가 제대로 설정되었으므로 변수의 평균을 0, 분산을 1로 만들기 위

28 주성분을 2개로 제한하는 경우와 3개로 제한하는 경우 분산을 보존하는 비율 차이가 미미하다면 주성분을 2개 선택하면 충분하다.

해 데이터세트의 각 열을 정규화한다. scikit-learn 라이브러리의 `StandardScaler`를 사용한다:

```
# 데이터를 정규화 (1단계)
from sklearn.preprocessing import StandardScaler
scaler = StandardScaler()
scaler.fit(df_num)
scaled_data = scaler.transform(df_num)
```

데이터의 값이 조정되었으면 scikit-learn의 `PCA` 클래스를 데이터세트에 적용하여 주성분을 구할 준비가 된 셈이다. 주성분의 수를 2개로 제한하여 나중에 주성분을 2차원 산점도로 표시할 것이다:

```
# PCA를 정규화된 데이터에 적용하기
from sklearn.decomposition import PCA

# 2D로 시각화하기 위해 주성분을 2개로 축소하기
pca = PCA(n_components = 2)
pca.fit(scaled_data)
# 정규화된 데이터세트에 적용하기
scaled_data_pca = pca.transform(scaled_data)
# 원래 데이터세트와 새로운 데이터세트의 모양을 점검하기
print("The dimensions of the original dataset is: ",
scaled_data.shape)
print("The dimensions of the dataset after performing PCA is: ",
  scaled_data_pca.shape)
```

출력은 다음과 같다:

```
The dimensions of the original dataset is:  (300, 7)
The dimensions of the dataset after performing PCA is:  (300, 2)
```

이제 7차원 데이터세트를 2개의 주성분으로 축소했다. 데이터세트의 변동성 즉, 서로 다른 회사에서 생산되는 피자의 영양 성분 차이를 2개의 주성분이 충분히 담아냈는지 확인하기 위해 주성분을 표시하는 작업을 진행할 것이다. matplotlib 라이브러리를 사용하여 다음과 같은 산점도를 출력한다:[29]

```
# 주성분을 축으로 하여 산점도를 나타내기
import matplotlib.pyplot as plt
import seaborn as sns

sns.scatterplot(x = scaled_data_pca[:,0], y = scaled_data_pca[:,1],
  hue = target)
plt.legend(loc="best")
plt.gca().set_aspect("equal")
plt.xlabel("Principal Component 1")
plt.ylabel("Principal Component 2")
plt.show()
```

출력은 다음과 같다:

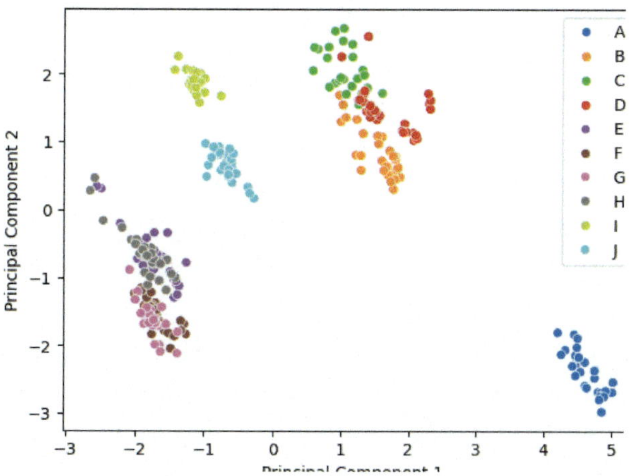

그림 12.8 피자 데이터세트의 주성분

29 깃허브의 코드를 실행하면 최신 sns.scatterplot 함수의 매개변수와 맞지 않아 에러가 발생하므로 이 책의 코드를 실행하길 바란다.

가로와 세로에 첫 번째 주성분과 두 번째 주성분을 표시하였고, 피자 브랜드의 이름인 target 열을 사용하여 관측점에 색상을 지정했다. 일부 중복은 있지만, 여러 피자 회사가 생산하는 피자의 차이를 명확하게 볼 수 있다.

앞서 언급했듯이 PCA의 단점 중 하나는 주성분이 원래 데이터세트를 조합한 것이기 때문에 그림을 해석하기 어렵다는 사실이다.

지금부터는, 원하는 주성분의 수를 지정하는 방식 대신에, 원하는 분산에 이를 때까지 주성분을 추가하는 방식으로 PCA를 수행한다. 파이썬 구현은 이전 방식과 매우 유사하나 코드를 약간 수정한다:

```
import pandas as pd

dataset = pd.read_csv('pizza.csv')

# 데이터를 표준화하기 전에 "brand"열을 제외하기
df_num = dataset.drop(["brand"], axis=1)
# "brand"열을 별도의 변수로 지정
target = dataset['brand']

# 데이터를 정규화 (1단계)
from sklearn.preprocessing import StandardScaler
scaler = StandardScaler()
scaler.fit(df_num)
scaled_data = scaler.transform(df_num)

# PCA를 정규화된 데이터에 적용하기
from sklearn.decomposition import PCA
# 분산을 0.95로 설정
pca = PCA(n_components = 0.95)
pca.fit(scaled_data)
# 정규화된 데이터세트에 적용하기
scaled_data_pca = pca.transform(scaled_data)
```

```
# 원래 데이터세트와 새로운 데이터세트의 모양을 점검하기
print("The dimensions of the original dataset are: ",
scaled_data.shape)
print("The dimensions of the dataset after performing PCA is: ",
  scaled_data_pca.shape)
```

출력은 다음과 같다:

```
The dimensions of the original dataset are:  (300, 7)
The dimensions of the dataset after performing PCA is:  (300, 3)
```

출력에서 알 수 있듯이 데이터세트 분산의 95%를 보존하려면 3개의 주성분이 필요하다. 이는 이전처럼 2개의 주방향을 선택하면 데이터세트 전체 분산의 95% 미만을 보존한다는 걸 의미한다. 분산의 95% 미만을 보존했음에도 불구하고, 회사마다 생산하는 피자의 영양 성분이 다르다는 사실을 시각화할 수 있었다[30].

이 단원에서는 scikit-learn을 사용하는 PCA의 구현을 살펴보았는데, 이 코드는 이전 단원에서 언급한 모든 단계를 실행하고 빠르게 결과를 제공한다. 데이터세트를 가져오고, 숫자가 아닌 열을 삭제하고, 평균이 0이고 분산이 1이 되도록 데이터세트의 각 열을 조정하였다. 그런 다음, PCA 알고리즘을 적용하고, 데이터세트를 시각화하기 위해 처음 2개의 주방향을 선택했다. 또한, 유사한 프로세스를 수행했지만, 이번에는 PCA 알고리즘이 데이터세트 분산의 95%를 보존하도록 했으며, 이를 위해서는 3개의 주성분이 필요했다.

다음 단원에서는 PCA를 유명한 MNIST 데이터세트에 적용하고 원하는 분산을 보존하는 데 필요한 주성분의 수를 분석하기로 한다.

30 보통 70% 이상 분산을 보존하도록 주성분을 선택한다.

실제 데이터에 PCA 적용

이 단원에서는 PCA를 MNIST 데이터세트에 적용한다. MNIST 데이터세트는 머신러닝에서 가장 유명한 데이터세트 가운데 하나이며, 이미지 처리 알고리즘을 훈련하는 데 사용되는 손으로 쓴 숫자 이미지로 구성되어 있다. 각 숫자 사진마다 784개의 피처를 가지고 있는 버전 1 데이터세트를 사용하려 한다. 이 피처들을 시각화를 위한 28×28 행렬로 변환한다. 행렬의 각 성분은 0(흰색)과 255(검은색) 사이의 수이다.

첫 번째 단계에서는 다음 코드와 같이 MNIST 데이터세트를 가져온다[31]. 규모가 큰 데이터세트라 시간이 좀 걸릴 것 같으니 잠시 기다리길 바란다. 이 데이터세트에는 70,000개의 숫자(0-9) 이미지가 포함되어 있으며 각 이미지에는 784개의 피처가 있다:

```
# 데이터세트를 가져오기
from sklearn.datasets import fetch_openml
mnist_data = fetch_openml('mnist_784', version = 1,
  as_frame = False)

# 독립변수(X)와 종속변수(y)를 선택하기
X,y = mnist_data["data"], mnist_data["target"]
```

이제 데이터세트를 가져왔으므로 데이터세트에 익숙해지기 위해 숫자 이미지 하나를 시각화해 보자. 시각화를 위해 `matplotlib` 라이브러리를 사용한다. 50,000번째 이미지를 시각화할 것이다. 0에서 69,999 사이의 인덱스를 사용하면 원하는 숫자 이미지를 자유롭게 확인할 수 있다. 아래 코드에서는 흑백 이미지를 출력하

31 깃허브 코드는 수정이 필요하다. `fetch_openml` API가 예전에는 numpy.ndarray 타입을 반환했는데, 버전이 바뀌면서 지금은 pandas.DataFrame 타입을 반환한다. 따라서, 본문처럼 `as_frame = False`로 설정해야 데이터를 numpy.ndarray 타입으로 읽어 들일 수 있다.

기 위해 컬러맵 옵션 cmap을 binary로 설정한다:

```
# 숫자 가운데 하나를 출력하기
import matplotlib.pyplot as plt
plt.figure(1)
# 50000번 째 숫자를 출력하기
digit = X[50000]
# 784 피처를 28x28 행렬로 재구성하기
digit_image = digit.reshape(28,28)

plt.imshow(digit_image, cmap='binary')
plt.show()
```

출력은 다음과 같다:

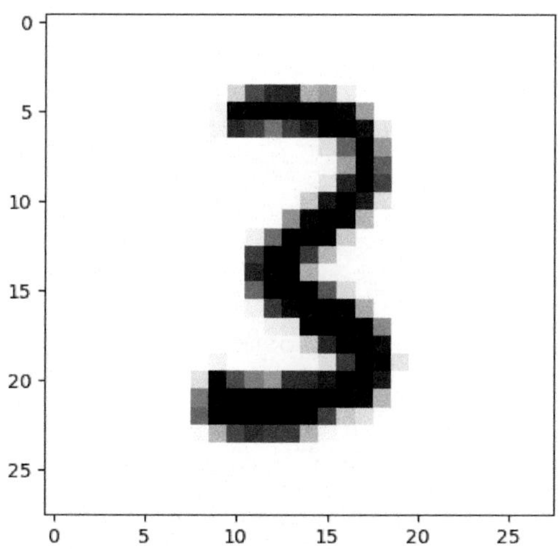

그림 12.9 MNIST 데이터세트의 숫자 이미지 시각화

그림에서 볼 수 있듯이 이미지의 크기는 28×28이다.

지금부터 피처를 표준화하는 StandardScaler를 사용하여 평균을 0으로, 분산을

1로 설정함으로써 데이터세트를 조정하는 작업으로 넘어간다:

```
# 데이터의 크기를 조정하기
from sklearn.preprocessing import StandardScaler
scaled_mnist_data = StandardScaler().fit_transform(X)
print(scaled_mnist_data.shape)
```

출력은 다음과 같다:

```
(70000, 784)
```

scale_mnist_data는 70,000×784 행렬이다.

이제 원하는 형태의 데이터를 확보했으므로 계속해서 PCA를 적용해 본다. 주성분의 수를 784개로 설정한다:

```
# 데이터세트에 PCA를 적용하기
from sklearn.decomposition import PCA

pca = PCA(n_components=784)
mnist_data_pca = pca.fit_transform(scaled_mnist_data)
```

이제 주성분을 파악했으므로 주성분에 의해 보존된 누적 분산을 확인하려 한다. 즉, 원래 데이터세트가 지닌 분산의 90%를 담아내는 주성분의 개수를 알아내려 한다. NumPy 라이브러리를 사용하여 각 주성분의 점유 분산과 누적 분산을 계산한다. 각 주성분이 차지하는 분산 비율을 계산하는 공식은 다음과 같다:

$$\text{각 } PC\text{가 설명하는 분산 비율} = \frac{\text{각 } PC\text{가 설명하는 분산}}{\text{모든 } PC\text{가 설명하는 분산의 합}}$$

누적 분산은 한 주성분에서 다른 주성분으로 움직이면서 각 주성분이 설명하는 분산을 합하여 계산할 수 있다. 다음과 같이 NumPy 라이브러리를 사용하여 누적 분산을 계산한다:

```
# 주성분의 점유 분산을 계산하기
import numpy as np
variance_percentage = pca.explained_variance_/np.sum
  (pca.explained_variance_)

# 누적 분산을 계산하기
cumulative_variance = np.cumsum(variance_percentage)
```

이제 누적 분산을 시각화하여 원래 데이터세트에 대한 분산의 90%를 설명하는 데 필요한 주성분의 수를 알아보기로 하자:

```
# 누적 분산을 출력하기
import matplotlib.pyplot as plt
plt.figure(2)
plt.plot(cumulative_variance)
plt.xlabel('Number of principal components')
plt.ylabel('Cumulative variance explained by PCs')
plt.grid()
plt.show()
```

출력은 다음과 같다:

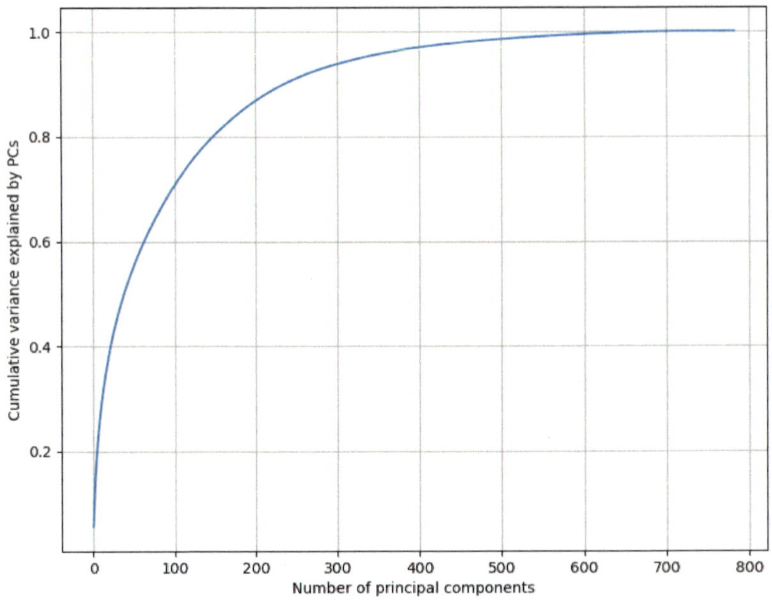

그림 12.10 주성분이 설명하는 누적 분산

앞의 그림을 보면 원래 데이터세트가 지닌 분산의 90%를 설명하는 데 300개 미만의 주성분(차원)이 필요하다는 것을 알 수 있다.

데이터세트의 차원을 줄인 후에는 다른 머신러닝 알고리즘(회귀분석, 클러스터링[32] 등)을 데이터세트에 적용할 수 있다. 주성분을 사용하면 모델 훈련 시간이 상당히 단축된다는 사실을 알게 될 거다.

이 단원에서는 MNIST 데이터세트에 PCA를 적용하는 방법을 배웠고, 단지 300개의 차원만 사용하여 데이터세트가 지닌 분산을 대부분 보존한다는 점을 알았다. 이는 저장 공간과 계산 시간을 줄일 필요가 있고 모델 적합 가능성이 낮은 대용량 데이터세트의 경우 도움이 된다.

---

32 데이터세트를 비슷한 특성을 가진 집단(클러스터)으로 나누는 기법으로 데이터 분석이나 패턴 인식 등의 분야에 사용된다.

요약

이 장에서는 고윳값, 고유벡터, 직교기저에 대해 학습하였고 어떻게 이러한 개념이 연결되어 차원 축소를 위한 기저를 형성하는지 배웠다. 그런 다음, 피처 제거와 피처 추출이라는 두 가지 유형의 차원 축소 방법에 대해 배웠다. 차원 축소를 위한 피처 추출 방식에 속하는 주성분 분석에 대하여 여러 수행 단계를 논의했다. scikit-learn의 PCA 구현을 사용하여 알고리즘을 데이터세트에 적용한 결과, 피자 데이터세트의 피처를 7개에서 2개로 줄여서 시각화하였다. 피자에 들어 있는 영양소가 제조하는 회사마다 다르다는 것을 쉽게 알 수 있었다. 마지막으로 PCA를 MNIST 데이터세트에 적용하여 데이터세트가 지닌 분산의 90%를 담는 데 300개의 주성분만 필요하다는 것을 확인하였으며 원래 있던 784개의 피처 변수와 비교해 보면 차원을 50% 이상 감소시켰다!

축하합니다! 파이썬 적용과 함께한 이산수학 여행의 끝에 도달했다. 만약 모든 수학적 개념과 파이썬 코드를 잘 따랐다면, 여러분은 이 지식을 가지고 더 복잡한 실제 문제에 적용하기에 너무나도 좋은 위치에 서 있는 셈이다. 다양한 데이터세트를 포함하는 새로운 프로젝트를 착수하고 GitHub 및 Kaggle과 같은 다양한 플랫폼에서 여러분의 작업을 알리는 일부터 시작하길 추천한다. 이는 여러분의 성취를 공개적으로 보여줄 뿐만 아니라 스스로 개념을 더 잘 이해하는 데 도움이 될 것이다. 계속 연습하길! 공자님 말씀에 따르면, "들은 것은 잊어버리고, 본 것은 기억하고, 직접 해본 것은 이해한다."

INDEX

D

E

F

N

O

P

R

S

ㅍ

ㅎ

실제로 쓰이는 이산수학

1판 1쇄 발행 2025년 01월 20일
1판 2쇄 발행 2026년 03월 10일
저　　자 Ryan T. White | Archana Tikayat Ray
역　　자 이형원
발 행 인 이범만
발 행 처 **21세기사** (제395-406000025100200400015호)
경기도 파주시 산남로 72-16 (10882)
Tel. 031-942-7861　　Fax. 031-942-7864
E-mail : 21cbook@naver.com
Home-page : www.21cbook.co.kr
ISBN 979-11-6833-171-6

정가 35,000원